KULTURWISSENSCHAFT(EN)
ALS INTERDISZIPLINÄRES PROJEKT 17

Hrsg. von
Karl Braun, Jürgen Joachimsthaler (†)
und Eugen Kotte

Eugen Kotte / Steven Zurek (Hrsg.)

Geschichtstourismus

PETER LANG
Lausanne - Berlin - Bruxelles - Chennai - New York - Oxford

Bibliografische Information der Deutschen Nationalbibliothek
Die Deutsche Nationalbibliothek verzeichnet diese Publikation in der Deutschen Nationalbibliografie; detaillierte bibliografische Daten sind im Internet über http://dnb.d-nb.de abrufbar.

Umschlagabbildung:
Carl Spitzweg: Engländer in der Campagna.
Öl auf Papier, auf Karton kaschiert, ca. 1835. In: Staatliche Museen zu Berlin, Preußischer Kulturbesitz (Hg.): Alte Nationalgalerie. Ident. Nr. A II 505. URL: https://id.smb.museum/object/966408/ (14.09.2021).

ISSN 2194-7996
ISBN 978-3-631-90619-4 (Print)
E-ISBN 978-3-631-90783-2 (E-PDF)
E-ISBN 978-3-631-90784-9 (EPUB)
DOI 10.3726/b21139

Internationaler Verlag der Wissenschaften

Verlegt durch:
Peter Lang GmbH, Berlin, Deutschland

info@peterlang.com http://www.peterlang.com

Inhalt

Eugen Kotte / Steven Zurek

Einleitung

In den vergangenen eineinhalb Jahrzehnten hat die wissenschaftliche Beschäftigung mit einem historischen Phänomen der Moderne, das seit dem 19. und dann v. a. im 20. Jahrhundert zum Geschäftsmodell einer umfassenden Branche und zeitgeschichtlich gar zum Ventil menschlicher Sehnsüchte avanciert ist, in auffälliger Weise zugenommen. Dabei ist es nicht allein die Geschichtswissenschaft, die sich – vornehmlich in ihren Subdisziplinen der Geschichtsdidaktik und der *Public History* – dem Thema des Geschichtstourismus widmet, indem sie seine historische Entwicklung aufarbeitet[1], seine Varianten identifiziert[2], seine Authentizitätsversprechen prüft und seine Verheißung einer „Zeitreise", die eine (zumindest vorübergehende) Flucht aus alltäglicher Mühsal verspricht, unter Rückgriff auf die Geschichtstheorie konterkariert[3]. Im Bereich der Raumplanung beispielsweise wurden schon früh Überlegungen angestellt zur Nutzung des Geschichtstourismus als Instrument wirtschaftlicher Impulse für die regionale Entwicklung, freilich gekoppelt an Aspekte der „Lernenden Region" in einem integrativen Konzept, das nachhaltiges Wirtschaften ermöglicht[4]. In intensiver Weise ist der Geschichtstourismus auch Beobachtungsfeld der Europäischen Ethnologie, die zwar auch das ökonomische Wachstumspotenzial des Tourismus für die besuchten Regionen taxiert; aber in jüngerer Zeit immer mehr Wert darauf legt, die Systeme Kultur und Tourismus in einem partizipativen Verständnis der Einbindung nicht nur von Besucherinnen und Besuchern, sondern auch von Bewohnerinnen und Bewohnern erfolgreich zusammenzubringen, um

1 Vgl. Schwarz / Mysliwietz-Fleiß, Reise.
2 Vgl. Brittner-Widmann, Geschichtstourismus.
3 Vgl. Groebner, Retroland.
4 Vgl. Meyer-Cech, Themenstraßen.

sowohl kulturellen als auch sozialen und wirtschaftlichen Nutzen für die entsprechenden Regionen zu generieren[5].

Dieses gestiegene, interdisziplinäre Interesse richtet sich auf eine lediglich in der Corona-Pandemie eingebremste, vorher und nachher aber stetig wachsende Wirtschaftsbranche. Deren Aktivitäten, Erscheinungen und auch Belastungen kommt das durch den deutsch-schweizerischen Philosophen Hermann Lübbe in Zeiten von Globalisierung, hoher und schneller Mobilität, vielfachen Migrationsvorgängen, subjektiven Empfindungen von Unübersichtlichkeit und Kontrollverlust schon vor Jahrzehnten konstatierte Bedürfnis nach Entschleunigung, Geborgenheit und Selbstverortung[6] ebenso zugute wie der ihm entsprechende, nun schon – in unterschiedlichen medialen Konjunkturen – fast ein halbes Jahrhundert andauernde „Geschichtsboom“[7]. Als förderlich erwies sich überdies die seit dem Ende des Zweiten Weltkriegs fortschreitende Demokratisierung des Reisens insbesondere in west- und dann auch mitteleuropäischen Staaten[8], die von Einkommensverbesserungen, erhöhten Möglichkeiten individueller Mobilität sowie der Festschreibung garantierter Urlaubsansprüche nebst daran gekoppelter Freizeitvorstellungen begleitet war[9] und sich unter anderem in der gestiegenen erheblichen Nachfrage nach geschichtstouristischen Möglichkeiten[10] und einer entsprechenden Ausweitung der Angebote seit den 1980er Jahren niederschlug[11]. Dieser Entwicklung des modernen Geschichtstourismus widmet sich die Neuzeithistorikerin Angela Schwarz (Siegen) im einleitenden Beitrag. Sie beleuchtet die wesentlichen Stufen mit den sich verändernden Möglichkeiten und Bedingungen des Reisens, der mehrfachen Wandlungen unterworfenen gesellschaftlichen Wahrnehmung und Wertschätzung von Geschichte sowie den ebenfalls sich entwickelnden medialen Präsentationen von geschichtstouristischen Zielen und weist auf die Abhängigkeit des

5 Vgl. Drews, Kulturtourismus.
6 Vgl. Lübbe, Gegenwart der Vergangenheit, S. 13; aktualisiert in Lübbe, Gegenwartsschrumpfung, S. 13.
7 Stach, Geschichtstourismus, S. 3.
8 Vgl. ebd., S. 7.
9 Vgl. Hemme, Märchenstraßen, S. 19.
10 Vgl. Drews, Kulturtourismus, S. 304.
11 Vgl. Meyer-Cech, Themenstraßen, S. 1.

immer breitere und heterogenere Schichten der Bevölkerung erfassenden Phänomens des Geschichtstourismus vom aufklärerischen Bildungsideal, dann von zunehmender Verwissenschaftlichung der Geschichtsbefassung und schließlich von Bedürfnissen nach einer verklärten Vergangenheit. Das Zusammenspiel mit dem diese geistigen Bewegungen begleitenden Wandel in technischen, gesellschaftlichen, publizistischen und organisatorischen Bereichen erleichterte das Reisen (auch in finanzieller Hinsicht) immer stärker, sodass letztlich hochproblematische Aspekte der Vermassung und Standardisierung des Geschichtstourismus unübersehbar wurden.

Hinzu kommt die in der Postmoderne beobachtbare, zunehmende Veränderung der Übermittlung historischen Wissens vom Text über das Bild zum Simulacrum, durch die das Publikum – Bewohner/innen wie Besucher/innen – aus der vorherrschenden Rezeption nun in eine alle Sinne erfordernde, aktive Teilnahme wechselt (und dieses auch erwartet)[12]. Auf diese Weise erklärt sich auch, dass die kulturwissenschaftliche Forschung Formen des partizipatorischen Geschichtstourismus in ihrem Potenzial für die Erhaltung historischen Kulturguts hervorhebt[13] und mittlerweile auch in geschichtswissenschaftlichen Beiträgen geschichtstouristische Angebote unter einer performativen Perspektive, die aktive Raumaneignung einschließt, wahrgenommen werden[14]. Diesem Aspekt widmet sich besonders die Kulturwissenschaftlerin Katja Drews (Hildesheim – Göttingen – Holzminden), die die Frage aufwirft, wie mit der Polarität der durch Geschichtstourismus konstruierten Zeit- und Raumkonzepte einerseits und der Lebenspraxis der in touristischen Zielgebieten lebenden Menschen andererseits umgegangen sowie durch Kulturtourismus soziale und kulturelle Nachhaltigkeit in den Zielregionen unter partizipativer Einbindung der Bevölkerung erreicht werden kann.

12 Der Anglist und Theaterwissenschaftler Wolfgang Hochbruck, Geschichtstheater, S. 8, hat dies für die *Living History* (oftmals ein Element von Geschichtstourismus) ausgeführt, und Valentin Groebner, Retroland, S. 24 und 32 hebt dieses Element mit Blick auf den Geschichtstourismus als geradezu repräsentativ hervor.

13 Vgl. Drews, Kulturtourismus, S. 316–318.

14 Vgl. Stach, Geschichtstourismus, S. 12.

Umstritten ist allerdings die Bildungsfunktion des Geschichtstourismus, die aufgrund des oftmals als Motiv anzutreffenden geschichtlichen Interesses zumindest von einem Teil der Besucher/innen und auch der Bewohner/innen erwartet werden dürfte. Während verschiedentlich Vertreter/innen der geschichtswissenschaftlichen Forschung der Touristikbranche unterstellen, nicht von Bildungsbedürfnissen der Kund/inn/en, sondern lediglich als „Gefühlsdienstleister“[15] von deren Erlebnisverlangen auszugehen[16], betonen andere Stimmen den Bildungsanspruch, die Geschichtsvermittlung und die Erinnerungsarbeit, die mit Geschichtstourismus einhergehe[17]. Entsprechend werden von kulturwissenschaftlicher Seite die ausbaufähigen Vermittlungsaspekte des Kulturtourismus betont[18], und aus der Raumplanung kommen Forderungen nach Qualitätskriterien, z. B. für touristische Organisationsformen wie Themenstraßen[19]. Diese Diskussion um Bildungsaspekte und Vermittlungsstrategien des Geschichtstourismus verdeutlichen, dass das bisher in Abgrenzung zu Angeboten aus der Touristikbranche in der Geschichtsdidaktik formulierte Konzept des HisTourismus, in dem das zur Lebensform erhobene Reisen mit gesteigerter Aufnahmebereitschaft der Teilnehmer/innen[20] als Vermittlungsmodus in didaktischer Reflexion erfasst und systematisiert wird[21], durchaus an den vom Geschichtstourismus geschaffenen Möglichkeiten partizipieren kann. Und wenn dies für eine „Geschichtsdidaktik des Reisens“[22], deren Zielgruppe aus geschichtlich interessierten Laien besteht, konstatiert werden kann, ist es wohl in mindestens gleichem Maße anzunehmen für die historische Exkursion als Organisationsform der akademischen Lehre oder auch des Schulunterrichts, deren entscheidendes Merkmal im Aufsuchen meistens gegenständlicher historischer Zeugnisse besteht[23], die oftmals (z. B. im Falle musealer Ausstellungsexponate,

15 Groebner, Retroland, S. 29.
16 Vgl. Schwarz / Mysliwietz-Fleiß, Reisen, S. 15–16.
17 Vgl. Brittner-Widmann, Geschichtstourismus, S. 189.
18 Vgl. Drews, Kulturtourismus, S. 301, 308, 309, 312, 317, 328.
19 Vgl. Meyer-Cech, Themenstraßen, S. III, 278.
20 So auch Drews, Kulturtourismus, S. 25, 301.
21 Vgl. Mütter, HisTourismus, S. 15, 17.
22 Ebd., S. 19.
23 So bereits Hey, Die historische Exkursion, S. 11–12.

geschichtlicher Ensembles oder historischer Bauwerke) auch geschichtstouristisch von hohem Interesse sind. Mit den Chancen und Möglichkeiten, die sich durch die Inanspruchnahme geschichtstouristisch geförderter Infrastruktur und Angebote für historische Exkursionen im schulischen und universitären Kontext bieten können, beschäftigt sich der Geschichtsdidaktiker und Neuzeithistoriker Eugen Kotte (Vechta). Nicht nur die motivationsfördernde Auseinandersetzung mit Geschichte „vor Ort" ist es, die sowohl Geschichtstourismus als auch historische Exkursionen nutzen; auch erleichtert gerade die ökonomische Ausrichtung des Tourismus maßgeblich den Erhalt des Historischen Erbes, das – bei aller Notwendigkeit kritischer Reflexion der in der Erhaltungsstrategie eingeschriebenen Narration – auch historische Exkursionen erst ermöglicht. Insofern stellt sich die Frage, ob Tourismus und Bildung – wie so gerne behauptet – wirklich ganz grundsätzlich Gegensätze darstellen oder nicht eher Wechselwirkungen festzustellen und in der geschichtsdidaktischen Nutzung der Verbindung von Erlebnis und Erkenntnis auch durchaus wünschenswert sind.

Geschichtstourismus ist damit zu einem interdisziplinär untersuchten und diskutierten Forschungsfeld geworden, in dem ökonomische Interessen ebenso wie kulturelle Erhaltungsstrategien und Bildungsvermittlungsansprüche wirksam sind. Er bedient nicht nur die Sehnsüchte der ihrem Alltag entfliehenden Kundinnen und Kunden, sondern stärkt – insbesondere in partizipativen Varianten – die Identität der Bewohnerinnen und Bewohner besuchter Regionen. Auf diese Weise trägt Geschichtstourismus zu einer nachhaltigen Entwicklung auch ländlicher Regionen bei, die bei Wahrung ökologischer Erfordernisse, ökonomischer Stabilität und sozialer Teilhabe vor dem Hintergrund gegenwärtiger Bedingungen Perspektiven aufzeigt, die zukünftige Aussichten nicht gefährden, sondern eröffnen[24]. Dabei wird insbesondere Kultur (hier in Form des materiellen wie immateriellen kulturellen Erbes) als Ressource und Entwicklungspotenzial betrachtet, durch das einerseits Alleinstellungsmerkmale von Regionen (Imagebildung) herausgestellt werden, andererseits aber die Verbindung zu den Besucher/inne/n bereits Bekanntem (Translokalität)

24 Vgl. Hemme, Märchenstraßen, S. 482–483.

ermöglicht wird[25]. Gleichzeitig werden die Bewohner/inn/en in die kulturtouristische Inwertsetzung des kulturellen Erbes der Region aktiv involviert[26], so dass die touristischen Angebote auch sozialräumlich integriert werden. Diesem Aspekt der Regionalentwicklung widmet sich die Raumplanerin Kim Meyer-Cech (Wien), die die (auch ökonomische) Bedeutung historischer Themenstraßen und die mit ihnen verbundene Wertschöpfung durch integrative Kooperationen mit Blick auf die niederösterreichische Eisenstraße expliziert. Touristische Nutzung des kulturellen Erbes trägt zum Erhalt architektonischen wie immateriellen Kulturguts bei, so dass – bei Bildung intersektoraler und integrativer Netzwerke aus Investor/inn/en, Veranstalter/innen, Tourist/inn/en und Bewohner/innen (letztere organisiert in Vereinen, Initiativen, Kommunen usw.) – wichtige Impulse für die Regionalentwicklung gesetzt werden können.

Mit derartigen integrativen Konzepten entsteht – kulturwissenschaftlich gesprochen – ein *Thirdspace*, der den Bewohner/inne/n ihre Region durch die gesteigerte Außenwahrnehmung als attraktiv erscheinen lässt, während die Besucher/innen das spezifische Kulturangebot in der ebenso nach außen tretenden Identität der Einheimischen wahrnehmen.[27] Durch das Moment der Teilhabe von Bewohner/inne/n und Tourist/inn/en wird die „multivokale Konstruktion von Räumen“[28] erkennbar, in der der Interessensausgleich durch Aushandlungsprozesse unter den beteiligten Akteuren garantiert wird, so dass die nachhaltige Entwicklung vor dem Hintergrund der gegenwärtigen Erfordernisse ohne Beeinträchtigung der Möglichkeiten zukünftiger Generationen gesichert erscheint.

Diese Zusammenhänge werden seit einigen Jahren intensiv in verschiedenen wissenschaftlichen Disziplinen ergründet, nachdem die Interdependenz von historisch-kulturellem Erbe und Wirtschaft im Geschichtstourismus über lange Zeit in den nun beteiligten Wissenschaften ignoriert wurde[29]. Dabei konzentrieren sich die Positionen (bisweilen auch nach disziplinär vorgezeichnetem Erkenntnisinteresse) in

25 Vgl. Drews, Kulturtourismus, S. 308, 310–311.
26 Vgl. Hemme, Märchenstraßen, S. 33.
27 Vgl. Drews, Kulturtourismus, S. 310.
28 Hemme, Märchenstraßen, S. 485.
29 Vgl. Groebner, Retroland, S. 11, 25; Hemme, Märchenstraßen, S. 485.

unterschiedlicher Weise prioritär an den (nicht nur, aber auch ökonomischen) Entwicklungspotenzialen für eher strukturschwache Regionen[30], der Entstehung neuer Raumkonstruktionen mit innovativen Effekten für die regionale Kultur durch die Interaktion von Einheimischen und Tourist/inn/en[31], der touristischen, narrativ basierten Konstruktion von Räumen[32], der Inszenierung von Geschichte mit Erlebnisqualität[33], den Authentizitätsversprechungen der Tourismusbranche und den Authentizitätserwartungen ihrer Kund/inn/en[34], den „Zeitreise"-Verlockungen der Tourismuswerbung[35], den Bildungsansprüchen des Geschichtstourismus[36] oder schließlich der geschichtsdidaktischen Reflexion des Reisens als Bestandteil der Erwachsenenbildung[37]. Dieser Band soll unterschiedliche Positionen und Schwerpunkte der Diskussion zumindest ausschnitthaft erfassen und zueinander in Beziehung setzen, damit das Spektrum und der Diskursraum, in dem sich die erst einige Jahre existente interdisziplinäre Forschung zum Geschichtstourismus bewegt, erfasst werden kann. Der Sammelband soll als dauerhafter Nachklang der an der Universität Vechta im Wintersemester 2021/2022 unter dem Titel „Geschichtstourismus" veranstalteten Ringvorlesung durch den ermöglichten Abgleich der Positionen die interdisziplinäre Diskussion beleben. Dabei werden folgende Kernbereiche der wissenschaftlichen Auseinandersetzung in gleich mehreren Beiträgen angesprochen:

Das Authentizitätsversprechen: Einer der am meisten hervorgehobenen Vorzüge des Geschichtstourismus ist sein Beitrag zum Erhalt des historischen kulturellen Erbes[38]. Demgegenüber ist aus der Geschichtswissenschaft geäußert worden, dass beispielsweise die Restaurierung baulicher Überreste immer Selektionskriterien unterworfen sei, die unter anderem die bei einem historischen Gebäude durch Umbauten und Umwidmungen

30 Vgl. Meyer-Cech, Themenstraßen, S. 1–3.
31 Vgl. Drews, Kulturtourismus, S. 26.
32 Vgl. Hemme, Märchenstraßen, S. 27.
33 Vgl. Schwarz / Mysliwietz-Fleiß, Reise, S. 15–16.
34 Vgl. Groebner, Retroland, S. 49–50.
35 Vgl. Stach, Geschichtstourismus, S. 2.
36 Vgl. Brittner-Widmann, Geschichtstourismus, S. 189.
37 Vgl. Mütter, HisTourismus (wie Anm. 21), S. 15.
38 So beispielsweise auch die Raumplanerin Kim Meyer-Cech, Themenstraßen, S. 61.

verschachtelten Zeitschichten beträfen, so dass hier „Zeitmanagement[39]“ betrieben werde, um diese Objekte zu Sehenswürdigkeiten zu qualifizieren. Fraglos haftet fast allen Gebäuden eine Geschichte der Veränderungen und Umnutzungen an, die – wenn sie am Objekt nachvollzogen werden kann – ebenso interessant und aussagekräftig sein kann, wie der (möglicherweise durch Zeichnungen rekonstruierbare oder durch Überreste vorstellbare) Urzustand. Unter dieser Maßgabe wird in der Geschichtsdidaktik auch in diesen Fällen von „‚gegenständlichen‘ Quellen“[40] und „Realanschauung“[41] gesprochen, wohl wissend, dass die Vergangenheit auch am „historischen Ort“ bestenfalls in Relikten sichtbar ist.

Was hingegen noch stärkere Reaktionen hervorruft, ist das auf der Instandsetzung des historischen Erbes basierende Versprechen von Authentizität, das durch die touristische Werbung als Antwort auf die in der Postmoderne gesteigerte menschliche Sehnsucht nach „Anderzeiten und Anderweltlichkeit“[42] gegeben wird. Angesichts der Feststellung, dass sich historische Authentizität nur an den Maßstäben der Vergangenheit orientieren und in ihren (in der Zeit veränderten) Überresten nicht mehr wirklich erforscht werden kann[43], ist es erforderlich, einen differenzierteren Authentizitätsbegriff zu verwenden, der eine äußere, historische Authentizität von einer inneren, durch Glaubwürdigkeitsstrategien den Besucher/inne/n vermittelte unterscheidet[44]. Nachvollziehbar wird in diesem Sinne die Kritik an der im Geschichtstourismus „inszenierte[n], populäre[n] Geschichte“[45], die durch entsprechende „Erzählungen“[46] fundiert wird; z. T. ist – vermutlich in Anlehnung an die Debatte um Hayden White[47] – gar von

---

39 Groebner, Retroland, S. 167.
40 Hey, Exkursion, S. 13.
41 Mütter, HisTourismus, S. 107–109.
42 Hochbruck, Geschichtstheater, S. 81, der dieses Phänomen analog für die *Living History* feststellt.
43 Vgl. Groebner, Retroland, S. 34.
44 Dies ist die Differenzierung des Authentizitätsbegriffs, wie sie der Soziologe Rainer Wirtz, Das Authentische, S. 10, 15, auf Historienfilme anwendet.
45 Schwarz / Mysliwietz-Fleiß, Reisen, S. 16.
46 Hemme, Märchenstraßen, S. 27.
47 Vgl. Kotte, Narrativität, S. 218–222.

„Fiktion“[48] die Rede, die den Besucher/inne/n die Authentizitätsempfindung erst ermögliche.

All diese Überlegungen verweisen darauf, dass die Authentizität nicht innerhalb des an einem „historischen Ort“ erinnerten Ereignisses zu suchen ist und auch weniger im historischen Überrest oder geschichtlichen Zeugnis, sondern v. a. in der „sozialen Konstruktion des Ereignisses“[49] – eine Feststellung, die auch Geschichtsdidaktiker teilen, wenn sie darauf verweisen, dass der „historische Ort“ überhaupt erst durch die Erkenntnisinteressen der Besucher/innen konstituiert wird[50]. Diese Einsicht wird durch die Vermutung untermauert, dass auch für die meisten Kulturtourist/inn/en das eigene Erlebnis wichtiger ist als die Originalität der aufgesuchten Orte und Objekte[51]. Mit der Authentizitätsproblematik befasst sich im vorliegenden Band insbesondere die Kulturwissenschaftlerin Sabine Stach (Leipzig). Dabei zentralisiert sie die Frage, wie der oft erhobene Anspruch auf Authentizität am besuchten Ort mit den Wünschen und Erwartungen der Besucherinnen und Besucher als zahlenden Gäste zu vereinbaren ist, gerade angesichts bereits bestehender, oftmals unterschiedlicher und nicht zuletzt durch massenmediale Präsentationen beeinflusster Geschichtsbilder. Konkret nimmt sie Deutungen historischen Geschehens und deren Vermittlung in Führungen in den Blick und analysiert die Rolle der *Tour Guides*, deren Aufgabe nicht nur die Vermittlung geschichtlicher Inhalte, sondern auch dic Sicherstellung eines harmonischen Ablaufs der Tour und eine Zufriedenstellung der Teilnehmenden umfasst.

Die Zeitreiseillusion: Zurecht wird in der Geschichtswissenschaft konstatiert, dass die touristische Werbung an die Kund/inn/en häufig mit dem Versprechen appelliere, ihnen das Eintauchen in eine andere, frühere, oftmals als „besser“ apostrophierte Zeit zu ermöglichen[52]. Der bereits mit Blick auf Authentizitätsverheißungen genannte Begriff der „Fiktion“ ist angesichts solcher Illusionen, sich auf mehreren Zeitebenen gleichzeitig bewegen zu können, außerordentlich angemessen[53]. Erfolgreich kann

48 Groebner, Retroland, S. 30.
49 Hemme, Märchenstraßen, S. 23.
50 Vgl. Mütter, HisTourismus, S. 105.
51 Vgl. Stach, Geschichtstourismus, S. 9.
52 Vgl. Schwarz / Mysliwietz-Fleiß, Reisen, S. 15.
53 Vgl. Groebner, Retroland, S. 29–30.

eine solche Versprechung nur deshalb sein, weil die Besucher/inn/en ein Erlebnis in einem „zeitlich versetzten exotischen Raum“[54] erwarten. Doch gerade hier setzt ein besonders gewichtiges Argument der Geschichtswissenschaft ein, indem auf die häufige Verwechslung von Vergangenheit und Geschichte (nicht nur im Geschichtstourismus) hingewiesen wird: Während erstere für immer abgeschlossen und damit unzugänglich ist, bedeutet letztere die deutend angelegte und narrativ organisierte Darstellung, Rekonstruktion und Vergegenwärtigung des Vergangenen[55]. Dieser Charakter von Geschichte als Deutungsgeschäft ist nicht nur geschichtstheoretisch erkannt worden, sondern wird auch in raumplanerischen Auseinandersetzungen mit dem Geschichtstourismus als Faktor der regionalen Entwicklung ernstgenommen[56].

Der Bildungsanspruch: Angesichts kaum einlösbarer Authentizitätsverheißungen und geradezu irrationaler Zeitreisephantasien ist es verständlich, wenngleich hinterfragbar, dem Geschichtstourismus sämtliche Bildungsintentionen abzusprechen[57]. Entsprechend werden mit Bildungsansprüchen versehene Konzepte des Reisens an „historische Orte“ vom kommerziellen Geschichtstourismus nachdrücklich abgegrenzt[58]. Dennoch geht gerade die „Geschichtsdidaktik des Reisens“ von einem besonderen geschichtlichen Interesse ihrer Zielgruppe aus[59], das – trotz aller Erlebnisorientierung – wohl auch bei einem Teil der Geschichtstourist/inn/en vorausgesetzt werden darf, auf das die Anbieter auch reagieren[60]. Nicht zuletzt deshalb ist die weitgehendere Aufforderung berechtigt, auch geschichtstouristische Destinationen auf ihre Eignung für historische Exkursionen zu prüfen[61]. Ergebnisse aus der Raumplanung zeigen jedenfalls, dass geschichtstouristische Offerten wie Themenstraßen in Exkursionsprogramme eingebunden werden[62], und auch

54 Schwarz / Mysliwietz-Fleiß, Reisen, S. 16.
55 Vgl. Groebner, Retroland, S. 20. Ganz ähnlich argumentiert Wolfgang Hochbruck, Geschichtstheater, S. 12, mit Blick auf die *Living History.*
56 Vgl. Meyer-Cech, Themenstraßen, S. 51.
57 Vgl. Schwarz / Mysliwietz-Fleiß, Reisen, S. 15.
58 Vgl. Mütter, HisTourismus, S. 17.
59 Vgl. ebd., S. 24.
60 Vgl. Brittner-Widmann, Geschichtstourismus, S. 196.
61 Vgl. Stach, Geschichtstourismus, S. 22.
62 Vgl. Meyer-Cech, Themenstraßen, S. IX, 259.

Exkursionsdidaktikerinnen und -didaktiker sehen derartige Einrichtungen als u. U. nützliche Lernangebote[63].

Die Identitätsförderung: Schon angesichts der historischen Entwicklung des Geschichtstourismus wird darauf hingewiesen, dass das Bedürfnis nach Selbstvergewisserung immer schon ein wichtiges Motiv für die Nutzung geschichtstouristischer Angebote gewesen sei. Der Besuch historischer Stätten habe sich identitätsstiftend ausgewirkt und sei beispielsweise im Kontext der Nationalbildung des 19. Jahrhunderts wesentlich gewesen[64]. Klingen derartige Befunde eher nach einer politischen Instrumentalisierung des Geschichtstourismus im 19. Jahrhundert, so ist angesichts der Schnelllebigkeit, der Entgrenzung und der Unübersichtlichkeit der Gegenwart davon auszugehen, dass das touristische Motiv der Verharrung und Verortung eher noch zugenommen hat.

Kulturwissenschaftliche Untersuchungen weisen darauf hin, dass integrative und partizipative Konzepte des Geschichtstourismus für die Bewohner/innen einer Region durchaus identitätsfördernd wirken können[65]. Die Einbindung der Einheimischen in die geschichtstouristischen Offerten in ihrer Region kann umso mehr gelingen, als verschiedene für den Tourismus genutzte Angebote aus der Praxis vor Ort erwachsen sind[66] und nicht selten auf der einschlägigen Initiative regionaler und lokaler Vereine fußen[67]. Daneben wirkt die touristische Wertschätzung von Regionen umso deutlicher auf die Bewohner/innen zurück, als ihre Teilhabe an den geschichtstouristischen Angeboten nicht nur gesichert, sondern grundsätzlich ist[68]. Mit der Frage der geschichtstouristisch genutzten, in einer (bestimmten) Grenzregion traditionell empfundenen Identität befasst sich der Neuzeithistoriker Steven Zurek (Vechta). Nachdem er mit Hilfe von Ansätzen aus den *Border Studies* Grenzüberschreitung sowie internationale Interaktion und Interdependenz als besonders attraktive Merkmale in Grenzregionen herausgearbeitet hat, demonstriert er am Beispiel

63 Vgl. Hey, Der Weg, S. 217.
64 Vgl. Schwarz / Mysliwietz-Fleiß, Reisen, S. 20–21.
65 Vgl. Drews, Kulturtourismus, S. 323–324.
66 Vgl. Hemme, Märchenstraßen, S. 17; Meyer-Cech, Themenstraßen, S. II, VII.
67 Vgl. Hemme, Märchenstraßen, S. 32, 35.
68 Vgl. Drews, Kulturtourismus, S. 305.

Grafschaft Bentheim mannigfaltige historische, in der Identitätsbildung wirksame und zu einem geschichtstouristischen Narrativ verdichtete Verflechtungen zu den Niederlanden, die in einer Vielzahl touristischer Destinationen repräsentiert werden.

Die Erlebnisqualität: Nicht nur das Zeitreise-Versprechen zielt auf die Erlebniserwartung der Geschichtstourist/inn/en, die ihnen bisweilen (noch vor dem geschichtlichen Interesse an den besuchten „historischen Orten“) als entscheidendes Motiv unterstellt wird. Bereits vor eineinhalb Jahrzehnten wurde im Rahmen einer mittlerweile sehr einflussreichen geschichtsdidaktischen Position „Geschichte als Event“[69] zum postmodernen Leitmuster der Geschichtskultur erhoben, und so wird mit Blick auf den Geschichtstourismus nicht zu Unrecht gefolgert, dass in der Erlebnisgesellschaft auch Geschichte zur begehrten Ware geworden ist[70], zumal in Beiträgen zur Raumplanung die Erlebnisorientierung als entscheidendes Kriterium geschichtstouristischer Angebote eingefordert wird[71]. Verstanden werden darunter – neben der bereits genannten Interaktivität und der ebenfalls schon erwähnten grundlegenden Narration – multimediale Vermittlungs- und Erkundungsmöglichkeiten, die indes auch wieder den angesichts der Zeitreise-Verheißung bereits thematisierten Geschichtsillusionen Vorschub leisten könnten, wie eben auch manche geschichtswissenschaftliche Stimme befürchtet[72]. Erlebnis wird dabei definiert als vom gewohnten Alltag abweichende, auf Neugier und Reizsuche reagierende Erfahrung; dieses Verständnis rekurriert auf die zweifelsohne von der Klientel (und wohl auch von teilhabenden Einheimischen) ersehnte „Gegenwirklichkeit“[73], die – zumindest scheinbar – ein zeitweises Entkommen aus der Rastlosigkeit und Unübersichtlichkeit des Alltags, aber auch aus dessen Routine ermöglicht. In diesen Bereich dringen insbesondere die Neuzeithistorikerin Daniela Mysliwietz-Fleiß (Siegen) und der Neuzeithistoriker Jan Pasternak (ebenfalls Siegen) vor, indem sie in ihrem Beitrag die Rolle von spezifisch entwickelten Medien im Kontext des

69 Schönemann, Geschichtskultur, S. 184.
70 Vgl. Schwarz / Mysliwietz-Fleiß, Reisen, S. 16.
71 Vgl. Meyer-Cech, Themenstraßen, S. 254–255.
72 Vgl. Groebner, Retroland, S. 30.
73 Drews, Kulturtourismus, S. 311, 314.

Geschichtstourismus und die durch diese beeinflusste Aneignung besuchter Räume durch Touristinnen und Touristen in diachroner Perspektive untersuchen. Im Zentrum steht dabei die Frage, wie die Wahrnehmung von Touristinnen und Touristen durch mediale Präsentationen der aufgesuchten Orte beeinflusst oder gar gelenkt wird und welche Bedeutung den entsprechenden Medien bei der Schaffung von geschichtstouristischen Zielorten und -räumen zukommt. Die untersuchten Medien werden vier Kategorien zugeordnet, die vor, während und nach der Reise einen jeweils spezifischen Anteil an der geschichtstouristischen Konstruktion eines Ortes oder einer Region haben.

Da gerade das erlebnisorientierte Publikum der Gegenwart Erwartungen einer Abwechslung vom Alltag hegt, ist unter anderem die Geschichtsdidaktik aufgefordert zu reagieren[74], und so finden sich z. B. in der „Didaktik des Reisens" Anknüpfungspunkte, mit denen Geschichte als Erlebnis durch die Bewegung im Raum und die Anschauung vor Ort konkretisiert werden soll[75]. Aus ähnlichen Gründen wird die Motivationskraft von Exkursionen im Hochschul- oder Schulkontext hervorgehoben[76].

Der nachhaltige Entwicklungsimpuls: Es sind insbesondere die Stimmen aus der Raumplanung, den Kulturwissenschaften und dem Kulturmanagement, aber auch aus der Europäischen Ethnologie, die die Bedeutung des Geschichtstourismus für eine nachhaltige Entwicklung nicht nur, aber vornehmlich strukturschwacher Regionen hervorheben[77]. Sie betonen dabei die Bedeutung partizipativer und integrativer Konzepte, die nicht nur die Besucher/innen im Auge haben, sondern auch die Bewohner/innen der betreffenden Region aktiv miteinbeziehen[78], so dass im Zusammenspiel von touristischer Außenperspektive und regionaler Binnensicht Impulse für eine nachhaltige Entwicklung der Region gesetzt werden können. Entsprechend werden bei der geschichtstouristischen Aufbereitung des historischen kulturellen Erbes der Region die Interessen

74 Vgl. Stach, Geschichtstourismus, S. 10.
75 Vgl. Mütter, HisTourismus, S. 119.
76 Vgl. Hey, Die historische Exkursion, S. 16, 179–180.
77 Vgl. Meyer-Cech, Themenstraßen, S. VI, 1–2.
78 Vgl. Drews, Kulturtourismus, S. 302–303, 316–317.

der Einheimischen einbezogen und ihre Vorstellungen Teil der Planung[79]. Was bereits in der Entwicklung des Geschichtstourismus mit der Interdependenz von Anbietern (meistens vor Ort), Medien und Konsument/inn/en in einer *bottom-up*-Entwicklung als Spezifikum des Geschichtstourismus erkennbar wird, die ausgehandelten, veränderten und immer wieder neu ausbalancierten Geschichtskonstruktionen[80], erweist sich unter den Bedingungen der Postmoderne als Vorteil einer „multivokalen Konstruktion“[81] „dritter“ (touristischer) Räume, in der die über die Ressource Geschichte initiierte nachhaltige Entwicklung der Regionen wurzelt.

Die Gliederung des Bandes orientiert sich am Konkretisierungsgrad der Beiträge. Nach dem einleitenden Beitrag von Angela Schwarz, in dem sie einen Überblick über die Entwicklung und die Veränderungen des Geschichtstourismus (der Moderne) gibt, nimmt sich Sabine Stach unter Verweis auf verschiedene ostmitteleuropäische Beispiele der Authentizitäts-, Fiktionalisierungs- und Narrativierungsproblematik an. Mit ebenfalls breitem Zuschnitt erläutert Katja Drews Geschichtstourismus als Teil eines Kulturtourismus, der mit einem partizipatorischen Konzept, das aktive Raumaneignung ermöglicht, auch zur regionalen Entwicklung (insbesondere ländlicher Räume) unter der Maßgabe ökologischer, sozialer und ökonomischer Nachhaltigkeit beiträgt.

Die nächsten beiden Beiträge konzentrieren sich stärker auf bestimmte Aspekte des Geschichtstourismus: Während Eugen Kotte sich mit Fragen eines auch für historische Exkursionen zu nutzenden Potenzials von Geschichtstourismus und der effizienzsteigernden Komplementarität von Erlebnis und Erkenntnis befasst, untersuchen Daniela Mysliwietz-Fleiß und Jan Pasternak auf unterschiedlichste Weisen medial erzeugte Präfigurationen, Wahrnehmungslenkungen und Verarbeitungsweisen bis hin zu Substituten geschichtstouristischer Aktivitäten, Erlebnisse und Wahrnehmungen.

Im letzten Teil des Bandes, dessen Beiträge allgemeinere Erörterungen auf ganz konkrete Beispiele beziehen, erörtert Kim Meyer-Cech historische

79 Vgl. ebd., S. 328.
80 Vgl. Schwarz / Mysliwietz, Reisen, S. 19.
81 Hemme, Märchenstraßen, S. 485.

Themenstraßen als Beitrag zur Regionalentwicklung und expliziert ihre Ausführungen sehr konkret am Beispiel der Niederösterreichischen Eisenstraße, während Steven Zurek Besonderheiten des Tourismus in Grenzregionen herausarbeitet und diese am Beispiel der Grafschaft Bentheim spezifisch aufspürt.

Am Zustandekommen dieses Bandes waren – neben den Autorinnen und Autoren, denen unser Dank an erster Stelle gebührt – weitere Personen in ganz grundlegender Weise beteiligt: die Mitglieder der Kommission für Forschung und Nachwuchsförderung der Universität Vechta unter dem Vorsitz des Vizepräsidenten Prof. Dr. Michael Ewig mit einem Zuschuss für die Finanzierung der zugrundeliegenden Vortragsreihe, die Mitarbeiterinnen der Bereiche Didaktik der Geschichte und der Neueren und Neuesten Geschichte an der Universität Vechta, namentlich Ludmilla Luft und Hannah Sandstede, im Rahmen der Redaktion sowie der Kollege Dr. Aaron Mitchell durch die Korrektur der englischsprachigen Abstracts. Ihnen allen sei hiermit unser herzlicher Dank ausgesprochen.

Ein Hinweis noch in redaktioneller Hinsicht: Da das Gendern schriftsprachlich von den Autorinnen und Autoren dieses Sammelbandes unterschiedlich umgesetzt wurde und wir keine Schreibweise verbindlich machen wollten, haben wir die Vielfalt der Umsetzungen beibehalten.

Vechta, im April 2023
Die Herausgeber

Literaturverzeichnis

Brittner-Widmann, Anja: Geschichtstourismus (Heritage Tourism). In: Axel Dreyer / Christian Antz (Hg.): Kulturtourismus. 3., völlig neu bearb. Aufl., Berlin / Boston 2020, S. 89–198.

Drews, Katja: Kulturtourismus im ländlichen Raum an ‚dritten Orten' der Begegnung als Chance zur Integration von Kultur- und Tourismusentwicklung. Eine Befragung von touristischen und einheimischen Kulturbesuchern in ländlichen Regionen Niedersachsens. Diss., Hildesheim / Zürich / New York 2017.

Groebner, Valentin: Retroland. Geschichtstourismus und die Sehnsucht nach dem Authentischen. Frankfurt a. M. 2018.

Hemme, Dorothee: Märchenstraßen – Lebenswelten. Zur kulturellen Konstruktion einer touristischen Themenstraße. Diss., Berlin 2009.

Hey, Bernd: Die historische Exkursion. Zur Didaktik und Methodik des Besuchs historischer Stätten, Museen und Archive. Stuttgart 1978.

Hey, Bernd: Der Weg ist das Ziel: Historische Kulturrouten. In: Christoph Becker (Hg.): Kulturtourismus in Europa – Wachstum ohne Grenzen? Trier 1993, S. 212–232.

Hochbruck, Wolfgang: Geschichtstheater. Formen der „Living History". Eine Typologie. Bielefeld 2013.

Kotte, Eugen: Narrativität in der deutschen Geschichtswissenschaft und Geschichtsdidaktik. In: Michael Dobstadt / Christian Fandrych / Renate Riedner (Hg.): Linguistik und Kulturwissenschaft. Frankfurt a. M. 2015, S. 213–229.

Lübbe, Hermann: Die Gegenwart der Vergangenheit. Kulturelle und politische Funktionen des historischen Bewusstseins. Vortrag gehalten vor der 16. Landschaftsversammlung am 16. März 1985 in Oldenburg. Oldenburg 1985.

Lübbe, Hermann: Gegenwartsschrumpfung und zivilisatorische Selbsthistorisierung. In: Fritjof Hager / Werner Schenkel (Hg.). Schrumpfungen. Chancen für ein anderes Wachstum. Berlin / Heidelberg 2000, S. 12–19.

Meyer-Cech, Kim: Themenstraßen als regionale Kooperation und Mittel zur touristischen Entwicklung. – fünf österreichische Beispiele. Diss., Wien 2003.

Mütter, Bernd: HisTourismus. Geschichte in der Erwachsenenbildung und auf Reisen. Bd. 1. Oldenburg 2008.

Schönemann, Bernd: Geschichtskultur als Wiederholungsstruktur? In: Geschichte, Politik und ihre Didaktik 34 (2006), S. 182–191.

Schwarz, Angela / Mysliwietz-Fleiß, Daniela: Von der Reise zur touristischen Praxis. Geschichte als touristisches Reiseziel im 19. und 20. Jahrhundert – eine Einführung. In: Angela Schwarz / Daniela Mysliwietz-Fleiß (Hg.): Reisen in die Vergangenheit. Geschichtstourismus im 19. und 20. Jahrhundert. Wien / Köln /Weimar 2019, S. 15–24.

Stach, Sabine: Geschichtstourismus. Version: 1.0. In Docupedia-Zeitgeschichte, 10.07.2020. URL: https://docupedia.de/zg/Stach_geschichtstourismus_v1_de_2020 (01.08.2021).

Wirtz, Rainer: Das Authentische und das Historische. In: Thomas Fischer / Rainer Wirtz (Hg.): Alles authentisch? Popularisierung der Geschichte im Fernsehen. Konstanz 2008, S. 9–32.

Angela Schwarz

Geschichtstourismus in der Moderne: Annäherungen an die Entstehung eines Massenphänomens seit dem 18. Jahrhundert

Abstract: What made people leave their, generally speaking, comfortable homes for a very often costly and arduous journey? What made them venture on a journey into the past? The chapter traces prominent developments from the late eighteenth century to the present, which impinged upon how contemporaries experienced their individual meetings with what was presented to them as history on the spot.

1. Auf dem Weg: Zur Einführung

Wenn man sich vor Augen führt, dass selbstgewählte Ortsveränderung in der Vormoderne, zurückhaltend formuliert, bedeutete, Wege ins Ungewisse[1] zu beschreiten, muss man sich wundern, was aus dem Reisen geworden ist. Ortsveränderung war über viele Jahrhunderte hinweg ein Wagnis, unsicher, unbequem, langwierig, nicht selten sehr kostspielig und sehr oft lebensgefährlich. Schlechte Wetterbedingungen, ungenügend hergerichtete Verkehrswege und Transportmittel, notdürftige Unterkunftsmöglichkeiten, schwieriges Personal, zweifelhafte Reisegefährten, Räuber, Krankheiten und noch so einiges mehr machten das Reisen mindestens zu einer Anstrengung, wenn nicht zu einem schwer kalkulierbaren Risiko.

Und dennoch machten sich schon in der Antike Menschen auf den Weg, ohne Not, ohne Zwang, eben aus freien Stücken. Das setzte sich fort im christlichen – und islamischen – Mittelalter der europäischen

---

1 Gräf / Pröve, Wege ins Ungewisse.

Kulturen, aber auch in anderen Weltregionen in der Zeit wie etwa dem chinesischen Großreich. Im Europa der Frühen Neuzeit machten sich, im Gefolge wachsender Freiheiten und sich wandelnder Vorstellungen, Angehörige aller sozialen Schichten auf den Weg. Diejenigen, die aus eigenem Antrieb unterwegs waren, wurden angezogen oder angetrieben von sehr unterschiedlichen Dingen wie der Verheißung auf Ruhm und Reichtum, dem Konzept von Erziehung als Auftrag wie etwa in der Kavalierstour[2], von der Hoffnung auf Verbesserung des Gesundheitszustandes wie in der Bäderreise – heute unter dem Stichwort *Wellness* vermarktet[3] –, von religiösen Motiven als Pilger- bzw. Wallfahrt[4] oder der Neugier auf das Andere und Ferne[5].

Die Neugier richtete sich dabei auf viele unterschiedliche Dinge der Welt jenseits des eigenen Erfahrungsraumes, auf Waffentechnik, Lebensweisen, Wirtschaftsformen, Bauweisen, politische und soziale Verhältnisse der jeweiligen Gegenwart, aber ebenso auf Bereiche vergangenen Lebens in dieser Fremde. Geschichte übte spätestens seit den ersten Hochkulturen eine besondere Faszination auf Menschen aus. In der Vormoderne oft als Fundus an Lehren für die eigene Gegenwart verstanden, veränderte sich ihre Bedeutung seit dem späten 18. Jahrhundert immer rascher nicht nur für Gelehrte und Gebildete, sondern auch für interessierte Laien. Im Bereich der akademischen Beschäftigung sorgte der Prozess der Verwissenschaftlichung von Geschichte im 19. Jahrhundert für eine Aufwertung jeder Epoche als bedeutsam an sich, während die parallel voranschreitende Popularisierung die Geschichte für immer mehr Menschen zu einem Teil ihres Lebens aufsteigen ließ. In unterschiedlichen Medien und Formaten schließlich für ein Massenpublikum präsentiert, ließ sie sich mühelos in den Alltag integrieren. Im 20. Jahrhundert um die bewegten Bilder erweitert, entwickelte sich Geschichte zu einem

2 Vgl. aus der umfangreichen Forschungsliteratur zum Thema etwa Leibetseder, Die Kavalierstour; Black, The British Abroad.

3 Vgl. Fuhs, Mondäne Orte einer vornehmen Gesellschaft; Hembry; British spas fom 1815 to the present; Adams, Healing with water.

4 Vgl. Bausinger / Beyrer / Korff, Reisekultur; Matheus, Pilger und Wallfahrtsstätten in Mittelalter und Neuzeit; Olsen/Dallen, The Routledge Handbook of Religious and Spiritual Tourism.

5 Vgl. Stagl, Eine Geschichte der Neugier; Leed, Die Erfahrung der Ferne.

ubiquitären Phänomen[6], im 21. aufgrund von Internet, Smartphones und sozialen Medien zu einem ubiquitär verfügbaren bis hin zur endgültigen Lösung vom realen Ort durch das Virtuelle.

Vom 19. Jahrhundert an – mit Anfängen im späten 18. – fanden Begegnungen mit Geschichte unterwegs ebenso wie daheim für eine wachsende Zahl und einen zunehmend in vielerlei Hinsicht heterogenen Kreis von Menschen statt. Die Transformationen, die die Popularisierung von Geschichte durchlief, hatten ihr Pendant im Wandel des Reisens aus freien Stücken. Aus den adeligen und bürgerlichen Bildungsreisen entwickelte sich unter der wachsenden Anzahl und schließlich einem Ansturm von Reisenden eine neue Form: der Tourismus. Er veränderte nicht nur die Fort-Bewegung im weiteren Sinne, sondern auch die Begegnung mit dem Anderen, darunter auch die mit Zeugnissen vergangenen Lebens bzw. den Räumen und Objekten, die als historisch präsentiert wurden. Hier erfolgte die Ausformung des modernen Geschichtstourismus.

Im Folgenden geht es um diesen Geschichtstourismus, seine Entwicklung seit den Anfängen und seine Charakteristika. Eine überblicksartig angelegte Monographie, die alle seine Facetten systematisch analysieren würde, steht trotz der Flut an Literatur über Reisen und Tourismus, deutlich weniger über Geschichtstourismus in der Geschichte, immer noch aus. Das gilt für eine epochenübergreifende Analyse seit der Antike und selbst für eine, die nur die letzten rund zweihundert Jahre in den Blick nehmen würde.[7] Einer der Gründe dafür liegt darin, dass das Phänomen mindestens zwei, wenn nicht drei wesentliche Entwicklungsstränge verknüpft, die jeder für sich vielschichtige Entwicklungen durchliefen: das Reisen, die Bedeutung von Geschichte und die medialen Repräsentationen[8]. Daher können im Folgenden nur ausgewählte und wirklich

6 Vgl. Bergmann, „So viel Geschichte wie heute war nie“, S. 212–218.

7 Die bisherige Forschung hat, nicht zuletzt im Zuge einer sich etablierenden *Public History*, den Schwerpunkt vor allem auf seine Ausprägungen in der jüngeren Vergangenheit und Gegenwart des späten 20. und frühen 21. Jahrhundert gelegt. Vgl. etwa Stach, Geschichtstourismus. Als historisches Phänomen seit dem späten 18. Jahrhundert erscheint es eher selten bzw. nur kursorisch. Vgl. etwa Kolbe, Geschichtstourismus; Steinecke, Dark Tourism; Hochmuth, Geschichtstourismus.

8 Vgl. zur medialen Darstellung den Beitrag von Daniela Mysliwietz-Fleiß und Jan Pasternak in diesem Band.

einschneidende Veränderungen seit der Wende ins 19. Jahrhundert skizziert werden, die gleichwohl eine Konturierung des Geschichtstourismus als speziell modernes Phänomen erlauben.

2. Wissen, Gefühl und Reisen in die Vergangenheit in der Vergangenheit

Die Anfänge eines modernen Geschichtstourismus lassen sich bis in die Zeit der Aufklärung zurückverfolgen. Mit dem Wissen über Naturwissenschaft und Technik und vor allem mit praktisch anwendbarem Wissen legte die neue Strömung den Schwerpunkt zwar nicht auf die Vergangenheit, trug jedoch entscheidend dazu bei, Wissen an sich aufzuwerten. Sie löste es stärker aus dem Kreis einiger weniger Gebildeter heraus und fasste es als nützliches Gut für jeden, auch als Verantwortung eines jeden auf dem Weg aus der Unmündigkeit. Die Beschäftigung mit Geschichte veränderte sich insofern, als neben die bislang thematisch dominierende Antike nun häufiger die Geschichte des eigenen Landes trat. Bildung wird zwar für das 18. Jahrhundert eng mit dem Bürgertum und seinem gesellschaftlichen Aufstieg in diesen Jahren verknüpft, doch verband sich mit den aufklärerischen Ideen zugleich ein starker Impuls, das Volk im Sinne der unteren Schichten in den Prozess einzubinden. Diese ‚Volksaufklärung', die gerade in West- und Mitteleuropa mit einem Alphabetisierungsschub einherging, erfolgte unter anderem über Gesellschaften und Zusammenschlüsse, über Zeitschriften und Bücher in Form etwa von Berichten oder Anleitungen.[9] Das Interesse an sehr unterschiedlichen Lesestoffen wuchs, das Angebot passte sich dieser wachsenden Nachfrage in dem Maße an, das Zensurbestimmungen und Produktionstechniken erlaubten.

Neugier war vielleicht der wohl wichtigste Faktor auf dem Weg, das Andere und Ferne nicht mehr zwangsläufig zuerst als Gefahr, sondern als Chance zu verstehen. Was zuvor bereits Angehörige der gesellschaftlichen Eliten praktiziert hatten, konnte so zu einem in der Gesellschaft weiter verbreiteten Phänomen aufsteigen. Das galt sowohl für die Aneignung von Wissen als auch für die „Wege ins Ungewisse", die in immer entferntere Regionen und Teile der Welt führten. Die Berichte, die darüber

9 Vgl. Im Hof, Das Europa der Aufklärung, S. 134–138, 179–186.

veröffentlicht wurden – mehr als 3.500 Werke allein im 18. Jahrhundert[10] – machten neugierig auf mehr und die eigene Betrachtung vor Ort.

Hatte die Aufklärung Wissen und die Verantwortung des Individuums zur eigenen Weiterentwicklung betont, lenkte die Gegenbewegung die Aufmerksamkeit vom Verstand auf das Gefühl, vom Individuum auf die größere Gemeinschaft und von der Gegenwart auf die Vergangenheit. Mit der Romantik rückten andere Wissensbereiche und Themen und vor allem andere Wahrnehmungsweisen in den Vordergrund.

Statt des praktischen und eher naturwissenschaftlich-technischen Wissens betonte sie mehr das Wissen, das sich aus Empfindungen und Emotionen ableiten ließ.[11] Das machte zugleich andere soziale Bereiche interessant, darunter die unteren Schichten und ihre Kenntnisse. Hatte das Volk, verstanden als die ungebildeten Bevölkerungsteile, zuvor als defizitär und erziehungsbedürftig gegolten, erklärte die Romantik das Volk im Sinne von unteren Schichten vor allem im ländlichen Raum zusammen mit seiner Kultur zum Wesenskern einer Großgemeinschaft. Die Sprache des gemeinen Volkes, seine Geschichten, seine Bräuche und Traditionen zogen nun nicht nur das Interesse von Gelehrten auf sich, die Wörterbücher, Märchensammlungen und ähnliche Konvolute zusammenstellten, um dieses Wissen zu bewahren. Vielmehr wurde hier der Ursprung einer Geschichte des eigenen Volkes gesehen, in den mündlich überlieferten Traditionsbeständen, was Sagen und Mythen des Mittelalters oder die Mystik aus der Zeit des Barock nicht nur einschloss, sondern mit hohem Aussagewert für den Charakter eines Volkes ausstattete. Demgegenüber verlor die Antike, die bislang viele der Themen und Vorbilder geliefert hatte, an Bedeutung. Viele Romantiker gerade im deutschen Sprachraum verstanden sich in dem Sinne modern, als sie in diesem mystischen Teil der Volkskultur die Grundlagen für einen Volkscharakter bzw. eine nationale Identität suchten oder sie daraus ableiteten. Das wiederum lenkte die Aufmerksamkeit auf andere Akteursgruppen als die bisher betrachteten

10 Vgl. Conrad / Osterhammel, 1750–1870. Wege zur modernen Welt, S. 434.

11 Von Gefühlswissen wird nicht nur bezogen auf die Romantik gesprochen, der Begriff ist auch nicht erst mit der Romantik entstanden. Er wird hier verwendet als Gegensatz zu rational begründetem Wissen. Vgl. auch Frevert / Bailey / Eitler u.a., Gefühlswissen.

Großen und Mächtigen, deren Gegenwart und besonders Vergangenheit wichtig erschien.

Als wohl noch folgenreicher sollte sich die damit verbundene idealisierte Art der Wahrnehmung erweisen. Sie stellte das Gefühl, die Seele oder das Unbewusste, mit ihnen das Reine, das Erhabene und selbst Erlebte etwa in der Kunst, Dichtung und Landschaftsdeutung, über die Vernunft. Subjektivität rangierte weit vor Objektivität. Um etwa das Erhabene schauen, also in seiner Gänze empfinden zu können, bedurfte es in der Romantik der Begegnung mit dem Echten, Unverfälschten. Insofern ließe sich in dieser Emotionalisierung von Echtheit der Ursprung des – modernen – Verlangens nach Authentizität[12] sehen, das als Wert an sich bis heute die Begegnung nicht nur mit Geschichte durchzieht.[13]

Aus dem Zusammenspiel dieser Faktoren rührte der Umdeutungsprozess her, der das Raue und Wilde, auch Gefährliche, zum Ursprünglichen und Wahren erklärte. Wälder, Bergregionen wie die Alpen oder das schottische Hochland stiegen zu Sehnsuchtsorten und zu einem Fundus für Identitätskonstruktionen auf. Engländerinnen und Engländer reisten im späten 18. und frühen 19. Jahrhundert in das lange als widerspenstig und barbarisch konnotierte Schottland und glaubten auf immer tiefer ausgetretenen Pfaden, in der Landschaft, der Bevölkerung und den historischen Monumenten der *Highlands* Elemente britischer Identität vor sich zu haben. So erschien die Gälisch sprechende Bevölkerung als Nachfahren der Kelten, die den Römern Paroli geboten hatten[14], oder die schottische Landschaft als Spiegel ‚urbritischer' Tugenden wie der Liebe zur Freiheit und Wahrheit. Das Vormoderne und besonders das Mittelalterliche erschien in dem Zusammenhang als wirklich ursprünglich und großes Faszinosum – was auch die Flut an historischen und Schauerromanen im Stile eines Walter Scott oder der Gattung der sogenannten *Gothic Novel* des frühen 19. Jahrhunderts mit einer im Mittelalter angesiedelten Handlung erklärt.

---

12 Vgl. Saupe, Authentizität, Version: 3.0; Sabrow / Saupe, Einleitung, S. 9–15.

13 Vgl. etwa Groebner, Retroland; Bernhardt / Sabrow / Saupe, Gebaute Geschichte; Sabrow / Saupe, Handbuch Authentizität.

14 Vgl. Grenier, Tourism and Identity in Scotland 1770–1914, S. 18–22.

Diese und andere Orte aufzusuchen, die mit hohem emotionalen Erlebniswert aufgeladen waren, wäre ohne die Revolution des Transportwesens in der ersten Hälfte des 19. Jahrhunderts eine Aktivität von verhältnismäßig wenigen Wohlhabenden aus den adeligen und großbürgerlichen Schichten geblieben. Modernisierung des Straßenbaus, regelmäßigere Postkutschendienste, ab den 1830er Jahren dann Eisenbahnen und wenig später Dampfschiffe konnten immer mehr Reisende immer kostengünstiger an Ziele bringen, die nicht zuletzt deshalb interessant waren, weil eine wachsende Zahl an Menschen dort bereits hingereist war. Die Preisstaffelung nach der Komfortklasse in den Waggons brachte in der Jahrhundertmitte die Eisenbahnfahrt auch in die Reichweite von weniger betuchten Mittelschichten und von Arbeitern, wenngleich in einem anderen Umfang.

Für die, die sich eine längere Reise, vielleicht sogar eine ins Ausland, leisten konnten, entstanden zur Erleichterung der Reiseplanung zwar ab den 1830er Jahren immer mehr Ratgeber und Handbücher wie der „Baedeker" oder die „Red Books" von Verleger John Murray, doch blieb immer noch viel Organisatorisches den Reisenden überlassen. Das änderte sich, als Thomas Cook 1841 in England damit begann, Fahrtkosten und Unterbringung mit den Betreibern auszuhandeln und zum festen Preis als Paket anzubieten. Das war der Anfang der sogenannten Pauschalreisen, die die Vorbereitungen weitgehend übernahmen. Reise und Ziel waren nun noch enger miteinander verbunden, deutlich weniger dem Zufall oder persönlichen Vorlieben überlassen. Cook organisierte 1851 schon Reisen aus allen Landesteilen zur Londoner Weltausstellung, wenige Jahre später internationale Reisen zur Weltausstellung in Paris, wobei die Kosten durch Standardisierung des Angebots – Fahrt, Zielorte, Unterkunft, Touren usw. – reduziert wurden. Rheinreisen, Touren durch die Alpen, das Italien der Antike und der Renaissance gelangten durch Cook und seine Nachahmer auf dem Kontinent in die Reichweite größerer Mittelschichtkreise, die sich für die zweite Jahrhunderthälfte als „Schrittmacher des modernen Tourismus"[15] erwiesen.

15 Vgl. Hachtmann, Tourismus-Geschichte, S. 48.

Bevor aus dem Tourismus allerdings ein wirklich klassenübergreifendes Phänomen werden konnte, bedurfte es der Einführung von freien Tagen bzw. längerer Phasen der Freizeit für die arbeitende Bevölkerung. Zum Ende des 19. Jahrhunderts wurde das Konzept der Urlaubstage in einzelnen Branchen umgesetzt, so dass auch schon Angehörige der – kontinuierlich beschäftigten – Arbeiterschicht Tages- oder Wochenendfahrten etwa an die Küste oder in Berglandschaften unternehmen konnten. Pauschalangebote der Fremdenverkehrsbranche oder von Arbeiter(bildungs)vereinen halfen nicht nur bei der Planung, sondern schufen durch ihr Angebot eine Liste an Orten, die man gesehen haben sollte. Über große Teile des langen 19. Jahrhunderts hinweg blieb jedoch die Bildungs- oder Erholungsreise eine adelige und vor allem bürgerliche Angelegenheit.[16]

So wie sich in der zweiten Hälfte des 19. Jahrhunderts für mehr und mehr Menschen die Möglichkeiten für eine Fahrt an einen interessanten Ort eröffnete, erhielten auch immer mehr Zugang zu Themen außerhalb des eigenen Alltags. Zeitungen und Zeitschriften, die ab den 1840er Jahren bereits zahlreiche Illustrationen enthalten konnten, preiswerte Bücher, die über Bibliotheken und Bildungsvereine noch günstiger erreichbar waren, trugen zahlreiche Themen in die Haushalte in Stadt und Land, so auch Berichte von Reisen und von Orten, die mit einer besonderen historischen Bedeutung aufgeladen waren. Das populärste Medium des Jahrhunderts bildete die illustrierte Zeitschrift im Stil der „Illustrated London News“ in Großbritannien mit ihren Nachahmungen auf dem Kontinent oder der „Gartenlaube“ im deutschsprachigen Raum mit den ihren. Sie boten neben vielen anderen Themen Geschichte für alle, als Erzählungen von Ereignissen früherer Tage oder als Berichte von historischen Stätten, deren Besuch in einem Artikel oder einer Artikelserie beschrieben wurde.[17]

Während die Beschäftigung mit Geschichte einen Prozess der Verwissenschaftlichung durchlief, für den der Historismus prägend werden sollte, erweiterte sich über diese für größere Kreise erschwinglichen Medien

16 Vgl. zu Cook und anderen Reiseveranstaltern ebd., S. 66–97; Mysliwietz-Fleiß, Die Fabrik als touristische Attraktion, S. 96–102.

17 Vgl. Scheidt, „Spots in which the past is most at home“, S. 99–136.; außerdem Kapitel 3.3. im Beitrag von Daniela Mysliwietz-Fleiß und Jan Pasternak in diesem Band.

das Angebot an historischen Darstellungen akademischer und populärer Natur. Der europäische Historismus war eine Kunst- und Denkrichtung, die trotz Anklängen an verschiedene Epochen von der Antike bis zum Rokoko eine besondere Faszination für das Mittelalter aufwies. Als Besinnung auf vergangenes Leben verstärkte er die in der Romantik entstandene Tendenz, sich mehr auf die eigene Vergangenheit als auf die einer idealisierten griechischen oder römischen Antike zu fokussieren.[18] Es verwundert nicht, dass in dieser Zeit eine Vielzahl von Nationalmuseen entstanden, sich ein regelrechter Denkmalkult ausbildete und die Historie generell zu einem Thema für potenziell alle aufstieg.

Historische Stätten aufzusuchen, entweder als geplantes Haupt- oder Teilziel der Reise oder als eher zufällig angelaufene Station, entwickelte sich in der zweiten Hälfte des 19. Jahrhunderts zu einem verbreiteten Muster. Die Besichtigung der Kathedrale, der Burgruine, des Feldes, auf dem eine wichtige Schlacht stattgefunden hatte, galt als ästhetisch und intellektuell wertvolle Beschäftigung, Selbstvergewisserung inmitten einer sich rapide verändernden Welt und angemessene Art, nationales Erbe kennenzulernen und nationale Identität, die womöglich erst mit der perpetuierten „richtigen" Rezeption eines Ortes, eines Gebäudes, einer Landschaft herausgebildet wurde, zu verinnerlichen. Eine solche Begegnung mit Geschichte galt zugleich als interessante Unterhaltung, Geschichte als leicht konsumierbare Kost, die nun für viele in einer unbegrenzt wiederholbaren Form geplant und dadurch stetig verfügbar in das Reiseerlebnis integriert werden konnte: als geschichtstouristische Erfahrung. Selbst wenn diese nicht von allen Besucherinnen und Besuchern eines historisch aufgeladenen Ortes in der vorgegebenen Weise gemacht wurde, sorgte doch die Standardisierung von Führung, Aufenthaltsdauer, Auswahl der Anschauungsobjekte, Vorgabe bestimmter Ansichten usw. dafür, dass sie mehrheitlich auf den vorgezeichneten Wegen und den damit verbundenen Deutungen durchlaufen und anschließend weitergetragen wurde.

Ein Beispiel unter vielen liefert der Geschichtstourismus im Umfeld der italienischen Nationalstaatsgründung 1861. Schon lange vor dem Ereignis ließen zahlreiche Schriften vom Reisebericht bis zum historischen Roman

---

18 Vgl. Fillitz, Der Traum vom Glück, S. 15–17.

einen neuen ‚Vergangenheitskult' entstehen, der besonders die italienische Renaissance popularisierte. Stätten wie Santa Croce in Florenz als Grabstätte früherer Helden der italienischen Geschichte, überhaupt die norditalienischen Städte mit ihren baulichen und künstlerischen Zeugnissen aus der Zeit, stiegen zu Orten auf, die befragt werden und zu den Menschen des 19. Jahrhunderts sprechen sollten. Das Ziel bestand darin, auf die Weise ein bei den Menschen – vor allem der bürgerlichen Schichten – vorausgesetztes Bedürfnis nach „emotional erfahrbarer, unmittelbarer und ‚archetypischer' Historie"[19] befriedigen zu können.[20] Aus einer derart vorgezeichneten Erfahrung von Geschichte vor Ort sollte in dem überaus heterogenen Italien der Regionen eine nationale Identität erwachsen. Die Vorstellung von einem Bedürfnis nach dem – emotionalen – Erleben von Geschichte spiegelte zwar ein zu der Zeit in vielen Ländern vorhandenes Interesse. Erzählungen, Romane und Berichte vermochten es tatsächlich zu intensivieren, doch konnten die zugrundeliegenden normativen Ansprüche hinsichtlich bestimmter Konzepte von nationaler Identität längst nicht immer erreicht werden.

Nach der Zäsur des Ersten Weltkriegs setzte sich trotz der Umbrüche, Zerstörungen und ökonomischen Einbrüche rasch die Begeisterung für das Reisen wieder durch und erfasste nun noch weitere Kreise. Mit der entsprechenden Zahl von freien Tagen öffnete sich das Fenster für den Erholungsurlaub in anderen Regionen etwas weiter, auch für Angehörige der Arbeiterschaft. Reiseangebote für diese Klientel kamen von linken Organisationen ebenso wie von einer Fremdenverkehrswirtschaft, die sich weiter professionalisierte und die Pauschalreise zu einem Massenkonsumgut ausformte.[21] Die Angebote für die Arbeiterinnen und Arbeiter etwa der SPD in Leipzig ähnelten in der Weimarer Republik mit Blick auf Erholung, Sommerfrische, Naturnähe und Städtetourismus sehr stark jenen für ein bürgerliches Publikum[22], wobei die Fahrten nicht als

19 Lukenda, Vergangenheitskult und Geschichtstourismus im Zeitalter der italienischen Nationalstaatsbildung, S. 146.
20 Vgl. ebd., S. 169.
21 Vgl. für Tendenzen in der Weimarer Republik Keitz, Reisen als Leitbild, S. 33–38, 113–119.
22 Vgl. ebd., S. 146–152.

„Anschauungsunterricht“[23] politischer oder anders präfigurierter Natur konzipiert waren und sich die Kundschaft das in der Regel auch nicht wünschte.

Die konsequenteste Vereinnahmung und Ausrichtung des Reisens auf ideologische Vorgaben nahmen in den späten 1920er und 1930er Jahren schließlich die faschistischen Diktaturen vor. Sowohl das faschistische Italien mit seiner Freizeitorganisation „Opera Nazionale Dopolavoro“ als auch das nationalsozialistische Deutschland mit der nach dem italienischen Vorbild kreierten „Nationalsozialistischen Gemeinschaft Kraft durch Freude“ integrierten in ihr Freizeitprogramm für die Massen Reisen unterschiedlicher Dauer und Zielorte, staatlich gelenktes Reisen neben dem privatwirtschaftlich organisierten.[24] Bis 1939 fuhren mit KdF fast 50 Millionen Menschen in den Urlaub, in den allermeisten Fällen auf Kurzfahrten von ein bis drei Tagen Dauer.[25] Die Propaganda sprach von einer wirklichen Öffnung des Reisens in die unteren Schichten hinein, doch blieb der Slogan „Der deutsche Arbeiter reist“ angesichts des eher (klein-)bürgerlichen Publikums mehr Anspruch als Wirklichkeit.[26]

Unzweifelhaft ist dagegen die Einflussnahme des Staates generell und die ideologische Aufladung der – staatlich organisierten – Reisen, die der Systemstabilisierung dienen sollten. Im Dritten Reich sollten sie die Reisenden zu Volksgenossen erziehen, im faschistischen Italien zu überzeugten Mitgliedern des korporativen Staates, in der Sowjetunion und in den kommunistisch regierten Ländern vor allem nach dem Zweiten Weltkrieg zum sozialistischen Menschen. In allen diesen Diktaturen spielten Geschichte und ihre Deutung im Sinne der geltenden Ideologie, die sich an historisch aufgeladenen Stätten besonders eindrucksvoll inszenieren ließ, eine wesentliche Rolle. Das verlieh dem Geschichtstourismus ein zusätzliches Element, nach dem die emotionale Begegnung mit der Vergangenheit nicht mehr individuell, sondern dem Anspruch nach im Kollektiv

23 Ich fahr in die Welt. Blätter für Reisen und Schauen, S. 3.

24 Vgl. zu Letzterem Semmens, Seeing Hitler's Germany; Semmens, A Holiday from the Nazis?, S. 131–160.

25 Vgl. Kolbe, Geschichtstourismus, S. 9.

26 Vgl. Keitz, Reisen als Leitbild, S. 250 f.; Spode, Arbeiterurlaub im Dritten Reich, S. 275–328; Frommann, Reisen im Dienste politischer Zielsetzungen.

und nach klaren Vorgaben erfolgte, von denen nicht abgewichen werden durfte.

Für deutsche Reisende rückten so etwa Stätten im eigenen Land in den Fokus, die die Nationalsozialisten mit Germanentum und noch häufiger einem „deutschen" Mittelalter[27] aufladen konnten, darunter Burgen, Grabstätten mittelalterlicher Herrscher, Kirchen, die wie die Quedlinburger Stiftskirche zur Stätte eines von Heinrich Himmler initiierten Kultes um König Heinrich I. (875–936) umgewandelt wurde, Objekte wie beispielsweise die Reichskleinodien oder auch eine ganze (Alt-)Stadt wie etwa Nürnberg[28] als „kerndeutsche[] Stadt"[29]. Das Italien Mussolinis bezog sich vor allem auf die römische Antike, vorzugsweise auf die Zeit von Kaiser Augustus[30] – kaum noch auf die zuvor in Italien wie in vielen anderen Ländern noch so geschätzte Epoche der Renaissance.

Erst der sozioökonomische Wandel nach dem Zweiten Weltkrieg machte das Reisen wirklich zu einem Massenphänomen. Eine stabilere Beschäftigungslage, ein höheres Realeinkommen, mehr Urlaubstage pro Jahr, weitere Fortschritte im Verkehrswesen, verbesserte Infrastruktur vor Ort und die Sehnsucht nach ‚dem Anderen', der ‚Ferne' ließen den Tourismus in Europa nach 1950[31] kontinuierlich expandieren. Noch 1950 beurteilte eine britische Publikation den Wiederaufschwung des Tourismus im Unterschied zu den Jahren nach dem Ersten Weltkrieg skeptisch. Spätestens in der zweiten Hälfte der Dekade stiegen jedoch die Zahlen, auch durch einen in der Bundesrepublik greifenden Reiseboom, rasch an, ab den 1960er Jahren trat dann eine neue Dynamik hervor, die alle früheren Zuwächse bei weitem übertraf und eine neue Ära des Massentourismus einleitete.[32] In der Mitte der Dekade löste das Auto das bislang häufigste Transportmittel, die Eisenbahn, ab, in den 1970er Jahren kam dann noch das Flugzeug hinzu, das nicht nur schnelleres Reisen

27 Thamer, Die Repräsentation der Diktatur, S. 229–246.
28 Vgl. Schmidt, Nürnberg – die „deutscheste aller deutschen Städte"?, S. 137–151.
29 Staatliche Bildstelle Berlin (Hg.), Das alte Nürnberg in neuen Lichtbildern, S. 7.
30 Vgl. Schumacher, Augusteische Propaganda und faschistische Rezeption, S. 307–338; Lewine, Ancient Rome in Modern Italy, S. 1–10; Stone, A Flexible Rome: Fascism and the Cult of Romanitá, S. 205–220.
31 Vgl. Lambert, The Fortunate Traveller, S. 220.
32 Vgl. Keitz, Reisen als Leitbild, S. 261 f.

ermöglichte, sondern weiter entfernte Reiseziele in die Reichweite von immer mehr Menschen brachte. Ziele im Ausland sind vor allem bei den als „Reiseweltmeistern“[33] titulierten Deutschen beliebt. In Europa gibt es das sonst in dem Maße nur noch in Großbritannien und kleinen wohlhabenden Ländern wie den Niederlanden, Österreich oder Dänemark.[34]

Parallel zur Neugier auf das räumlich Ferne[35] stieg die Popularität des zeitlich Fernen. Mit der sozialgeschichtlichen Ausrichtung der Geschichtswissenschaft und der „Geschichte von unten“-Bewegung der späten 1960er und 1970er Jahre erhielten historische Entwicklungen eine neue Relevanz weit jenseits der akademischen Beschäftigung. Im Grunde wird spätestens seit den 1980er Jahren von einem unübersehbaren Geschichtsboom gesprochen, der sich nach und nach neue Medien vom Fernsehen über das Internet bis zu digitalen Spielen und Streamingdiensten mit ihrem Angebot an fiktionalen Serien, Filmen und Dokumentationen erobert hat. Der Reiz des Vergangenen, eine Sensibilisierung für Historisches wurde so immer weiter in die Gesellschaft hineingetragen. Die auf diese Weise erzeugte Flut von Bildern in den Köpfen wird im späten 20. und frühen 21. Jahrhundert noch viel unmittelbarer mit dem abgeglichen, was die Begegnung mit dem historischen Objekt, Ort, Gebäude an seinem Ursprungsort zeigt.

Wenngleich ein Großteil dieses Massentourismus auf Erholung, Sonne und Strand ausgerichtet ist, spielt ein Begleitprogramm mit Besichtigungen landschaftlicher und kultureller – darunter in beachtlichem Umfang historischer – Sehenswürdigkeiten eine wichtige Rolle. Das zeitlich Ferne kann dabei als Bildungsinhalt ebenso wie als Unterhaltungsgegenstand gelten, ist aber in der jüngeren Vergangenheit in hohem Maße eine Gegenwelt zum Alltag, in die Menschen eintauchen, die sie hautnah erleben möchten. Das jeweils Betrachtete und Begangene soll dazu – wie schon in der Romantik gefordert – so authentisch wie möglich sein, um das Erlebnis echt, unverfälscht und umfassend werden zu lassen.

---

33 Vgl. Spode, Wie die Deutschen „Reiseweltmeister“ wurden. Vgl. auch Spode, Urlaub macht Geschichte.

34 Vgl. Hachtmann, Tourismus-Geschichte, S. 168.

35 Vgl. etwa David Lowenthals Bild von der Vergangenheit als fremdes Land, das man bereist. Lowenthal, The Past is a Foreign Country.

Die Themen, auf die sich geschichtstouristisches Interesse lenkt, haben sich noch viel weiter aufgefächert. Es geht schon längst nicht mehr nur um Kunststile, Bauwerke, Zeugnisse von Macht und Herrschaft, sondern mehr noch um Lebensweisen gerade der unteren Schichten, um gutes Leben ebenso wie – und vielleicht mit noch größerer Faszination – um Leid und Tod, für die mit *Dark Tourism* längst ein eigener Begriff – und ein eigenes Forschungsfeld – entwickelt wurde. Dieser erfasst unter anderem Reisen an Folter- und Mordstätten wie Gefängnisse und Konzentrationslager, auf das Gelände von Schlachtfeldern besonders der Weltkriege, zu Grabmälern und auf Friedhöfe, selbst zu Orten von Naturkatastrophen, Terroranschlägen und Nuklearunfällen.[36] Das Phänomen ist natürlich nicht völlig neu, hat jedoch heute eine nie zuvor erreichte Verbreitung und Bedeutung gewonnen, die sich nur mit der Zugänglichkeit von Reisen für praktisch jeden und der Aufbereitung historischer Themen in allen erdenklichen Medien und Formaten erklären lässt. Dass in Zukunft noch mehr als bereits heute Erfahrungen, die früher nur in der Begehung vor Ort möglich waren, virtuell verfügbar gemacht werden können, wird nicht nur der Faszination für die Vergangenheit weitere Nahrung geben, sondern auch den Geschichtstourismus im 21. Jahrhundert weiter verändern.

3. Geschichtstourismus in der Moderne: Konzeption eines Massenphänomens

Ein größerer Wissensschatz, höhere Bildung, Neugier, die Sehnsucht nach Emotionen, Erlebnissen und Echtheit bzw. Authentizität, der Reiz des Anderen, die stetig erweiterte Verfügbarkeit von historischen Themen, das Bedürfnis nach Unterhaltung und Flucht aus dem Alltag: All das verband sich, wie beschrieben, mit der Expansion des Reisens seit dem 18. Jahrhundert zu einem eigenständigen Phänomen, dem modernen Geschichtstourismus. Mit dem Tourismus als besonderer Form des Reisens und der Wahrnehmung von Vergangenheit als Bildungs- und zugleich Unterhaltungsgegenstand gingen in ihm zwei Entwicklungen und kulturelle Praktiken ineinander über. Sie werden hier abschließend noch einmal

36 Vgl. Steinecke, Dark Tourism.

kurz für sich und dann im Zusammenspiel betrachtet, um das Spezifische des Geschichtstourismus in der Moderne hervorzuheben.

Tourismus wird als Begriff zwar allgemein für die Geschichte des Reisens verwendet, so dass selbst Reisende in Ägypten wie Herodot im 5. Jahrhundert v. Chr. oder ein römischer Reisender mit Namen C. Numonius Vala, der im Jahr 2 v. Chr. sein „Hic fui" (Ich bin hier gewesen) auf einem altägyptischen Tempel[37] hinterließ, bereits als Touristen bezeichnet werden können. Die moderne Tourismusforschung fasst mit dem Begriff, der zusammen mit dem des Touristen im 18. Jahrhundert aufkam und erst im Verlauf des 19. zu einer wirklich gebräuchlichen Beschreibung aufstieg, eine spezielle Art des Reisens mit den oben skizzierten Merkmalen.

Der aus der adeligen *Grand Tour* der Frühen Neuzeit abgeleitete Terminus der Tour implizierte den Aufenthalt an verschiedenen Stationen. Diese zogen in einem Wechselspiel von Angebot und Nachfrage Gäste an und boten ihnen verschiedene Dienste. Je mehr die Zahl der Gäste anstieg, umso stärker war die Tendenz zur Standardisierung des Angebots: immer der gleiche Pfad auf der geführten Tour durch die *Highlands*, immer der gleiche Rundgang durch die Altstadt von Heidelberg, der gleiche angeleitete Spaziergang am Fluss Wye in der Nähe von Tintern Abbey, der nichts mehr mit dem vom Dichter beschriebenen „solitary walk"[38] gemein hatte, weil ihn viele andere ebenfalls erleben wollten. Spätestens von der Wende ins 19. Jahrhundert an begann die Standardisierung des Reisens und damit seine Touristifizierung. Sie führte zu den bekannten Pauschalangeboten für Fahrt und Logis und schließlich noch zu (Unterhaltungs-) Angeboten vor Ort sowie anderen Elementen der Reise vom Mietwagen bis zur Versicherung, so wie sie heute bestehen.

Die Standardisierung des Ortswechsels hing eng mit der Standardisierung des Reiseerlebnisses, d. h. der individuellen Wahrnehmung, zusammen. Der touristische Blick, wie ihn John Urry herausgearbeitet hat,[39] bestand in einem gelenkten Schauen und einer vorgefertigten Art nicht nur des Sehens – nach dem man nur sieht, was man schon kennt –, sondern auch und gerade des Empfindens, das seit der Romantik eine besondere

37 Inschrift (CIL III 74). Es handelte sich dabei um den Isistempel von Philae.

38 Wordsworth, Lines Composed a Few Miles above Tintern Abbey.

39 Vgl. Urry, The Tourist Gaze; Urry, Consuming Places.

Stellung einnahm. Dazu trugen die Akteure vor Ort, unter anderem Gastronomen, Führer, Veranstalter, ebenso bei wie die genannten Medien und Formate, die Bilder von einem bestimmten Ort produzierten bzw. reproduzierten. Insofern steht der „tourist gaze“[40] als Teil und Ergebnis dieser Inszenierung von Erlebniswelten im Tourismus für eine körperliche Sinnesleistung ebenso wie eine im performativen Akt vor Ort (nach-)vollzogene Interpretationsleistung: Das in der Vorführung exotisierte Außeralltägliche erscheint danach in doppelter Hinsicht nah, wenn nämlich beim Eintauchen in das Erlebnis neben der räumlichen auch die kritische Distanz entfällt. Um die persönliche, emotional berührende außeralltägliche Erfahrung zu ermöglichen, macht der Tourismus den Zielort zu einer Bühne für ein Spektakel, deren Genuss in der vorgesehenen Weise eine dritte Leistung, eine Kodierungsleistung, von den Besucherinnen und Besuchern erfordert. Denn ohne eine solche Leistung könnte der besichtigte – touristische – Raum nicht in eine Erlebniswelt umgedeutet werden[41], würde beispielsweise das Ruhrgebiet mit seinen Fabriken ein Ort der Industrie oder unwegsames Gelände im schottischen Hochland genau das bleiben und nicht als faszinierende Gegend mit Kathedralen der Arbeit[42] bzw. als ergreifender Ursprungsort für Freiheitsliebe der Nation wahrgenommen werden können.

Im Geschichtstourismus kommt mit der Zeitwahrnehmung und der Konstruktion des Raums als historisch noch ein weiteres Element hinzu, eine Art historisierender Blick oder in Anlehnung an Urrys Wortschöpfung ein „historical gaze“. Die Zeitwahrnehmung als Grundlage dafür ist keineswegs immer gleich, vielmehr lassen sich in der Betrachtung dessen, was als vergangene Zeit vorgeführt wird, drei Arten unterscheiden. Die zeitliche Distanz zwischen Betrachter und Betrachtetem kann einmal gleichbleibend erscheinen, unabhängig davon, ob ein Objekt aus dem 19., 11. oder 2. Jahrhundert angeschaut wird. Es kann auch der Eindruck von mehreren Zeitebenen entstehen, die nebeneinander an einem Ort existieren. Und schließlich kann in einer Touristin oder einem Touristen das

40 Vgl. grundlegend dazu Rieder / Bachleitner / Kagelmann, ErlebnisWelten.
41 Vgl. hierzu ausführlicher Schwarz, Pastness in the making, S. 34–42.
42 Vgl. Schwarz, Vom Nicht-Ort zum geschichtstouristischen Reiseziel.

Gefühl aufkommen, es gebe gar keine Entfernung zwischen der eigenen Gegenwart und der besichtigten Vergangenheit.[43]

Voraussetzung für alle drei Arten bildet die Zuschreibung als alt, also der eigentliche Konstruktionsvorgang eines Ortes, Objektes oder einer Landschaft als historisch. Dieses Element von Geschichtlichkeit, eine nur unzureichende Übersetzung des englischen Wortes *pastness*[44], bildet die conditio sine qua non für das geschichtstouristische Erleben. Sie ist in den Repräsentationen von Geschichte enthalten und entsteht für den Einzelnen immer wieder neu durch die je eigene Aneignung. Insofern war und ist touristischer Geschichtsgebrauch keine passive Rezeption, sondern entwickelt sich im konkreten Raum nach je eigenem Empfinden. Die Tatsache, dass das allerdings nicht losgelöst von Bildern in den Köpfen und gelenkten Blicken vor Ort stattfindet, verleiht dem modernen Geschichtstourismus seine spezifische Prägung. Er besteht demnach in einer charakteristischen Aneignung von Raum und Zeit, die sich als Folge der Überblendung von touristischem und historischem Blick sowie ihren Auswirkungen auf die Begegnung mit Geschichte und dem Wunsch nach Authentizität ergibt.

Literaturverzeichnis

Adams, Jane M.: Healing with water. English spas and the water cure, 1840–1960. Manchester 2015.

Bausinger, Hermann / Beyrer, Klaus / Korff, Gottfried (Hg.): Reisekultur. Von der Pilgerfahrt zum modernen Tourismus. München [2]1999.

Bergmann, Klaus: „So viel Geschichte wie heute war nie" – Historische Bildung angesichts der Allgegenwart von Geschichte. In: Angela Schwarz (Hg.): Politische Sozialisation und Geschichte. Hagen 1993, S. 209–228.

Black, Jeremy: The British Abroad. The Grand Tour in the Eighteenth Century. Stroud/New York 1992.

Conrad, Sebastian / Osterhammel, Jürgen (Hg.): 1750–1870. Wege zur modernen Welt (= Geschichte der Welt 4). München 2016.

43 Vgl. dazu Groebner, Touristischer Geschichtsgebrauch, S. 412, 421.
44 Vgl. etwa Holtorf, On Pastness, S. 427–444.

Fillitz, Hermann: Der Traum vom Glück. Das Phänomen des europäischen Historismus. In: Hermann Fillitz (Hg.): Der Traum vom Glück. Die Kunst des Historismus in Europa. Bd. 1. Wien 1996, S. 15–25.

Frevert, Ute / Bailey, Christian / Eitler, Felix u. a.: Gefühlswissen. Eine lexikalische Spurensuche in der Moderne. Frankfurt am Main 2011.

Frommann, Bruno: Reisen im Dienste politischer Zielsetzungen. Arbeiterreisen und „Kraft durch Freude“-Fahrten. Diss., Stuttgart 1992.

Fuhs, Burkhard: Mondäne Orte einer vornehmen Gesellschaft. Kultur und Geschichte der Kurstädte 1700–1900. Hildesheim 1992.

Gräf, Holger Th. / Pröve, Ralf: Wege ins Ungewisse. Reisen in der Frühen Neuzeit 1500–1800. Frankfurt am Main 1997.

Grenier, Katherine Haldane: Tourism and Identity in Scotland 1770–1914. Creating Caledonia. Aldershot 2005.

Groebner, Valentin: Retroland. Geschichtstourismus und die Sehnsucht nach dem Authentischen. Frankfurt a. M. 2018.

Groebner, Valentin: Touristischer Geschichtsgebrauch. Über einige Merkmale neuer Vergangenheiten im 20. und 21. Jahrhundert. In: Historische Zeitschrift 296 (2013), H. 2, S. 408–428.

Hachtmann, Rüdiger: Tourismus-Geschichte. Göttingen 2007.

Hembry, Phyllis: British spas from 1815 to the present. A social history. Madison, NJ 1997.

Hochmuth, Hanno: Geschichtstourismus. In: Martin Sabrow / Achim Saupe (Hg.): Handbuch Historische Authentizität. Göttingen 2022, S. 179–185.

Holtorf, Cornelius: On Pastness. A Reconsideration of Materiality in Archeological Object Authenticity. In: Anthropological Quarterly, Bd. 86, Nr. 2 (2013), S. 427–444.

Ich fahr in die Welt. In: Blätter für Reisen und Schauen (1931), H. 1, S. 3.

Im Hof, Ulrich: Das Europa der Aufklärung. München ^{2}1995.

Inschrift (CIL III 74).

Keitz, Sabine: Reisen als Leitbild. Die Entstehung des modernen Massentourismus in Deutschland. München 1997.

Kolbe, Wiebke: Geschichtstourismus. Theorie – Praxis – Berufsfelder. Tübingen 2021.

Lambert, Richard S.: The Fortunate Traveller. A Short History of Tourism and Travel for Pleasure. London 1950.

Leed, Eric J.: Die Erfahrung der Ferne. Reisen von Gilgamesch bis zum Tourismus unserer Tage. Frankfurt am Main/New York 1993.

Leibetseder, Mathis: Die Kavalierstour. Adlige Erziehungsreisen im 17. und 18. Jahrhundert. Köln / Weimar / Wien 2004.

Lewine, Annie Esmé: Ancient Rome in Modern Italy. Mussolini's Manipulation of Roman History in the Mostra Augustea della Romanitá. In: Studies in Mediterranean Antiquity and Classics, 2 (2008), H. 1, S. 1–10.

Lowenthal, David: The Past is a Foreign Country. Cambridge 1985.

Lukenda, Robert: Vergangenheitskult und Geschichtstourismus im Zeitalter der italienischen Nationalstaatsbildung. In: Angela Schwarz / Daniela Mysliwietz-Fleiß (Hg.): Reisen in die Vergangenheit. Geschichtstourismus im 19. und 20. Jahrhundert. Wien / Köln / Weimar 2019, S. 137–169.

Matheus, Michael (Hg.): Pilger und Wallfahrtsstätten in Mittelalter und Neuzeit. Stuttgart 1999.

Mysliwietz-Fleiß, Daniela: Die Fabrik als touristische Attraktion. Entdeckung eines neuen Erlebnisraums im Übergang zur Moderne. Wien / Köln / Weimar 2020.

Olsen, Daniel H. / Dallen, J. Timothy (Hg.): The Routledge Handbook of Religious and Spiritual Tourism. London / New York, NY 2022.

Rieder, Max / Bachleitner, Reinhard / Kagelmann, Jürgen (Hg.): Erlebnis-Welten. Zur Kommerzialisierung der Emotionen in touristischen Räumen und Landschaften. München / Wien 1998.

Sabrow, Martin / Saupe, Achim (Hg.): Handbuch Authentizität, Göttingen 2022.

Sabrow, Martin / Saupe, Achim: Einleitung. In: Christoph Bernhardt / Martin Sabrow / Achim Saupe (Hg.): Handbuch Historische Authentizität. Göttingen 2022, S. 9–15.

Saupe, Achim: Authentizität, Version: 3.0. In: Docupedia Zeitgeschichte, 25.08.2015, URL: http://docupedia.de/zg/saupe_authentizitaet_v3_de_2015 (16.03.2023).

Scheidt, Tobias: „Spots in which the past is most at home": Populäre Zeitschriften als Medien des Geschichtstourismus in der Mitte des

19. Jahrhunderts. In: Angela Schwarz / Daniela Mysliwietz-Fleiß (Hg.): Reisen in die Vergangenheit. Geschichtstourismus im 19. und 20. Jahrhundert. Wien / Köln / Weimar 2019, S. 99–136.

Schmidt, Alexander: Nürnberg – die „deutscheste aller deutschen Städte"? Das Bild des spätmittelalterlichen Nürnberg in der nationalsozialistischen Propaganda. In: Maike Steinkamp / Bruno Reudenbach (Hg.): Mittelalterbilder im Nationalsozialismus. Berlin 2013, S. 137–151.

Schumacher, Leonhard: Augusteische Propaganda und faschistische Rezeption. In: Zeitschrift für Religions- und Geistesgeschichte 40 (1988), H. 4, S. 307–338.

Schwarz, Angela: Vom Nicht-Ort zum Geschichtstouristischen Reiseziel. In: Christoph Bernhardt / Martin Sabrow / Achim Saupe (Hg.): Gebaute Geschichte. Historische Authentizität im Stadtraum. Göttingen 2017, S. 269–284.

Schwarz, Angela: Pastness in the Making. Von der Touristifizierung der verräumlichten Zeit in der Vergangenheit. In: Angela Schwarz / Daniela Mysliwietz-Fleiß (Hg.): Reisen in die Vergangenheit. Geschichtstourismus im 19. und 20. Jahrhundert. Wien / Köln / Weimar 2019, S. 25–44.

Semmens, Kristin: A Holiday from the Nazis? Everyday Tourism in the Third Reich. In: Lisa Pine (Hg.): Life and Times in Nazi Germany. London 2016, S. 131–160.

Semmens, Kristin: Seeing Hitler's Germany. Tourism in the Third Reich. Houndmills 2005.

Spode, Hasso: Wie die Deutschen „Reiseweltmeister" wurden. Eine Einführung in die Tourismusgeschichte. Erfurt 2003.

Spode, Hasso: Arbeiterurlaub im Dritten Reich. In: Carola Sachse / Tilla Siegel / Hasso Spode / Wolfgang Spohn (Hg.): Angst, Belohnung, Zucht und Ordnung. Herrschaftsmechanismen im Nationalsozialismus. Opladen 1982, S. 275–328.

Spode, Hasso: Urlaub macht Geschichte. Reisen und Tourismus in der DDR, Berlin 2022.

Staatliche Bildstelle Berlin (Hg.): Das alte Nürnberg in neuen Lichtbildern. Ausstellung zum 50jährigen Bestehen der Staatlichen Bildstelle. Berlin 1935.

Stach, Sabine: Geschichtstourismus, Version 1.0. In: Docupedia Zeitgeschichte, 10.07.2020. URL: https://docupedia.de/zg/Stach_geschichtstourismus_v1_de_2020 (16.03.2023).

Stagl, Justin: Eine Geschichte der Neugier. Die Kunst des Reisens 1550–1800. Wien/Köln/Weimar 2002.

Steinecke, Albrecht: Dark Tourism. Reisen zu Orten des Leids, des Schreckens und des Todes. Tübingen 2021.

Stone, Marla: A Flexible Rome: Fascism and the Cult of Romanitá. In: Catherine Edwards (Hg.): Roman Presences: Receptions of Rome in European Culture, 1789–1945. Cambridge 1999, S. 205–220.

Thamer, Hans-Ulrich: Die Repräsentation der Diktatur. Geschichts- und Propagandaausstellungen im nationalsozialistischen Deutschland und im faschistischen Italien. In: Christof Dipper / Rainer Hudemann / Jens Petersen (Hg.): Faschismus und Faschismen im Vergleich. Wolfgang Schieder zum 60. Geburtstag. Köln 1998, S. 229–246.

Urry, John: Consuming Places. New York 1995.

Urry, John: The Tourist Gaze. Leisure and Travel in Contemporary Societies. London 1990.

Wordsworth, William: Lines Written a Few Miles above Tintern Abbey, On Revisiting the Banks of the Wye During a Tour, July 13, 1798. In: William Wordsworth / Samuel Taylor Coleridge (Hg.): Lyrical Ballads, with a Few other Poems. London 1798, S. 201–210.

Sabine Stach

Alles nur Fiktion? Imaginationen von (Zeit-)Geschichte unter den Bedingungen der Tourismusindustrie

Abstract: Commercial heritage tourism is still discussed mainly in terms of its problematic aspects. Often the fact that every voyage is based on imagination is not taken into account. The article deals with the debate about fact and fiction as an integral part of heritage tourism. Using the example of guided city tours, it introduces some theory classics and discusses concrete features of economically driven presentations of history in tourism. Finally, the author briefly considers the extent to which there might also be potential for the reflexive mediation in it.

Einleitung, oder: Der Disneyland-Vorwurf

Der Tourismus lebt von Fiktion. Er beruht auf der Kraft von Imaginationen, auf der Zirkulation von Bildern und verspricht die Erfüllung von Sehnsüchten, die er selbst weckt. Er ist, so nennt es Valentin Groebner, eine „Bildermaschine"[1]. Dies gilt auch für den in diesem Band fokussierten Geschichtstourismus. Selbst jene Besucher:innen historischer Schauplätze, die sich – gemäß einem uralten aber nicht weniger aktuellen Distinktionsreflex – selbst als wissbegierige „Reisende" von den eher oberflächlich interessierten „Tourist:innen" abgrenzen, sind auf Schritt und Tritt mit der Mobilisierung von Vorstellungsbildern konfrontiert. Nicht nur in künstlichen Themenwelten, auf Mittelaltermärkten oder im herausgeputzten „historischen Zentrum" stellt sich die Frage nach Virtualität: Was ist am besuchten Ort authentisch, was inszeniert, oder

1 Groebner, Retroland, S. 15.

vielmehr: was wird *als authentisch* inszeniert? Auch Räume, die genuin zur Vermittlung von Geschichte gedacht sind, und selbst Orte, die von der Gewaltgeschichte des 20. Jahrhunderts zeugen, führen ihre Besucher:innen über den schmalen Grat zwischen Fakt und Fiktion. Denn letztlich geht es immer auch um die Evozierung eines „authentischen Gefühls“, das sich aus Atmosphären ebenso speist wie aus den Vorstellungen, die sich Reisende von einem Ort, einer Kultur oder einer Epoche gemacht haben.[2] Unzweifelhaft spielen dabei die Bildwelten der Populärkultur, insbesondere des Films, eine zentrale Rolle.

Besonders augenfällig scheint die Virtualisierung von Geschichte an Destinationen, wo Film und Tourismus ganz explizit verknüpft werden – etwa in Krakau, wo Reisende auf den Spuren Oskar Schindlers wandeln können. Die historische Person war 1993 durch Steven Spielbergs Film „Schindler's List“ schlagartig weltberühmt und Krakau damit um eine Attraktion reicher geworden. Der Unternehmer Schindler hatte mehr als 1000 der in seinem Betrieb angestellten jüdischen Zwangsarbeiter:innen vor Deportation und Tod bewahrt und gilt heute als einer der wichtigsten „Judenretter“. Es war nicht zuletzt der große Erfolg des Films, der den Impuls zur Einrichtung eines Museums im Verwaltungsgebäude der einstigen Emaille-Fabrik gab. Gelegen zwischen dem Stadtteil Kazimierz, in dem sich bereits vor 1994 eine reiche „jewish heritage industry“ entwickelt hatte[3], und dem ehemaligen Standort des Konzentrationslagers Płaszów, an das heute kaum noch etwas erinnert, thematisiert das im Jahr 2010 eröffnete Museum „Schindler-Fabrik“ nicht allein seine Person, sondern die Geschichte Krakaus in den Jahren 1939 bis 1945. Die Dauerausstellung trägt den Titel „Krakau – die Okkupationszeit“ und widmet sich der deutschen Besatzung, insbesondere dem Schicksal der polnischen und jüdischen Bevölkerung.

Im November 2021 besuchte ich die Ausstellung im Rahmen einer Konferenzreise zusammen mit einer Gruppe von Historiker:innen. Eine

---

2 Eva Ulrike Pirker und Mark Rüdiger sprechen in diesem Sinne prinzipiell von „Authentizitätsfiktionen“. Zum Erlebensmodus vgl. insbes. Pirker / Rüdiger, Authentizitätsfiktionen, S. 17.

3 Gruber, Virtually Jewish, S. 130–154; Lehrer, Jewish Poland revisited.

Museumsführerin leitete uns von Raum zu Raum und gab einen Überblick über die einzelnen Themen. Als wir schließlich das Fußende einer Treppe erreichten, die zum ehemaligen Büro des deutschen Unternehmers führte, rief sie uns die Filmszene aus „Schindler's List" ins Gedächtnis, in der eine Frau als Bittstellerin zu dem Fabrikanten kommt und dieser daraufhin am Kopf der Treppe erscheint. Ein authentischer Ort also, den wir nun selbst abschreiten durften? Ohne eine entsprechende Nachfrage abzuwarten, stellte die *Guide* klar, dass das Büro in der ersten Etage zwar original sei, der echte Schindler diese Stufen jedoch nie betreten habe, da die Treppe selbst erst nach dem Krieg gebaut worden sei. Dennoch befanden wir uns hier an einem *authentischen* Ort – einem authentischen *Dreh*ort der 1990er Jahre nämlich. Davon gibt es in Krakau eine ganze Reihe: Der „Schindler's List"-Tourismus führt nicht nur ins Museum, sondern auch durch Kazimierz, an den Ort des einstigen Ghettos und an weitere Drehorte – darunter das Gelände eines Steinbruchs, auf dem Spielberg das Lager Płaszów für die Dreharbeiten rekonstruierte.[4] Wer genau hinsieht, kann dort bis heute Reste der Kulissen finden.

Im Zusammenspiel von massenmedial vermittelten Vorstellungswelten und der Kulturerbe-Industrie vor Ort treten im „Schindler's List"-Tourismus Aspekte populärer Geschichtsvermittlung wie unter einem Brennglas zu Tage. Geschichte wird darin emotionalisiert und mit populären Bildern verquickt; sie kann dabei geglättet, verzerrt oder sogar bewusst verfälscht bzw. politisch instrumentalisiert werden. Diesen problematischen Effekten der touristischen Vermarktung von Geschichte haben sich *Heritage*-Forscher:innen, Historiker:innen, Publizist:innen sowie Geschichtsdidaktiker:innen vielfach gewidmet, häufig jedoch im spezifischen Rahmen des postmodernen Simulationsdiskurses[5]: Ihre Studien gehen Hand in Hand mit der seit den 1990er Jahren in der Tourismustheorie virulenten

4 Vgl. exemplarisch Schindler's List Tour of the Płaszów Concentration Camp. Zum Phänomen des „Schindler's List"-Tourismus s. u. a. Gruber, Virtually Jewish, S. 128 f.; Cole, Selling the Holocaust, S. 75; Rojek, Indexing, S. 54 f.

5 Vgl. insbes. Jean Baudrillards Simulationstheorie: Baudrillard, Simulacra and Simulation. Zur Kritik am postmodernen Authentizitätsverständnis s. Bruner, Culture on tour, S. 145–168.

Debatte um Authentizität[6]; gern nutzen sie das Schlagwort vom „Disneyland", um bestimmte historische Inszenierungen als fernab der Realität zu kennzeichnen. Besonders scharfe Kritik gilt dabei der Kommerzialisierung von Orten der Massengewalt bzw. des Totalitarismus als Ausdruck eines *Dark Tourism*[7]. Auschwitz, das man ebenfalls als Tagestour ab Krakau besuchen kann, spielt darin die Rolle des besonders makabren Beispiels. Als „Disneyland des Todes"[8] bezeichnete Henryk Broder den heutigen Ort; von „Auschwitz-land"[9] spricht Tim Cole in seinem Buch „Selling the Holocaust".

In diesem Sinne ist auch die touristische Rezeption von Holocaust-Geschichte durch das Prisma des Films „Schindler's List" in Krakau bislang in erster Linie als Beleg für das Verschwimmen von Fakt und Fiktion, von historischer Realität und massenmedialem Bild analysiert worden.[10] Wie die voyeuristische Betrachtung von Koffern, Haaren, Schuhen in der Gedenkstätte in Auschwitz, die als „Reliquien" des Holocaust fungieren[11], so hinterlässt auch das gleichzeitige Spazieren auf den Spuren Schindlers *und* Spielbergs bei den Forschenden durchweg ein Gefühl der moralischen Ambivalenz. Denn darin scheint beiden Welten – der filmischen wie der realen – dieselbe Berechtigung zugesprochen zu werden.[12] Tim Cole formuliert sein Unbehagen daran wie folgt:

> „That this film has attained the status of reality in its own right, can be seen in the current popularity of ‚*Schindler's List* tours', of the site of the Kraków ghetto and nearby Plaszow labour camp. On these, ‚*Schindler's List* tourists' do not so much see sites of ‚Holocaust' history, as sites of *Schindler's List* history. They are shown the sites where the movie was filmed – for example the street along which Schindler sees the girl in the red coat walking during the liquidation of the ghetto – rather than sites where the Holocaust was enacted.

6 Eine gute Zusammenfassung der Debatte findet sich bei: Wang, Rethinking Authenticity.

7 Bajohr / Drecoll, Am Ende kommen Touristen, S. 17. Zum *Dark Tourism* s. u.a. Seaton, Guided by the Dark; Lennon / Foley, Dark tourism; Sharpley / Stone, The darker side of travel.

8 Broder: Auschwitz ist heute ein Disneyland des Todes.

9 Cole, Selling the Holocaust, S. 110.

10 Rojek, Indexing, S. 54.

11 Cole, Selling the Holocaust, S. 112.

12 Gruber, Virtually Jewish, S. 128.

> For these tourists, Kraków is being visited because that is where Spielberg filmed his movie. And while Spielberg filmed his movie there because that is where the ghetto was, for the ‚*Schindler's List* tourists' it is the film location – rather than the ghetto – that is being visited, because the virtual reality of Spielberg's ‚Holocaust' is more real than the ‚Holocaust' of history."[13]

Was Cole und andere kritisieren, ist die Priorisierung einer „vermittelten" Vergangenheit zu Lasten einer „unmittelbaren" Begegnung mit Geschichte.[14] So nachvollziehbar die Kritik an der Macht der Bilder aus geschichtsdidaktischer Sicht sein mag, so problematisch erscheint sie mit Blick auf die darin zum Tragen kommenden Vorstellungen von Authentizität, Geschichte und Tourismus. Denn Vergangenheit braucht prinzipiell Vermittlung, um als Geschichte fassbar zu werden, und die Zuschreibung von Authentizität beruht stets auf bestimmten – oft gerade medial erzeugten – Erwartungen.[15] Besteht nicht also die eigentliche Herausforderung darin, die spezifische Semiotik des Tourismus, der auf der permanenten Markierung des „Echten", also „Sehenswürdigen" basiert[16], offensiv in die Analyse populärer Mythen einzubeziehen?

Ausgehend von den Beobachtungen aus Krakau möchte ich im Folgenden die Debatte um Fakt und Fiktion als integralen Bestandteil des Geschichtstourismus skizzieren. Zu diesem Zweck werde ich zunächst einen Blick auf einige Klassiker der Tourismustheorie werfen, um das Verhältnis von Tourismuskritik, Ökonomie und Authentizität zu umreißen. In einem zweiten Schritt werde ich am Beispiel von Stadtführungen einige Merkmale der Geschichtsnarration unter den Bedingungen einer auf Profitmaximierung ausgelegten Tourismusindustrie vorstellen. Am Ende stehen schließlich kurze Erwägungen darüber, inwiefern das, was aus geschichtsdidaktischer Sicht bislang vor allem als Defizit und Gefahr markiert wurde, nicht auch als Chance verstanden werden könnte.

---

13 Cole, Selling the Holocaust, S. 75.

14 Mit Blick auf Auschwitz drückt Cole es so aus: „We don't experience the past as it really was, but experience a mediated past." Ebd., S. 111.

15 Bruner, Culture on tour, S. 145–168; Pirker / Rüdiger, Authentizitätsfiktionen, S. 18 f.

16 Zur Entstehung von „Sights" vgl. MacCannell, The Tourist; Culler, Semiotics of Tourism. Vgl. auch D'Eramo, Die Welt im Selfie, S. 55.

Geschichtstourismus im Kontext der internationalen Tourismusindustrie: Theoretische Überlegungen

Zu den im deutschen Sprachraum bekanntesten Theoretikern, die schon früh über den Massentourismus als Industrie nachgedacht haben, gehört der kürzlich verstorbene Hans Magnus Enzensberger. In seinem berühmten Essay „Vergebliche Brandung der Ferne. Eine Theorie des Tourismus" von 1958 ist zu lesen: „Die Befreiung von der industriellen Welt hat sich selber als Industrie etabliert, die Reise aus der Warenwelt ist ihrerseits zur Ware geworden."[17] Die pointierte Aussage verweist auf die grundlegende Dialektik, die den Tourismus seit seiner Entfaltung als Massenbewegung im 19. Jahrhundert prägt. Die Praxis des zweckfreien Reisens präsentiert Enzensberger als Reaktion auf die Industrialisierung und den technischen Fortschritt: Im selben Maße, in dem die Welt komplexer geworden sei, hätten sich die Menschen – inspiriert von den Leitbildern der englischen und deutschen Romantik – nach dem Ursprünglichen, dem vom Fortschritt Unberührten gesehnt. Tourismus konzipiert er demnach in erster Linie als Flucht aus der Moderne. Diese könne aber allenfalls eine Scheinflucht sein, da das touristische Reisen selbst auf den Prinzipien der industrialisierten, arbeitsteiligen Welt basiere.[18]

In Enzensbergers Essay finden sich zahlreiche Aspekte vorgezeichnet, die bis heute im Fokus der Tourismustheorie stehen. Neben der Kompensationsthese, die Urlaubsreisen eine prinzipiell eskapistische Motivation zuschreibt, nimmt er mit seinen Beobachtungen einiges von dem vorweg, was später John Urry als „tourist gaze"[19] beschrieben hat. Paradigmatisch ist auch Enzensbergers kritische Haltung: Einerseits beschreibt er die Tourismuskritik als integrales Element des Tourismus, andererseits unternimmt er selbst eine scharfe Kritik an Tourismus (und Kapitalismus).[20] Auch die Tourismussoziologie hat von Anfang an eine sehr kritische Perspektive auf den Tourismus eingenommen und sich unter anderem mit dessen fiktionalem Moment beschäftigt. Dreh- und Angelpunkt der

17 Enzensberger, Vergebliche Brandung der Ferne, S. 711.
18 Ebd.
19 Urry, The Tourist Gaze.
20 Eine Analyse des Essays als Zeitdokument wie Forschungsprogramm findet sich bei: Pagenstecher, Enzensbergers Tourismusessay.

Debatten ist dabei die oben erwähnte Frage nach Authentizität. Suchen alle Tourist:innen das Echte, Ursprüngliche? Und, wenn ja, ist es überhaupt möglich, dieses zu finden? Als Gewährsmann für eine Perspektive, die den Tourismus tendenziell als Betrug an authentizitätssuchenden Reisenden ansieht, wird in der Regel Dean MacCannell angeführt, der das Schlagwort von der „staged authenticity" geprägt hat. Dieser Vorstellung zufolge stellt der Tourismus ein System aus verschiedenen Bühnen und Hinterbühnen dar: Die Tourist:innen sehnen sich ihm zufolge danach, einen Blick hinter deren Kulissen zu erhaschen, werden aber bloß mit vermeintlich authentischen, nämlich ebenfalls inszenierten „Hinterbühnen" abgespeist.[21]

Wie oben angedeutet, hat die Tourismusforschung diese Vorstellung mittlerweile stark differenziert. Authentizität wird mehrheitlich als eine Zuschreibung verstanden, die sich sowohl auf den besuchten Ort als auch das eigene Erleben beziehen kann. So kann sich, was die eine als reines Schauspiel für Tourist:innen abtut, für den anderen durchaus authentisch anfühlen.[22] In diesem Sinne spricht auch Christoph Hennig in seiner Tourismusgeschichte von einer prinzipiell „fiktionalen Seite" des Tourismus, die es nicht zu kritisieren, sondern zu analysieren gelte. Den Tourismus sieht er als „imaginäre Geographie", die Phantasiebilder „im Raum lokalisiert":

> „Touristen sind keine Sozialwissenschaftler, keine Geologen oder Botaniker [und keine Historiker!]. Der Anspruch, sie sollten eine fremde Welt objektiv erfahren, verkennt die Antriebe und Eigenarten des modernen Reisens. Wie in der Literatur, im Film, in der bildenden Kunst geht es im Tourismus nicht primär um Erkenntnis, sondern um das *Erleben fiktiver Räume*."[23]

Vor der Reiseerfahrung steht damit immer die Vorstellung; der Tourismus entfaltet sich im Spannungsfeld von kulturell vermittelten Phantasien und realer Ortsveränderung. Dass in der Tourismusindustrie genau das produziert wird, was nachgefragt wird, dass Tourismusräume also in höchstem Grade kommodifizierte – und damit eigentlich „atopische", postmoderne Erlebnisräume sind, betont auch der Tourismuswissenschaftler (und

21 MacCannell, Staged Authenticity.
22 Bruner, Culture on tour, S. 160.
23 Hennig, Reiselust, S. 11.

Betriebswirt) Karlheinz Wöhler. Der touristische Blick sei zum guten Teil „institutionalisierte[r] Voyeurismus". Gelenkt von Werbebildern reproduzieren Tourist:innen laut ihm nur, was sie bereits vorher konsumiert haben. Der Tourismus sei daher ein „geschlossenes, selbst perpetuierendes System des Sehens"[24].

Was also ist im Tourismus überhaupt authentisch? Auch darauf hat Wöhler eine Antwort: Authentizitätsgefühle entstehen in der Tourismusindustrie in erster Linie aus individuellen Differenzerfahrungen – und zwar der Differenz zum Alltag. Anders als es eine ethnologische Perspektive nahelegen würde, geht es also weniger um die Erfahrung einer fremden Kultur, als vielmehr um eine Selbsterfahrung von Differenz am eigenen Körper – indem man Wetter, Wind und die fremde Materialität von Dingen spürt.[25] Wöhler referiert damit auf das, was Ning Wang mit dem Begriff der „existential authenticity" zu greifen versucht: „a special state of being in which one is true to oneself"[26].

Die körperliche Differenzerfahrung, die wir im Tourismus suchen, scheint sich im Geschichtstourismus mit der Suche nach dem zeitlich „Anderen" zu verbinden. In ihrem Versuch, Geschichtstourismus zu definieren, hat Angela Schwarz daher von einer „spezifischen Überblendung von touristischem und historischem Blick"[27] gesprochen. Der touristische Raum werde durch die Erwartungen der Reisenden und die Inszenierung vor Ort nicht nur als außeralltäglicher Raum, sondern zugleich als Ort wahrgenommen, an dem sich zeitliche Distanz überwinden lässt, an dem man sprichwörtlich in die Vergangenheit eintauchen könne: „Der mit Erlebnisqualität ausgestattete Raum wird so zur Projektionsfläche für vielfältige Erwartungen und Empfindungen, die an die Geschichte gekoppelt werden."[28] Letztlich gehe es im Geschichtstourismus also immer um die Illusion einer zumindest punktuellen „Zeitreise". Diese Einschätzung findet sich auch in Valentin Groebners Konturierung des (Geschichts-) Tourismus wieder. Nicht der Raum sei dessen Rohstoff, sondern die Zeit,

24 Wöhler, Touristsein als temporäres Sein, S. 181.
25 Ebd., S. 192.
26 Wang, Rethinking Authenticity, S. 358.
27 Schwarz, Pastness in the making, S. 42.
28 Ebd., S. 37.

spitzt er zu und führt aus: „Das Narrativ, auf dem der Tourismus beruht, ist das der Reise in die Zeit als Ort gesteigerter Empfindung; ein Ort, an dem der Besucher in die Vergangenheit eintauchen kann.“[29]

Wie aber lässt sich der Geschichtstourismus als multisensorisches, marktabhängiges und zugleich in höchstem Maße virtuelles Phänomen erforschen? Eine einfache Antwort auf diese Frage gibt es sicher nicht – je nach Erkenntnisinteresse erscheint ein Methodenmix sinnvoll, der Ansätze der Tourismustheorie mit solchen der Erinnerungskultur- und *Living History*-Forschung sowie der *Heritage Studies* verzahnt.[30] Zu nennen wären hier insbesondere Konzepte der *Memory Studies*, die auf die transkulturelle, massenmediale Zirkulation von Erinnerung abheben[31], sowie der Kulturerbeforschung, die den Prozess der (ökonomischen) Inwertsetzung von Kultur fokussieren[32].

Folgt man der im angelsächsischen Fachdiskurs etablierten prozessualen Definition von „Heritage“ erscheint Kulturerbe als Gegenstand ständiger Aushandlung zwischen unterschiedlichen Akteuren – darunter professionelle und zivilgesellschaftliche Expert:innen der lokalen Geschichte, Gemeinden, Marketingabteilungen, Unternehmer:innen und nicht zuletzt Tourist:innen, die als Abnehmer:innen der Kulturerbe-Produkte selbst „zirkulieren“. Folgerichtig verstehen Gregory J. Ashworth und John E. Tunbridge Erbe als Produkt, dessen Absatz immer eines Managements bedarf. Für seinen erfolgreichen Verkauf sei stets eine genaue Kenntnis des Zielpublikums nötig. Mehr noch: *Heritage*-Produkte sind ihnen zufolge überhaupt nur von den Nutzer:innen her definierbar; sie entstehen durch unterschiedliche Interpretationen für je unterschiedliche Zielgruppen.[33] In diesem Sinne gehen Ashworth und Tunbridge sogar so weit, Interpretationen im Tourismus als Rückverkauf des eigenen Erbes am Urlaubsort zu beschreiben: „[A] sucessful foreign heritage tourism industry is dependent not on the sale of the heritage of the destination country but, on the

29 Groebner, Retroland, S. 173.
30 S. dazu meine Ausführungen auf Docupedia: Stach, Geschichtstourismus.
31 Etwa Erll, Travelling Memory; Landsberg, Prosthetic Memory.
32 Vgl. u.a. Kirshenblatt-Gimblett, Theorizing Heritage; Smith, The Uses of Heritage; Schnepel, Kulturerbe.
33 Tunbridge / Ashworth, Dissonant heritage, S. 17.

contrary, on the resale in a different guise of the consumers own heritage in an unexpected context within the destination country."[34]

Stadtführungen: Spiegelungen und Harmonisierungen

Wie dieser „Rückverkauf" im Detail funktioniert, welche Folgen die ökonomischen Motivationen der Anbieter:innen ebenso wie die subjektiven Erlebnisbedürfnisse der Tourist:innen auf konkrete Darstellungen von Geschichte haben, lässt sich besonders gut am „Medium" der *Guided Tours* nachvollziehen. Ob durch den kuratierten Raum eines Museums, über das Gelände einer Gedenkstätte oder mitten durch eine belebte Stadt, die touristische Führung ist ein wichtiges Element der *Heritage*-Industrie. Als Dienstleistung stellt sie ein immaterielles Produkt dar, das zugleich ausreichend narrativ ist, um auf historische Inhalte und Nuancen hin befragt werden zu können. So können historische Stadtführungen als Form des *Doing History* betrachtet werden, anhand derer die vielschichtige Aushandlung von Geschichte gewissermaßen „im Vollzug" sichtbar wird. Begreift man also historisches Erbe im oben zitierten Sinne als eine bestimmte, warenförmige Interpretation der Vergangenheit, können historische Führungen als Lupe dienen, durch die sich die Kommodifizierung von Vergangenheit im Prozess beobachten lässt.

Möglich ist dies, weil *Guided Tours* dezidiert interaktive Formate sind. Egal ob im Urlaubskontext ein historischer Schauplatz, ein Geschichtsmuseum, eine Altstadt oder eine Gebäudeensemble besucht wird, beruht der Erfolg einer Führung auf der gelungenen Kommunikation zwischen *Guide* und Publikum. Erik Cohen, einer der ersten, die sich systematisch mit der Figur des *Tour Guides* befasst haben, geht von dessen Doppelfunktion als „leader" (Führer) und „mediator" (Vermittler) aus, wobei er im Zuge der Professionalisierung eine Verschiebung von den eher instrumentellen Rollenanteilen der „leader"-Funktion zu den stärker kommunikativen bzw. interaktiven der „mediator"-Funktion konstatiert.[35] Als „Vermittler:innen" besteht die Aufgabe der *Guides* laut Cohen darin,

34 Ebd., 24. An späterer Stelle spitzen sie den Gedanken noch weiter zu: „you cannont sell your heritage to tourists: you can only sell their heritage back to them in your country". Ebd., S. 66.

35 Cohen, The Tourist Guide, S. 5–17.

Sehenswertes auszuwählen und zu interpretieren. Dabei ist das „Vermitteln“ im Wortsinn als eine Einigung auf eine gemeinsame Basis zu verstehen. Im Einklang mit der Fachliteratur für die *Guiding*-Praxis betont Cohen, dass Führer:innen (nicht nur) im internationalen Tourismus ihre Gäste durch einen Bezug auf deren eigene Kultur abholen müssen: „It is the guide's task, through interpretation, to relate to these [= the tourists' expectations] to the visited sites.“[36] Als „keying“[37] bezeichnet er diese Adaptionsfähigkeit, die im Extremfall bis hin zur Erfindung von Inhalten bzw. zur Präsentation von Fälschungen führen könne.

Übertragen auf die Vermittlung (historischer) Inhalte bedeutet dies für Stadt- oder Museumsführungen, dass *Guides* die Informationen, die sie weitergeben wollen, mit Aspekten und Anekdoten anreichern müssen, die direkte Beziehungen zwischen Besucher:innen und Besuchtem herstellen. „Any interpretation that does not somehow relate what is being displayed or described to something within the personality or experience of the visitor will be sterile“[38], formuliert der amerikanische Begründer des professionellen *Guiding* Freeman Tilden daher als erstes von sechs Grundprinzipien der *Heritage Interpretation*. Solche Bezüge können von der altersgerechten Ansprache über antizipierte Wissensbestände, Medienerfahrungen oder Assoziationen, die auf der Herkunft der Reisenden beruhen, bis hin zu Ausführungen über weitere Sehenswürdigkeiten reichen, die auf der Reiseroute des Publikums liegen bzw. lagen. Der Bezug auf international bekannte Persönlichkeiten, populäre Bilder oder Filme wie „Schindler's List“ dient also in erster Linie der Generierung geteilter Referenzpunkte, die dann zum Ausgangspunkt für die Schilderung bislang unbekannter Fakten werden können.

Gerade dann, wenn *Guides* mit Gruppen ohne viel Vorwissen zu tun haben, besteht freilich die Gefahr, dass lokales Erbe allein aus der (antizipierten) Perspektive der Gäste erzählt wird. In den meisten Fällen ist dies ein westliches, privilegiertes Publikum. Zum in der Tourismusanthropologie viel diskutierten Problem der Exotisierung, Primitivisierung und

36 Ebd., S. 16.
37 Ebd.
38 Tilden, Interpreting Our Heritage, S. 9.

Stereotypisierung[39] tritt dann das einer allzu starken Vereinseitigung, die einheimische Sichtweisen außen vorlässt: Regionale aber auch nationale Geschichte wird zur reinen Spiegelgeschichte, die losgelöst von lokaler Kultur im – häufig nostalgischen – „Rückverkauf" des Eigenen im Fremden besteht. Wenn imperiale Geschichte im Fokus steht, bleiben die Perspektiven kolonialisierter Gesellschaften unter dem Radar[40]; wenn einem westlichen Publikum die staatssozialistische Vergangenheit präsentiert wird, erlebt dieses in erster Linie eine Geschichte des Kalten Krieges[41].

Was aber, wenn in ein- und derselben Tour Gäste mit (potenziell) unterschiedlichen Haltungen zur Geschichte des bereisten Ortes versammelt sind? Oder wenn Publikum und *Guide* verschiedene Sichtweisen auf die Vergangenheit mitbringen, etwa weil sie qua Herkunft auf den unterschiedlichen Seiten eines historischen Konfliktes verortet sind? Im Gegensatz zu musealen Dauerausstellungen und *Audioguides* erlauben interaktive, mündliche Führungen permanente Anpassungen an das reale Publikum. Damit kommt eine weitere Rollenkomponente in den Blick, die Erik Cohen dem *Tour Guide* zuschreibt – die soziale Integration der Gruppe. Tätig in einer Industrie, die dem Ideal professioneller Gastfreundschaft verpflichtet ist[42], sind *Guides* für die gute Stimmung ihres Publikums verantwortlich. Sie müssen daher permanent Konflikte vermeiden oder gar akut entschärfen. Ihr beständiges Spannungsmanagement kann sowohl Beziehungen innerhalb der Gruppe als auch zwischen dieser und Passant:innen oder anderen Tourist:innen betreffen.[43] Cohen situiert die Garantie einer freundlichen, harmonischen Atmosphäre und das damit verbundene Konfliktmanagement allerdings in erster Linie auf der „instrumentellen", nicht der „vermittelnden" Seite des Rollenspektrums. Dies bedarf einer Revision, denn gerade im Falle des Geschichtstourismus lässt sich beobachten, wie sehr die Reduktion von Spannungen auch auf der inhaltlichen Ebene tiefe Spuren hinterlassen kann. Insbesondere wenn es

39 Vgl. etwa Salazar, Imagineering Otherness.

40 Selwyn / Scott, Introduction, S. 20 f.

41 Stach, Tracing the Communist Past.

42 Entsprechend lautet der Titel eines der wichtigen Fachjournale im Feld „Tourism and Hospitality".

43 Cohen, The Tourist Guide, S. 12 f.; zu dem *Guiding* inhärenten Spannungsfeldern s. auch Wynn, The tour guide, S. 30–33.

um Zeitgeschichte oder vergangene Gewalt geht oder wenn Reisende aus Ländern mit historisch belasteten Beziehungen zusammentreffen, gehören Glättungen und Ausblendungen zum Standardrepertoire von *Guides*.

Die narrativen Strategien, derer sich *Guides* bedienen, um einen harmonischen Ablauf der Tour sicherzustellen, reichen von der Vermeidung besonders kontroverser Themen, über deren Kürzung und selektive Präsentation bis hin zur Neugewichtung, so dass unverfängliche Aspekte in den Vordergrund treten, während problematische im Hintergrund bleiben. Ebenfalls typisch ist die Auslagerung schwieriger Themen aus der allgemeinen Präsentation an den einzelnen Stationen in individuelle Zwiegespräche am Rande der Tour bzw. auf dem Weg zwischen den einzelnen Haltepunkten. Insbesondere freiberufliche *Guides*, deren Performance nicht in ein institutionelles Setting eingebunden ist, bedienen sich häufig bewusst generalisierender Statements. Die Art des Sprechens offenbart sich damit häufig als Ausdruck einer Konfliktvermeidungsstrategie. Im sehr vagen oder ironischen Sprechen über umstrittenes Erbe kann etwa eine eigene Positionierung vermieden werden.[44]

Welche Blüten ein solcher „pragmatic approach to the communication of contested pasts“[45] treiben kann, illustriert eine Anekdote, die mir eine Stadtführerin aus Warschau im April 2016 im Rahmen eines Interviews erzählte: Als Freiberuflerin hatte sie den Auftrag einer polnischen Firma erhalten, einen deutschen Geschäftspartner durch die Warschauer Altstadt zu führen. Um den erfolgreichen Abschluss der Geschäfte nicht zu gefährden, habe der Auftraggeber ihr die Anweisung gegeben, dabei aber keinesfalls etwas über den Zweiten Weltkrieg zu erzählen, da dies dem Gast aus Deutschland unangenehm sein könnte. Möglicherweise sei sein Vater als Soldat im Krieg, vielleicht sogar in Warschau, gewesen. Dies freilich glich einer absurden Übung, denn Warschau wurde im Zweiten Weltkrieg zu über 80 % von den Deutschen zerstört, so dass eine Verständigung über das heutige Stadtbild ohne Erläuterungen über den Krieg kaum möglich ist. Auch die Stadtführerin war gegen diese Aussparung, musste sich

44 Vgl. dazu insbesondere die Fallstudien zu Führungen im Baltikum und in der Ukraine von Alena Pfoser und Simon Schlegel sowie die Analyse von Führungen in Dublin: Pfoser / Schlegel, Navigating; Quinn / Ryan, Tour Guides.

45 Pfoser / Schlegel, Navigating, S. 496.

den Wünschen des Auftragsgebers aber anpassen. Es kam allerdings, wie es kommen musste: Am Ende der Tour fragte der Geschäftspartner erstaunt: „But what about World War II?“[46]

Zweifelsohne geht das Streben nach Harmonie zu Lasten einer differenzierten Geschichtspräsentation. Die resultierenden Verzerrungen und Ungenauigkeiten sind jedoch eher selten Ausdruck der Unwissenheit oder Unreflektiertheit von *Guides*. Vielmehr ist die Harmonisierung bestimmter Inhalte aus ihrer Sicht eine Notwendigkeit und Ausdruck einer Art Etikette, ja eines Ehrenkodex, dem sich die meisten *Guides* verpflichtet fühlen. Wie man in verschiedenen Handreichungen bzw. Lehrbüchern zum *Tour Guiding* lesen kann, gehört es zu den zentralen Prämissen einer guten Führung, niemanden im Publikum aufgrund seiner nationalen, politischen, geschlechtlichen Identität zu verletzen. Da diese Identität jedoch kaum offen zur Schau getragen wird, gilt es für die *Guides*, möglichst vorsichtig zu sprechen und auch Menschen mit von der eigenen Meinung abweichenden Haltungen eine Deutung anzubieten. Dies gilt umso mehr für die sog. *Free Walking Tours*, in denen die *Guides* erst am Ende der Tour durch ein Trinkgeld „bezahlt“ werden. Hier kommt zur moralischen Verpflichtung eine zusätzliche, dezidiert wirtschaftliche Notwendigkeit.

Und dennoch: Transfer und Medialität als Potential im kommerziellen Geschichtstourismus?

Ohne Frage handelt es sich bei vielen kommerziellen Angeboten des Geschichtstourismus aus geschichtsdidaktischer Sicht also um problematisches Terrain. Bernd Mütter, der selbst ein alternatives Konzept für die Erwachsenenbildung – er nennt es „HisTourismus“ – entwickelt hat, hebt in diesem Sinne vor allem die Risiken der Geschichtsaneignung im Rahmen der Tourismusindustrie heraus. Im Fokus seiner Kritik steht das oben genannte Zeitreise-Versprechen, denn die Vorstellung, „dass man sich gleichzeitig mit der räumlichen Bewegung auch auf der Zeitachse rückwärts bewegen könne“, sei nicht mehr als eine „Selbsttäuschung“[47]. Ohne fundierte didaktische Begleitung könne der Besuch historischer Orte

46 Interview der Autorin mit einer Stadtführerin in Warschau, 12. April 2016.
47 Mütter, HisTourismus, Raum, S. 69.

deshalb nicht nur zu Missverständnissen, sondern zu höchst problematischen Bewertungen – einer „emotionalen Dämonisierung" einerseits oder einer „Idyllisierung und Harmonisierung"[48] andererseits – führen. Auch wenn Mütter in der Sache zuzustimmen ist, dass rein emotionale oder ästhetische Rezeptionsweisen der Ausbildung eines kritischen Geschichtsbewusstseins wenig zuträglich sind, stellt sich hier freilich die Frage, ob es sich bei seinem Gegen-Konzept eines „HisTourismus", der aufwändige Vor- und Nachbereitungen erfordert und eine hohe Bildungsmotivation voraussetzt, eigentlich noch um *Tourismus* im von Enzensberger bis MacCannell beschriebenen Sinne handelt. Sind nicht dessen zentrale Elemente, nämlich die Bedeutung von Imaginationen und das Bedürfnis nach subjektiv erlebten Differenzerfahrungen, eliminiert?

Betrachtet man den Geschichtstourismus in seiner ganzen Breite, stellt sich die Frage, ob der Ruf des profitorientierten Geschichtstourismus vielleicht schlechter ist als seine reale Verfasstheit. Denn weder sind alle Anbieter:innen unsensibel für Fragen des historischen Bewusstseins, noch sind Tourist:innen *per se* passive und irregeleitete Konsument:innen, die sich der Virtualität des ihnen Präsentierten nicht bewusst wären.[49] Freiberufliche *Guides*, die ihren Lebensunterhalt mit der populären Vermittlung von Geschichte im Format einer Dienstleistung verdienen, verstehen sich oft dezidiert als „Public Historians". Viele von ihnen haben akademische, nicht selten geisteswissenschaftliche Ausbildungen und besitzen eine Lizenz als *Tour Guide*. Die Mehrheit bildet sich fortwährend weiter, vernetzt sich regional und tauscht Erfahrungen wie Kenntnisse aus.[50]

Zum Abschluss möchte ich daher einen zweiten Blick auf die skizzierten Merkmale des touristischen Erzählens über Geschichte werfen und zwei Punkte herausstreichen, an denen die vermeintlichen Schwächen kommerzieller *Guided Tours* möglicherweise in Potentiale überführt werden könnten. Denn eine ernsthafte Auseinandersetzung mit Geschichtstourismus heißt meiner Ansicht nach auch, seine genuin touristische Verortung im Reich der Imaginationen ernst zu nehmen und seinen Hang zur Emotionalisierung, zur Spiegelung von Publikumsperspektiven und

48 Ebd., 72 f.
49 Feifer, Going places.
50 Wynn, The tour guide, S. 55–79.

zur Harmonisierung nicht nur zu kritisieren, sondern in einigen Aspekten ins Produktive zu wenden.

Für einen ersten Perspektivwechsel eignet sich die oben beschriebene Notwendigkeit, die Interpretation von lokalem Kulturerbe mit den Erfahrungshorizonten der Tourist:innen zu verquicken. Wie ich gezeigt habe, gehört es zu den grundlegenden Anforderungen an gute *Guides*, die Reisenden dort „abzuholen“, wo sie „herkommen“, indem das vor Ort Sichtbare narrativ mit Wissensbeständen des Publikums verknüpft wird. Ein solcher „Rückverkauf“[51] des eigenen Erbes an die Konsument:innen kann im Extremfall wie ein Spiegel funktionieren, in dem nur jene Aspekte der Vergangenheit einer Destination reflektiert werden, die sich mit den Erwartungen der Reisenden decken. Zugleich jedoch bietet das Erzählen eng an deren Erfahrungshintergrund aber auch die Möglichkeit, punktuell das einzulösen, was die transnationale Geschichtsforschung fordert – nämlich, Austauschprozesse über nationale Grenzen hinweg sichtbar zu machen.

Denn ebenso wie die Geschichte des Tourismus eine transnationale Geschichte ist, bilden viele der Geschichtsdeutungen, die einem internationalen Publikum präsentiert werden, Grenzüberschreitungen aller Art ab. Da sind berühmte Künstler:innen und Forscher:innen, deren Schaffen weit über die Grenzen ihrer Region hinauswirkte; da sind Reisende und Exilant:innen, über deren Lebensläufe sich Brücken zwischen den Heimatländern der Tourist:innen und dem bereisten Ort schlagen lassen. So wird kaum ein:e Reiseführer:in die böhmische Renaissance ohne Bezug auf Italien und italienische Baumeister erläutern; kaum ein:e Tourist:in aus Frankreich wird einen Städtetrip nach Warschau beenden, ohne von Frédéric Chopin oder Marie Curie gehört zu haben. Dasselbe gilt für die Zeitgeschichte und betrifft einzelne Biografien ebenso wie konkrete Ereignisse, die gern in Form unterhaltsamer Anekdoten präsentiert werden. Es wird US-amerikanische Prag-Tourist:innen interessieren, dass Andy Warhol aus der Slowakei und Madeleine Albright aus Prag stammte und vielleicht wird sie die Tatsache, dass Bill Clinton bei seinem Besuch des

51 Tunbridge/Ashwort, Dissonant heritage, S. 24.

Jazz-Clubs „Reduta“ 1994 zusammen mit Václav Havel selbst Saxophon bei einer Jam-Session spielte, bewegen, diesen Club selbst zu besuchen.

Von Populärkultur über Politik und Diplomatie bis hin zu Verfolgung, Flucht, Vertreibung – das Repertoire an Themen, die von Ver- und Entflechtungen zeugen, scheint insbesondere im Städtetourismus unerschöpflich. Die – viel geschmähte – Erzählform der Anekdote erweist sich somit als Ausdruck einer unterhaltsamen Personalisierungsstrategie, die zwar häufig eine Geschichte „großer Männer“ erzählt, aber en passant auch eine von Transfer und Begegnung. Dieser Transfer betrifft freilich nicht nur Personen, die – wie die Tourist:innen selbst – Ländergrenzen passiert haben, sondern auch die transnationale Zirkulation von Waren, Wissen und Vorstellungen in bestimmten Epochen.[52] Die anekdotische Verknüpfung zweier Kulturen kann gängige Stereotype und Hierarchien tradieren, aber auch unterlaufen, wie sich gerade mit Blick auf scheinbar hermetische Trennungen zeigt: Bucht man etwa in Polen eine „Communism Tour“, dann wird schnell deutlich, dass der Eiserne Vorhang viel durchlässiger war als in den Vorstellungen der Reisenden.

Ebenso wie im Format der Anekdote das Potential liegen kann, neue Perspektiven auf (Verflechtungs-)Geschichte zu entfalten, so birgt auch die eingangs geschilderte „Virtualität“ der Tourismusindustrie eine Chance – nämlich zur Reflektion der Wirkmacht von medial transportierten Bildern und Authentizitätsversprechen. So zeigen meine eigenen teilnehmenden Beobachtungen von *Guided Tours*, dass der hohe Grad der Inszenierung nicht nur genutzt, sondern häufig zugleich spielerisch ins Bewusstsein gehoben wird.[53] Als Beispiel sei die Metapher der „Zeitreise“ angeführt, die wohl von den wenigsten Tourist:innen für bare Münze genommen wird. Insbesondere dann, wenn original ausgestattete Innenräume besucht werden und / oder historische Gegenstände selbst erprobt werden dürfen, liegt die Rede von einer Reise in die Vergangenheit nahe.

52 Zum Konzept der Transnationalen Geschichte vgl. etwa Patel, Nach der Nationalfixiertheit, S. 13 f.; siehe auch Siegrist, Transnationale Geschichte; Tyrell, What is Transnational History.

53 Meine Forschungen fanden 2015 bis 2020 in Warschau, Prag und Bratislava statt. Das folgende Beispiel aus Prag habe ich bereits ausführlich beschrieben und interpretiert in: Stach, Tracing the Communist Past.

Oft sind es die „Unterwelten" einer Stadt, die durch ihre Isolation von der (touristischen) Außenwelt und die besondere sinnliche Erfahrung ein physisches Eintauchen in eine andere Zeit zu ermöglichen scheinen.

In Prag etwa können neben Kellergewölben aus dem Mittelalter oder diversen Kirchenkrypten auch einige Atomschutzbunker aus der Zeit des Kalten Krieges besucht werden. Einer von ihnen befindet sich unter einem Hotel direkt am zentralen Wenzelsplatz und ist im Rahmen unterschiedlicher Stadtführungen zugänglich. Am Eingang befindet sich eine kleine Stechuhr, die sicher nicht zur Originalausstattung des Schutzraums gehört hat. Die Teilnehmer:innen einer Bunkerführung, werden aufgefordert, ihre Eintrittskarten darin bei Ein- und Austritt abzustempeln, damit die Länge der gemeinsamen Zeitreise dokumentiert werden könne. Es wäre sicher über das Ziel hinausgeschossen, dieses Ritual als Täuschung des Publikums zu interpretieren, das nicht in die Vergangenheit, sondern nur in einen alten Bunker bugsiert wurde. Vielmehr handelt es sich bei dieser „Zeitreise" um ein einvernehmliches Spiel zwischen *Guide* und Tourist:innen; ein „als Ob", dessen Inszenierungscharakter allen bewusst ist. Die Tatsache, dass jede Touristenattraktion als solche künstlich erzeugt ist, scheint hier nicht verschleiert, sondern augenzwinkernd affirmiert.

Das Spielerische und die Künstlichkeit hebt daher auch Valentin Groebner in seinem Buch „Retroland" als zentrales Merkmal des Tourismus heraus. Er verweist in diesem Zusammenhang auf den Philosophen Robert Pfaller, der sich den omnipräsenten kleinen Touristenbahnen, die – in Form einer Eisenbahn mit Dampflok, aber auf Gummireifen und mit Elektroantrieb – in allen möglichen Touristenzentren ihre Runden drehen, gewidmet hat. Auch die Erwachsenen, die darin mitfahren, spielen wider besseres Wissen Eisenbahnfahren: „Die Illusion existiert neben einem besseren Wissen, von dem sie aufgehoben wird. Gerade dieses Nebeneinander scheint das Amüsante der Sache auszumachen." Und genau diese zur Schau gestellte „Artifizialität" ist für Groebner und andere das Charakteristische am Tourismus.[54] Er schreibt: „Touristische Inszenierungen verstecken ihre Künstlichkeit nicht, im Gegenteil. Wie das stolze *making*

54 Groebner, Retroland, 30 f.

of von Actionfilmen führen sie die Artifizialität als selbstbewussten Ausweis ihrer eigenen Wirkung vor: ‚So haben wir das gemacht.' "[55]

Wenn man also dieses Illusionäre als Merkmal des Tourismus nicht verdammt, sondern ernsthaft in die Analyse des Geschichtstourismus einbindet, lässt sich fragen, ob in der spezifischen Künstlichkeit touristischer Welten nicht auch ein Potential liegt. Anders als etwa historische Dokumentationen im Fernsehen, Ausstellungen im Museum oder historische Zeitschriften, behaupten touristische Geschichtsformate wie die kommerziellen, unterhaltungsorientierten Stadtführungen in der Regel nicht, eine einzig wahrhaftige Darstellung der Geschichte zu bieten. Im spielerischen, teils ironischen, Umgang mit den eigenen Präsentationen scheint vielmehr die Konstruktivität von Geschichte auf; die Aneinanderreihung von Anekdoten stellt das prinzipiell Fragmentarische touristischer Geschichtsunterhaltung selbstbewusst aus.

Das oben erwähnte Phänomen des Filmtourismus, also von Reisen an Drehorte von Filmen, ist aus diesem Blickwinkel nur folgerichtig.[56] Angebote wie die „Schindler's List"-Touren in Krakau, in denen sowohl das ehemalige Lager Płaszów, von dem kaum etwas übrig ist, als auch der Ort besucht werden, an dem Spielberg es als Filmkulisse nachbaute, lassen sich letztlich auch als Einladung zum Nachdenken über den Zusammenhang von Erwartung und Erleben, von Bild und Original, von Wahrheit und Fiktion verstehen. Gerade dann, wenn der Drehort mehr Spuren offenbart als sein Vorbild, wenn künstlich erzeugte Patina echter aussieht als reale, kann die Virtualität unserer Vergangenheitsvorstellungen selbst zum Thema werden. Genauso wie unsere Faszination für beides – die Präsenz am Originalort und am originalen Drehort. Auch im eingangs geschilderten Besuch in der Schindlerfabrik in Krakau hob die Museumsführerin den Drehort als auratischen Ort heraus, verwies zugleich aber explizit auf dessen Differenz zum echten Schauplatz der Geschichte. Den geschichtskulturellen Einfluss des Films „Schindler's List" bezog sie dabei

55 Ebd., S. 31.

56 Auf die Spitze treibt das Prinzip der sog. Filmtourismus, dessen Destination explizit Drehorte berühmter Filme sind. S. Filmtourismus.de – Die Welt der Drehorte.

ganz selbstverständlich in ihre Präsentation ein, die damit zugleich eine rezeptionsgeschichtliche Ebene erhielt.

Fazit

Löst man den kommerziellen Geschichtstourismus aus dem traditionell kritischen Deutungsrahmen, der „Reisende“ als wissbegierig und reflektiert, „Tourist:innen“ aber als oberflächlich, passiv und betrogen konzipiert, öffnen sich zahlreiche neue Forschungsfelder und -fragen. Während sich Untersuchungen zum kommerziellen Zeitgeschichtstourismus bisher vor allem auf die Analyse von Werbung, Webseiten und Reiseführern beschränkt haben, geraten die konkreten, dezidiert für ein internationales touristisches Publikum entwickelten Interpretationen der Vergangenheit ebenso wie die Selbstrepräsentationen der Reisenden in den sozialen Medien erst zögerlich in den Blick. Besonders auffällig ist dies mit Blick auf das große Interesse am „Holocaust-Tourismus“, dem sich Studien vor allem aus einer normativen Perspektive widmeten.[57] So wichtig eine klare Kritik etwa am Marketing einiger Anbieter ist, die ihren „Standortvorteil“ in der Nähe eines ehemaligen Konzentrationslagers auf geschmacklose Weise ausspielen, so wenig erfahren wir darin über die konkreten Deutungen vor Ort. Eine Ausnahme stellt Daniel Reynolds’ Studie „Postcards from Auschwitz“ dar, die er nicht zuletzt als Antwort auf Tim Coles „Selling the Holocaust“ verfasst hat.[58] Er zeigt darin unter anderem, dass die im „Holocaust-Tourismus“ zum Tragen kommende Emotionalisierung selbst in seiner massentouristischen Variante die Basis für kritische Auseinandersetzungen sein kann. Auch er hat dabei die Medialität von Erinnerung fest mit im Blick: So sei der Besuch von Auschwitz für viele Tourist:innen nicht zuletzt Ausdruck einer ganz persönlichen, sinnlichfundierten Suche nach „truth amid a sea of representations about the twentieth century’s most notorious event“, die „problematic and productive“[59] zugleich sein könne.

57 Vgl. exemplarisch Dalziel, Book Auschwitz.
58 Reynolds, Postcards from Auschwitz.
59 Ebd., S. 23.

Reynolds' Schlussfolgerung, dass der Tourismus Reflexion zwar nicht garantiere, aber durchaus ermögliche[60], gilt es aus meiner Sicht durch weitere empirische Forschungen zu prüfen und im besten Falle selbst praktisch zu erproben. Denn die Herausforderung zukünftiger *Public Historians* lautet sicher nicht, die strukturellen Bedingungen der Tourismusindustrie zu zerschlagen, sondern sie zu nutzen. Ein Ausgangspunkt dafür könnte in den Eigenarten des Tourismus liegen, die Imaginationen des Publikums ins Zentrum zu stellen und seine eigene Gemachtheit zu offenbaren. Als „Bildermaschine"[61] würde der Tourismus dann nicht nur populäre Bilder wieder und wieder reproduzieren, er würde auch seine eigene Abhängigkeit von eben diesen Bildern über die Bewusstseinsschwelle der Geschichtstourist:innen heben.

Literaturverzeichnis

Bajohr, Frank / Drecoll, Axel: Am Ende kommen Touristen? Reisen zu früheren Stätten von Krieg, Massengewalt und NS-Verfolgung. Eine Einführung. In: Frank Bajohr / Axel Drecoll / J. John Lennon (Hg.): Dark tourism. Reisen zu Stätten von Krieg, Massengewalt und NS-Verfolgung. Berlin 2020, S. 7–19.

Baudrillard, Jean: Simulacra and Simulation. Ann Arbor 2004.

Broder, Henryk M.: Auschwitz ist heute ein Disneyland des Todes. In: Die Welt v. 27.1.2014. URL: https://www.welt.de/kultur/article124251623/Auschwitz-ist-heute-ein-Disneyland-des-Todes.html (12.12.2022).

Bruner, Edward M.: Culture on tour. Ethnographies of travel. Chicago, Ill. 2004.

Cohen, Erik: The Tourist Guide. The Origins, Structure and Dynamics of a Role. In: Annals of Tourism Research 12 (1985), H. 1, S. 5–29.

Cole, Tim: Selling the Holocaust. From Auschwitz to Schindler; how history is bought, packaged, and sold. New York 2000.

Culler, Jonathan: Semiotics of Tourism. In: American Journal of Semiotics 1 (1981). H. 1–2, S. 127–140.

60 Ebd., S. 54.
61 Groebner, Retroland, S. 15.

Dalziel, Imogen: Book Auschwitz, Get a Free Lunch! Touristische Ausflüge zu Stätten des Holocaust: Werbung und Moral. In: Frank Bajohr / Axel Drecoll / J. John Lennon (Hg.): Dark tourism. Reisen zu Stätten von Krieg, Massengewalt und NS-Verfolgung. Berlin 2020, S. 35–46.

D'Eramo, Marco: Die Welt im Selfie. Eine Besichtigung des touristischen Zeitalters. Berlin 2018.

Enzensberger, Hans Magnus: Vergebliche Brandung der Ferne. Eine Theorie des Tourismus. In: Merkur 12 (1958), H. 8, S. 701–720.

Erll, Astrid: Travelling Memory. In: Parallax 17 (2011), H. 4, S. 4–18.

Feifer, Maxine: Going places. The ways of the tourist from Imperial Rome to the present day. London 1985.

Filmtourismus.de – Die Welt der Drehorte. URL: https://www.filmtourismus.de/ (13.12.2022).

Groebner, Valentin: Retroland. Geschichtstourismus und die Sehnsucht nach dem Authentischen. Frankfurt a. M. 2018.

Gruber, Ruth Ellen: Virtually Jewish. Reinventing Jewish culture in Europe. Berkeley 2002.

Hennig, Christoph: Reiselust. Touristen, Tourismus und Urlaubskultur. Frankfurt a. M. 1999.

Kirshenblatt-Gimblett, Barbara: Theorizing Heritage. In: Ethnomusicology 39 (1995), H. 3, S. 367–380.

Landsberg, Alison: Prosthetic Memory. The Transformation of American Remembrance in the Age of Mass Culture. New York 2004.

Lehrer, Erica T.: Jewish Poland revisited. Heritage tourism in unquiet places. Bloomington, Ind. 2013.

Lennon, J. John / Foley, Malcolm (Hg.): Dark tourism. The Attraction of Death and Desaster. London 2000.

MacCannell, Dean: Staged Authenticity. Arrangements of Social Space in Tourist Settings. In: American Journal of Sociology 19 (1973), H. 3, S. 589–603.

MacCannell, Dean: The Tourist. A New Theory of the Leisure Class. New York 1976.

Mütter, Bernd: HisTourismus. Raum, Geschichte und historisches Lernen. In: Saskia Handro / Bernd Schönemann (Hg.): Raum und Sinn.

Die räumliche Dimension der Geschichtskultur (= Geschichtskultur und historisches Lernen 12). Münster 2014, S. 61–76.

Pagenstecher, Cord: Enzensbergers Tourismusessay von 1958 – ein Forschungsprogramm für 1998? In: Tourismus Journal 2 (1998), S. 533–552.

Patel, Kiran Klaus: Nach der Nationalfixiertheit. Perspektiven einer transnationalen Geschichte. Berlin 2004.

Pfoser, Alena / Schlegel, Simon: Navigating contested memories in a commercialised setting: conflict avoidance strategies in Kyiv city tour guiding. In: International Journal of Heritage Studies 27 (2021). H. 5, S. 487–499.

Pirker, Eva Ulrike / Rüdiger, Mark: Authentizitätsfiktionen in populären Geschichtskulturen: Annäherungen. In: Eva Ulrike Pirker (Hg.): Echte Geschichte. Authentizitätsfiktionen in populären Geschichtskulturen. Bd. 3, Bielefeld 2010, S. 11–30.

Quinn, B. / Ryan, T.: Tour Guides and the Mediation of Difficult Memories: The Case of the Dublin Castle, Ireland. In: Current Issues in Tourism 19 (2016), H. 4, S. 322–337.

Reynolds, Daniel P.: Postcards from Auschwitz. Holocaust tourism and the meaning of remembrance. New York 2018.

Rojek, Chris: Indexing, Dragging and the Social Construction of Tourist Sights. In: John Urry / Chris Rojek (Hg.): Touring Cultures. Transformations of Travel and Theory. London / New York 1997, S. 52–74.

Salazar, Noel B.: Imagineering Otherness. Anthropological Legacies in Contemporary Tourism. In: Anthropological Quarterly 86 (2013), H. 3, S. 669–696.

Schindler's List Tour of the Płaszów Concentration Camp. URL: https://www.civitatis.com/en/krakow/plaszow-guided-tour/ (30.11.2022).

Schnepel, Burkhard: Kulturerbe im Zeitalter des Massentourismus. Eine programmatische Einführung. In: Felix Girke / Eva-Maria Knoll / Burkhard Schnepel (Hg.): Kultur all inclusive. Bielefeld 2014, S. 21–43.

Schwarz, Angela: Pastness in the making. Von der Touristifizierung der verräumlichten Zeit in der Vergangenheit. In: Angela Schwarz / Daniela Mysliwietz-Fleiß (Hg.): Reisen in die Vergangenheit. Geschichtstourismus im 19. und 20. Jahrhundert. Wien 2019, S. 25–44.

Seaton, Anthony V.: Guided by the Dark. From Thanatopsis to Thanatourism. In: International Journal of Heritage Studies (1996), H. 2, S. 234–244.

Selwyn, Tom / Scott, Julie: Introduction. Thinking Through Tourism – Framing the Volume. In: Tom Selwyn / Julie Scott (Hg.): Thinking Through Tourism (= ASA Monographs 46). Oxford/New York 2010, S. 1–25.

Sharpley, Richard / Stone, Philip R. (Hg.): The darker side of travel. The theory and practice of dark tourism. Aspects of tourism. Bristol, UK 2009.

Siegrist, Hannes: Transnationale Geschichte als Herausforderung für die wissenschaftliche Historiographie. In: Geschichte. Transnational, 16. Februar 2005. URL: http://geschichte-transnational.clio-online.net/forum/id=575&type=diskussionen (21.12.2022).

Smith, Laurejane: The Uses of Heritage. London 2006.

Stach, Sabine: Geschichtstourismus. Version: 1.0. In: Docupedia-Zeitgeschichte (2020). URL: https://docupedia.de/zg/Stach_geschichtstourismus_v1_de_2020 (21.12.2022).

Stach, Sabine: Tracing the Communist Past. Towards a Performative Approach to Memory in Tourism. In: History and Memory 33 (2021). H. 1, S. 73–109.

Tilden, Freeman: Interpreting Our Heritage, 3. Aufl., Chapel Hill 1977.

Tunbridge, J. E. / Ashworth, G. J.: Dissonant heritage. The management of the past as a resource in conflict. Chichester 1996.

Tyrell, Ian: What is Transnational History? URL: http://iantyrrell.wordpress.com/what-is-transnational-history/ (21.12.2022).

Urry, John: The Tourist Gaze. Leisure and Travel in Contemporary Society. London u.a. 1994.

Wang, Ning: Rethinking Authenticity in Tourism Experience. In: Annals of Tourism Research 26 (1999). H. 2, S. 349–370.

Wöhler, Karlheinz: Touristsein als temporäres Sein in alltagsabgewandten Räumen. In: Burkhart Lauterbach (Hg.): Auf den Spuren der Touristen. Perspektiven auf ein bedeutsames Handlungsfeld (= Kulturtransfer. Alltagskulturelle Beiträge 6). Würzburg 2010, S. 175–198.

Wynn, Jonathan R.: The tour guide. Walking and talking New York. Fieldwork encounters and discoveries. Chicago 2011.

Katja Drews

Wahrnehmungsräume durch Geschichtstourismus. Zur Dimension von kommunikativer Raumproduktion im Kontext von Heritage Traveling

Abstract: The text presents interdisciplinary perspectives on heritage tourism. It deals with the dimension of participation in cultural tourism and reflects findings of cultural tourism research with regard to cultural heritage. It explores the social and human geographic concepts of the social and communicative production of space as appropriate theoretical concepts for heritage tourism.

1. Perspektiven auf Geschichtstourismus

Es liegt in der Natur der Sache, dass, wer auf den Spuren der Geschichte reist, sowohl im Raum als auch in der Zeit unterwegs ist. Schon allein darum entstehen geschichtstouristische Ströme anhand sich widerstrebender Faktoren und Logiken. Den Brüchen zwischen den Logiken des Geschichtstourismus, aber auch mit ihm immanenten produktiven Momenten soll im Folgenden nachgegangen werden.

Die Frage, wie sich der durch historische Orte, Ereignisse oder Räume entstehende Tourismus an den bereisten Orten verhandelt, wird in diesem Beitrag anhand von drei verschiedenen Perspektiven nachgegangen. Einerseits kann die Betrachtung von Geschichtstourismus anhand der Dimension des Raumes aufgeschlossen werden. Leitdisziplinen eines solchen Zugangs sind die Raumsoziologie, die Geodäsie und die Humangeografie. Multimethodische Vorgehensweisen der historischen Sozialforschung zeigen zudem auf, wie Raum und Zeit als Handlungsmedien menschlichen Tuns und Daseins ertragreich für den Diskurs über Geschichtstourismus aufgefasst werden können.

Kulturwissenschaften und *Cultural Studies* betrachten Prozesse und Themen des kulturellen Aneignungs- und Rezeptionsgeschehens im Kulturtourismus und untersuchen den Rahmen, in dem diese Prozesse stattfinden. Kulturnutzungsforschung erschließt Wissen über die Nutzer*innen von in touristischem Kontext erfolgenden Kulturbesuchen. Kulturmanagementforschung beleuchtet und markiert die Logiken und Techniken dieser Besuchsprozesse. Kulturpolitikforschung zeigt die politischen Gestaltungsprozesse als staatliche *Governance* auf, die diesen vorausgehen, sie begleiten und strukturieren.

Eine Verbindung der kritischen Tourismussoziologie (welche die von Tourismus affizierten gesellschaftlichen Systeme in den Blick nimmt) und der (mit dem komplexen Prozess der Genese kultureller Lebensformen befassten) Kulturanthropologie markieren das Feld von *Cultural Heritage Studies*. Sie finden somit einen integrativen Zugang sowohl zu äußeren als auch inneren Logiken, die Geschichtstourismus prägen.

Gemeinsam ist allen Reflexionen der erwähnten Disziplinen auf das Phänomen Geschichtstourismus eine Herausforderung: Unter welcher Perspektive ist das Zusammendenken möglich von *einerseits* problematischem „Zurechtmachen von Geschichte" im *Heritage*-Tourismus und gar „unauthentischen" Meistererzählungen konservierender Kulturerbe-Inwertsetzungen (besonders immateriellen Kulturerbes) und *andererseits* einer notwendigen Teilhabe der Akteur*innen an „Geschichtsthemen", Traditionen, historischen Stätten mit ihrem Anrecht auf „Weiterleben"?

Die Perspektive des vorliegenden Beitrags spitzt diese Fragen auf die Polarität eines konstruktivistischen Zeit- und Raumkonzepts durch Geschichtstourismus zu, das die fortlaufende kulturelle Lebenspraxis der Menschen in Tourismusdestinationen betrachtet. Deren Lebenspraxis steht dem „Essenzialismus" touristischer Raumbildung und geschichtlicher „Meistererzählungen" gegenüber. Das Zustandekommen und die inhaltliche Konstruiertheit der Geschichtsbilder fordern gleichermaßen eine kritische Betrachtung.

Die widerstrebende Konstellation („Leben heute" versus – wie und von wem immer formuliertes – „Leben gestern" an einem bestimmten Ort) lässt sich, so die Hypothese, ertragreich beleuchten, bedient man sich des methodischen Verständnisses der Raumsoziologie, die Zeit und Raum in einem bestimmten Gefüge zu verstehen vermag. Es macht gerade hinsichtlich des Phänomenfeldes Geschichstourismus Sinn, „Space as a Multi-Level Phenomenon“[1], also Raum als ein aus mehreren Schichten bestehendes Phänomen aufzufassen, bei dem eine „Erzählung aus der Geschichte“ eine von mehreren „Schichten“ eines konkreten Raumes ausmacht. Traditionen oder historische Stätten etwa, die aus dem zeitgenössischen lokalen Leben und dessen Bedürfnissen herausweisen, werden unter diesem Verständnis als eine unter mehreren „Schichten“ des betreffenden Raums verstehbar. Das hier gewählte Verständnis ergänzt Vorstellungen von Zeitwahrnehmungen als räumliche Mehrschichtigkeit in den *Critical Heritage Studies*[2], indem es die Dimension von Teilhabe im Tourismussystem als einen weiteren Raumaspekt zu integrieren vorschlägt.

Abb. 1: Standort als Zeit-Raum-Koordinate. Eigene Darstellung in Anlehnung an Nina Baur / Linda Hering / Anna Laura Raschke / Cornelia Thierbach: Theory and Methods in Spatial Analysis. Towards Integrating Qualitative, Quantitative an Cartographic Approaches in the Social Sciences and Humanities. In: Historical Social Research 39 (2014), H. 2, S. 15.

1 Baur / Hering / Raschke u. a., Theory, S. 15.
2 Vgl. Schwarz, Pastness.

2. Kulturtourismus und Teilhabe

Relevant ist der Zugang anhand einer Auffassung, die von einer Mehrschichtigkeit touristischer Räume ausgeht, da mit dem Tourismussystem viel auf dem Spiel steht. Ein Verständnis, dem es gelingt, die verschiedenen Interessenansätze im Antagonismus zwischen bereisten Regionen und reisenden Systemen sinnhaft zu gestaltet, bietet immerhin Gestaltungsansätze an, die gefragter sind denn je. Der Klimakiller *Overtourism* droht als zunehmender Nebeneffekt stetigen globalen Wachstums auch nach der Pandemie wieder an der Tagesordnung zu sein. Auswirkungen des Tourismus sind auch an denjenigen Reisezielen am Werk, die nicht von Massen bereist werden. Mit seinem Umspannen vergangener Lebens- und Bauwelten im Heute kann gerade Geschichtstourismus als Feld aufgefasst werden, das die heterogenen relevanten Ingredienzien der Macht- und Interessenlagen im Netzwerk der Akteur*innen, Dinge und Themen des Tourismus aufdeckt.

Um diese sichtbar werden zu lassen, können zunächst verschiedene Handlungslogiken im System des Kultur- und Geschichtstourismus genauer voneinander unterschieden werden.

Die Perspektive der Anbieterseite

Als maßgeblich gestaltend für das Phänomen Tourismus gelten die Anbietenden im heterogenen Feld der Tourismuswirtschaft. Sie vollziehen die Inwertsetzung, die Überführung in ein ökonomisch verwertbares Produkt – von sowohl Stätten als auch *Communities* der Bewahrung und Tradierung, einhergehend mit einer zwangsläufigen touristischen Formung der lokalen Anker von geschichtlichen Themen. Der Tourismusmarkt wird unter anderem auf dem Parkett großer Tourismusmessen verhandelt, Umsatz und Trends werden engtaktig in Form touristischer Kennzahlen bestimmt, deren Exaktheit und stetige Aktualität eine optimale Angebotserstellung im Fluss der Nachfrage gewährleisten soll.

Als Brennglas dieser Prozesse erwies sich der Tourismusmarkt während der Pandemie zwischen 2020 und 2022[3] und ebenso die rasche Regeneration danach: 39 Prozent weniger Übernachtungen als im Vor-Coronajahr

3 Vgl. Gössling / Scot / Hall, Pandemics.

2019 wies das Statistische Bundesamt für das Jahr 2021 nach.[4] Vor der Pandemie rangierte der Produktbereich „Kunst und Kultur" als viertgrößte Bruttowertschöpfungssäule im Vergleich aller Bereiche des Deutschlandtourismus.[5] „Sport, Erholung, Freizeit und Kultur" führte die Statistik des Bundesministeriums für Wirtschaft hinsichtlich der getätigten Ausgaben im Tourismus als fünftgrößte Produktkategorie des touristischen Gesamtkonsums.[6]

Die Anteile des Kulturtourismusmarktes, unter dem sich Kultur- und damit auch Geschichtstourismus subsummiert, erfuhren im touristischen Gesamtgeschehen während der Pandemie bemerkenswerte Nachfrageveränderungen. In den Pandemiejahren hatten Inlandsreisen hohe Nachfrage, und der touristische Blick wurde auf das im eigenen Land Vorhandene gelenkt.

Dass ausgelöst durch die pandemiebedingten Einschränkungen des Reisemarktes auch dessen negative Nebeneffekte – wie etwa der stetig ansteigende Übertourismus beliebter Reisziele – dauerhafter eingedämmt würden, bleibt zu hoffen, besonders da eine durch die Agenda 2030 steigende Verpflichtung zu Nachhaltigkeit in allen Bereichen stärker in den Blick der Reiseanalysten kommt. So fordert 2022 auch die BMWi-Tourismusstrategie, „[n]achhaltigen Tourismus wettbewerbsfähig [zu] gestalten"[7]. Um die „Attraktivität des Tourismusstandorts Deutschland" zu steigern, bezieht diese BMWi-Strategiepublikation auch die deutsche Kultur- und Museumslandschaft mit ein, die „mit ihrer einzigartigen Dichte und Themenvielfalt, weltweit bekannten Sammlungen und herausragenden Zeugnissen historischer und moderner Architektur zu den Säulen des Tourismus"[8] gehört. Für den globalen Tourismus und insbesondere die Reisewirtschaft mit deren wirtschaftlichen wie sozialen Folgen im Globalen Süden bleibt beim „Neustart" nach der Pandemie indessen ein hohes Maß an Veränderung zu wünschen.[9]

---

4 Vgl. https://www.destatis.de/DE/Presse/Pressemitteilungen/2021/08/PD21_375_45412.html.
5 Vgl. BMWi 2015: Wirtschaftsfaktor, S. 25.
6 Ebd., S. 22.
7 BMWK, Tourismus.
8 Ebd., S. 53.
9 Vgl. vertiefend hierzu: Tourism Watch, Neustart, S. 4–7.

Die Perspektive der Nutzenden

Aber auch die Nutzenden des Tourismus bestimmen das Feld: die Reisenden, Gäste, Rezipient*innen von Geschichtstourismus. Kulturmanagementforschung unterscheidet valide unterschiedliche Typen von Kulturtourist*innen[10], die nach kultureller Geläufigkeit und Intensität der Wertschätzung von Kultur eingeordnet werden können. Zwar kann dem ausdrücklich auf Geschichte gerichteten Tourismus in den Kulturtourismusstudien kein nennenswerter Anteil der kulturmotivierten Reisen zugeordnet werden. Belegt ist indessen die Relevanz eines „Mitnahmeeffekts" geschichtlicher Themen und Ensembles, durch den Geschichtstourismus auch „Cappuccino-Trinken auf dem historischen Marktplatz" bedeuten kann. Bei nahezu allen belegbaren „Kulturtourismus-Typen" kann auch eine Affinität für Erlebnisse an historischen Stätten oder Geschichtsthemen besuchter Regionen nachgewiesen werden.[11]

Kulturtouristische Teilhabe – auch im Geschichtstourismus

Ebenso wie Kulturtourismus nicht mit Städtetourismus gleichzusetzen ist, gilt dies für das Reisen im Kontext von Geschichte. Häufig sind die permanenten Stätten wie auch die „Handlungsstätten" des Historischen Erbes auf der Landkarte verteilt im Kontinuum von verdichteten und weniger verdichteten Räumen. Ausgangslage zur Betrachtung des Geschichtstourismusfeldes sind also die spezifischen Prägungen für beide Raumtypen, urbane wie ländliche.[12]

Kultur und Tourismus gehören generell unterschiedlichen Wertesystemen an und agieren nach divergenten Logiken, entsprechend ihrer Verortung einerseits im sozialen Kontext mit Bildungsfokus, andererseits im Wirtschaftssystem. Erhalt und Teilhabe gelten hier, Umsatzoptimierung und Wachstum dort als Hauptziel. Kulturtourismus wird für viele Regionen und Orte als Wachstumsmarkt etikettiert, stellt sich aber in der Praxis oft als unverbundenes Handlungsfeld dar zwischen regionaler Kulturlandschaft und zugehöriger Tourismusdestination.

---

10 Vgl. Pröbstle, Kulturtouristen.
11 Ebd., S. 304 f.
12 Vgl. hierzu Drews, Kulturtourismus, sowie Drews, Ländlicher Kulturtourismus.

Regelrecht als Brücke zwischen diesen oft detachierten Feldern von Kultur und Tourismus können die Rezipient*innen von Kulturtourismus aufgefasst werden. Ihr kulturelles Nutzungsverhalten in der Spannbreite zwischen Reise und Alltag gibt Aufschluss über die Teilhabe der Gäste oder Rezipienten an Kultur daheim und anderswo.[13] Diese Blickrichtung auf den Unterschied zwischen beidem ermöglicht, die Gründe für eine Synergie von Kultur und Tourismus einer Region – auch durch Geschichtstourismus – zu vergegenwärtigen.

Potenziale von Kultur- und Geschichtstourismus für Regionen

Häufig ist es das zentrale Anliegen, Kulturerbe und kulturelle Lebenspraktiken von Einwohner*innen zu erhalten und so durch Kulturtourismus kulturelle Teilhabe vor Ort indirekt zu befördern. Das kulturelle Angebot der Region soll einem größeren Publikum zugänglich gemacht werden (den Tourist*innen) und somit ökonomische Impulse in der Region anstoßen. In der Summe soll dies die regionale Identität stärken.[14]

Für die betreffenden Reiseregionen ist das Feld der Kulturentwicklungsplanung aufgerufen, das sich seit geraumer Zeit ausrichtet auf Prozesse und Netzwerke von Akteur*innen, um städtische oder regionale Kulturentwicklung voranzubringen.[15] Auf der anderen Seite setzt das touristische Destinationsmanagement – neben seinem übergeordneten Ziel der wirtschaftlichen Umsatzoptimierung – zunehmend auf ein Paradigma und Planungsideal der Nachhaltigkeit. Mit Begriffen wie „partizipative Regionen“ und „Destination als Kultur- und Lebensraum“[16] stehen neuartige Leitthemen im System des Tourismus vor Ort zur Debatte.[17]

Nachhaltigkeit im Tourismus ruft aber auch ein höchst ambigues Phänomen auf: das der touristischen „Authentizität“. Schon klassisch spricht die kritische Tourismussoziologie von der „Gemachtheit“ des touristisch Präsentierten (die Dean MacCannell mit dem Begriff der „staged authenticity“[18] beschreibt). Wie also kann im Zusammenwirken von lokaler

13 Vgl. ebd.
14 Vgl. im Überblick: Föhl, Kulturentwicklungsprozesse.
15 Vgl. Drews, Kulturtourismus, S. 45–52.
16 Herntrei, Wettbewerbsfähigkeit.
17 Vgl. im Überblick: Drews, Kulturtourismus, S. 58–72.
18 MacCannel, Staged Authenticity, S. 589.

Kultur und regionalem Tourismus zugleich der Schlüssel zu einer auch aus kritischer Sicht gelingenden Synergie von Kultur- und Tourismussektor liegen?

3. Transdisziplinäre Annäherung: Kulturtourismusforschung zum *Cultural Heritage*

Weitere Erkenntnisse der Kulturnutzungsforschung zeigen auf, wie die Integration von Kultur- und Tourismusentwicklung anhand der Begegnung von touristischen und einheimischen Nutzenden im Kulturkontext aufgefasst werden kann[19], in ländlichen Räumen etwa an Kulturschauplätzen, die als „dritte Orte“[20] der Begegnung beider Gästegruppen fungieren. Solche Begegnungsorte entstehen, wenn langjährige Aufführungstraditionen auch regelmäßige Besuche und Teilhabe der Menschen vor Ort erzeugen. Im Kontext solcher Geschehnisse besteht die Möglichkeit, anziehungsreiche Kulturangebote zugleich für Tourist*innen und Bewohner*innen zu schaffen und Kulturtourismus als Podium zugleich von Innen- und Außenimagebildung zu verstehen.[21]

Empirisch belegt ist, dass Nicht-Kulturnutzer*innen sich auf Reisen in Kulturgänger*innen verwandeln. So bezeichneten sich 2017 von 1.000 Befragten an Kulturtourismuszielen knapp 50 Prozent als nur gering Kulturinteressierte im Alltag, dagegen knapp 60 Prozent als auf mittlerem Niveau interessierte Reisekulturgänger*innen.[22]

19 Drews, Kulturtourismus, sowie Drews, Ländlicher Kulturtourismus.

20 Zum Begriff und seiner Funktion im Kulturtourismus vgl. Drews, Kulturtourismus, S. 133–148.

21 Vgl. Drews, Kulturtourismus, S. 301–304.

22 Zum Sample und Forschungsdesign ebd., S. 171–189.

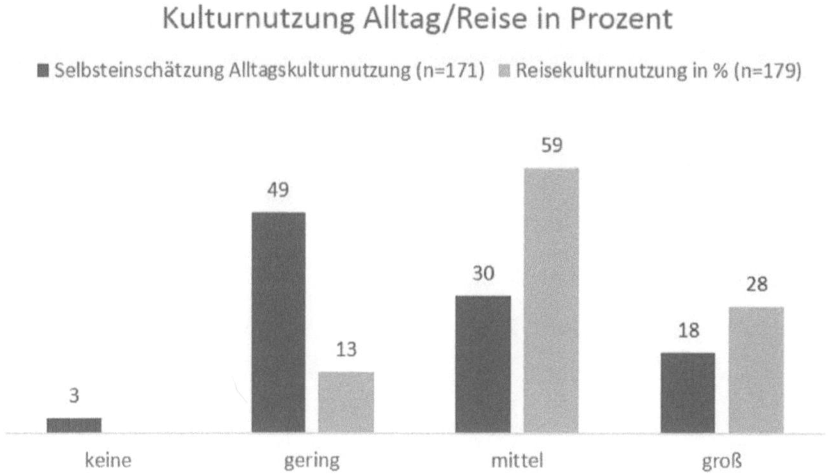

Abb. 2: Im Kontext von Reisen entwickeln sich gering Kulturinteressierte zu Kulturgänger*innen (Kulturnutzung Alltag/Reise der Gäste in Prozent) In: Katja Drews: Kulturtourismus im ländlichen Raum an „dritten Orten" der Begegnung als Chance zur Integration von Kultur- und Tourismusentwicklung. Eine Befragung von touristischen und einheimischen Kulturbesuchern in ländlichen Regionen Niedersachsens. Hildesheim 2017, S. 238.

Bedeutsam für den Geschichtstourismus ist aber auch, dass die Reisenden sich durchgängig am häufigsten an Stätten des Historischen Erbes begeben im Vergleich aller Kultursparten. Auf Reisen dominieren Besuche dieser Angebotssparte absolut, gefolgt von Museums- und Ausstellungsbesuchen (die gleichermaßen „Geschichte und Vergangenheit" thematisieren können). Auch für die Alltagskulturnutzung folgt die angegebene Zahl der Besuche historischer Stätten unmittelbar auf die meistgenannten Sparten Kino, Konzerte und Theater. Das Historische Erbe beweist sich somit empirisch als meist besuchte, unter diesem Gesichtspunkt also relevanteste Sparte der Kulturbesuche überhaupt.[23]

23 Vgl. unter anderem Drews, Kulturtourismus, S. 234–238, 294.

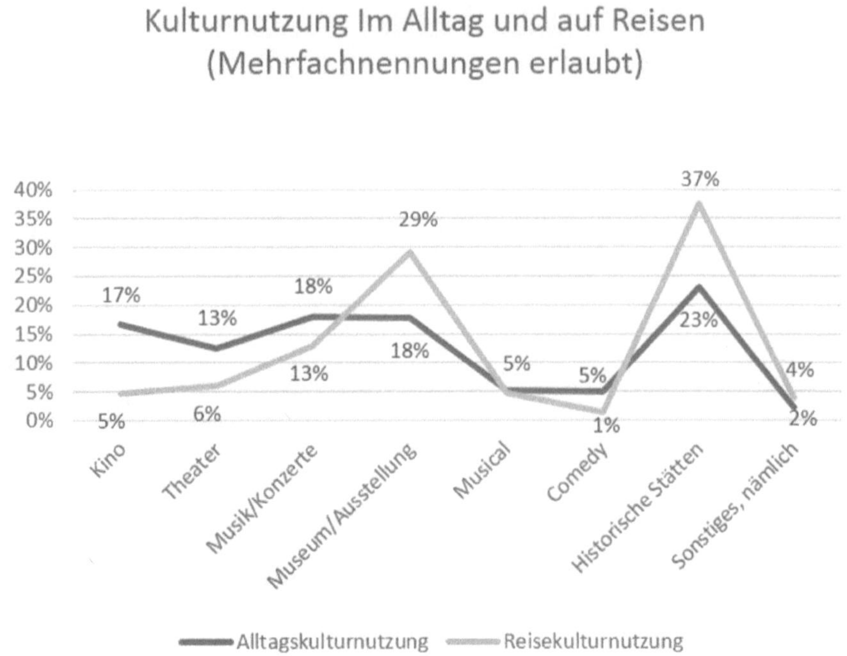

Abb. 3: Kulturnutzung im Alltag und auf Reisen, Befragung der Gäste an historischen Stätten In: Katja Drews: Kulturtourismus im ländlichen Raum an „dritten Orten" der Begegnung als Chance zur Integration von Kultur- und Tourismusentwicklung. Eine Befragung von touristischen und einheimischen Kulturbesuchern in ländlichen Regionen Niedersachsens. Hildesheim 2017, S. 236.

Als Besonderheit der Gäste an Stätten des Historischen Erbes fällt auf, dass diese[24] eine Bias hinsichtlich der Bildungsabschlüsse aufweisen. Überdurchschnittlich viele Akademiker*innen und zugleich Menschen mit Hauptschulabschlüssen sind hier anzutreffen.[25]

Welch relevanten Faktor die Einheimischen bei den kulturtouristischen Besuchen ausmachen, zeigen die Nachweise der Empfehlungen, die zum Besuch der Gäste geführt haben: „Freunde, Verwandte, Bekannte" werden mit großem Abstand als zum Besuch führende Informationsquelle

24 Entgegen der stärkeren soziodemografischen Durchmischung des Publikums von performativen Kulturangeboten, besonders hinsichtlich Alter und Bildungsabschlüssen, vgl. ebd.

25 Vgl. ebd., S. 288–291.

über die historischen Stätten genannt.[26] Die Tourist*innen haben zudem überwiegend eine Anreise von 60 km und mehr zum Besuchsort zurückgelegt und besichtigen die Stätte zum ersten Mal. Dagegen gibt es eine Gruppe von immerhin 16 Prozent, die – aus Bewohner*innen bestehend – schon mehrfach am Besuchsort gewesen ist.[27]

Hinsichtlich der inhaltlichen Wahrnehmungen bei Besuchen des Historischen Erbes tritt der soziale Raum und seine Geschichte deutlich hervor.[28] Von zurückliegenden Besuchen behielten die Gäste nach eigener Aussage besonders ihre Bewunderung der architektonischen und handwerklichen Leistungen und die gesellschaftlichen Machtverhältnisse früherer Zeiten in Erinnerung. Dagegen beschäftigten diese Aspekte sie beim aktuellen Besuch eher weniger.

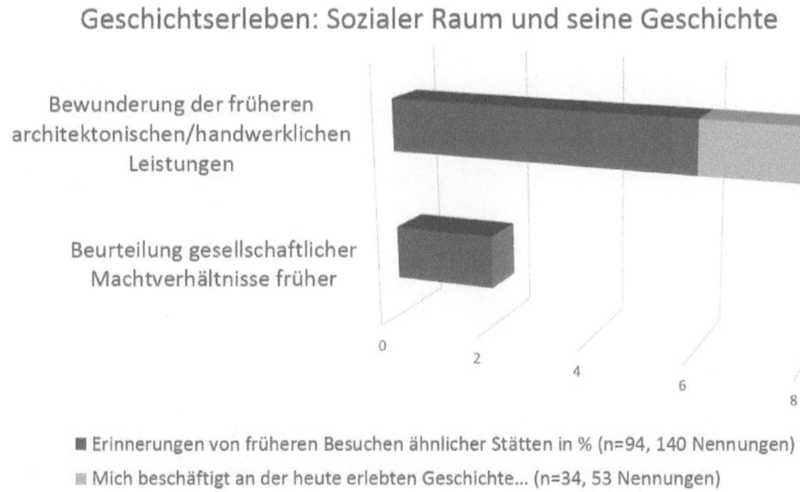

Abb. 4: Geschichtserleben bei früheren und aktuellem Besuch: Sozialer Raum und seine Geschichte In: Katja Drews: Kulturtourismus im ländlichen Raum an „dritten Orten“ der Begegnung als Chance zur Integration von Kultur- und Tourismusentwicklung. Eine Befragung von touristischen und einheimischen Kulturbesuchern in ländlichen Regionen Niedersachsens. Hildesheim 2017, S. 246.

---

26 Es folgen die Informationsquellen „Unterkunft vor Ort“ und „Info-Broschüre“; vgl. ebd. S 234.
27 Vgl. ebd., S. 223 f.
28 Ebd. S. 234 f.

Im Fokus der Aufmerksamkeit der Gäste steht während des Besuchs selbst vor allem, wie das Marketing erfolgte, dass es sich etwa um ein nominiertes Weltkulturerbe handelt, eine Gastronomie zu besuchen ist oder passendes Kunsthandwerk zur Schau gestellt wird. Währenddessen bleibt in der Erinnerung vergangener Besuche eine andere Eigenschaft der historischen Stätten hängen: deren Attribut, ein Hotspot zum Erkunden der Region zu sein. Dass viele andere Gäste auch da sind, belegt im Verständnis vieler, dass man diesen Ort „mal gesehen haben muss". Das sonstige Kulturangebot am Besichtigungstag ist den Befragten dagegen nicht sehr ins Auge gefallen.[29]

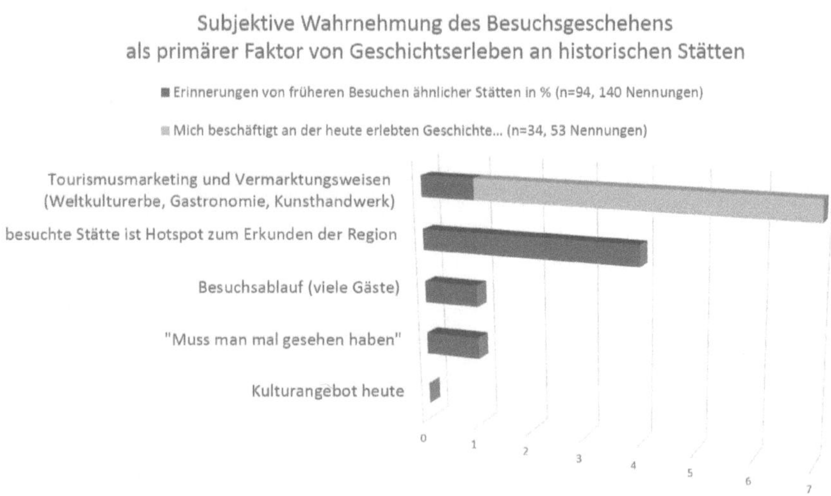

Abb. 5: Erinnerungen von früheren Besuchen ähnlicher Stätten ("Mich beschäftigt an der heute erlebten Geschichte..."). Genannte Themen (freie Antworten) In: Katja Drews: Kulturtourismus im ländlichen Raum an „dritten Orten" der Begegnung als Chance zur Integration von Kultur- und Tourismusentwicklung. Eine Befragung von touristischen und einheimischen Kulturbesuchern in ländlichen Regionen Niedersachsens. Hildesheim 2017, S. 250.

29 Ebd., S. 239.

Die Versprechungen des Geschichtstourismus...

Historisches Erbe weist, wie empirisch belegt wurde, ein großes Transformationspotenzial durch Kulturtourismus besonders des ländlichen Raums auf, da es die meistbesuchte Kulturangebotsart überhaupt darstellt. Stätten des Historischen Erbes prägen den Wahrnehmungsraum einer Region, der durch Informationen zu und im Kontext der Besuchsströme von kulturellen Angeboten erzeugt wird. Historischen Stätten kommt eine ikonische Funktion für die Region in den Augen der Gäste zu. Menschen wollen „Atmosphären von Geschichtlichkeit" erleben und intensivieren beim Besuch ihr Verständnis vom lokal Besonderen und anderseits dem Allgemeingültigen, von Eigenem (den Stätten in der eigenen Heimatregion) und dem Fremden (den historischen Stätten anderswo).[30]

Die Stätten des Historischen Erbes veranschaulichen, was der Kunstbegriff der (G)Lokalität umfasst: Sie zeigen das Allgemeingültige, Globale im konkreten Hier und Jetzt, im Besonderen und Spezifischen. Zugleich aktualisieren sie das „Früher" im Heute. Die komplexe Struktur dieser Bezüge und Zugänglichkeiten ermöglichen zwar, dass Geschichtsvermittlung stattfindet. Zugleich darf Skepsis anklingen angesichts des Umstands, dass jenes „Früher" ein touristisch Inwertgesetztes und Inszeniertes ist.[31]

Immerhin erleben Regionen durch langjährige Kunsttraditionen, die sich auch auf die lokale Geschichte beziehen können[32], exponentielle Imagegewinne, und ihre Innen- wie Außenwahrnehmung erhöhen sich dadurch drastisch. Kunst und Kultur gestalten durch Kulturtourismus regionale Sozial- und Wirtschaftsräume. Wenn die Bevölkerungen und kreativen Gemeinschaften vor Ort involviert sind, können vitale kulturelle Orte, *Creative Placemaking*[33] und sozialräumlich relevantes *Community Building* entstehen. Kunst und Kultur prägen dann die regionale Identität.[34] Soviel zum Potenzial.

30 Ebd., S. 240–254.

31 Zu den schwierigen Implikationen der „Gemachtheit" von Geschichte im Tourismus vgl. Schwarz, Pastness. Zur Inszenierung: Goffman, Presentation.

32 Drews, Kulturtourismus, S. 258–295.

33 Vgl. Makusen/Gawda.

34 Vgl. Drews, Kulturtourismus, 323–327.

…oder: Historisches Erbe und Kulturtourismus als Problemfeld?

Allerdings, so die kritische Tourismustheorie, besteht ein immanenter Widerspruch zwischen dem Anspruch einer *regional governance* im Tourismus (dem politischen Bemühen also, Regionen durch Tourismus zu befördern[35], das auch der zuvor genannten Nachhaltigkeitsstrategie des Deutschlandtourismus innewohnt[36]) auf der einen Seite und auf der anderen Seite den damit einhergehenden Effekten touristischen Marketings. Diese Problemdimension betrifft auch die Nominierungspolitik des globalen materiellen und immateriellen Kulturerbes durch die UNESCO.[37]

Soziale und kulturelle Nachhaltigkeit sind keinesfalls garantiert bei der touristischen Inwertsetzung des Weltkulturerbes. Der tourismussoziologische Authentizitätsdiskurs um die *staged authenticity* wurde von Dean MacCannell bereits in den 1970er Jahren begründet[38] und ist bis heute aktuell. Eine Strategie der Verbindung von Bevölkerungen und Kulturerbe-Inwertsetzung kann indessen nur Gestalt annehmen, indem die kulturellen Bedarfe der Bevölkerung vor Ort einbezogen werden. Es bleibt eine nennenswert große Herausforderung, das *Living Heritage* touristisch aufzubereiten. Was bedeutet es in diesem Kontext, dass lokale Geschichte, sei sie nun *bottom up* oder *top down* touristisch aufbereitet, regionale Identität besonders prägt und Regionen ikonisch repräsentiert?

4. Theoretische Rahmung: Raumsoziologie und Wahrnehmungsräume

Den hier ausgeführten Überlegungen liegt der relationale Raumbegriff zugrunde, wie ihn die auf gesellschaftliche Implikationen fokussierte kritische Geografie und Raumsoziologie beschreibt: Raum wird durch Handlungen erzeugt. Orte entstehen als Treffpunkte der Raumhandelnden, also der Menschen auf ihren Wegen.[39] Dass Geodäsie, die technische

35 Vgl. ebd., 58–63.
36 Bundesministerium für Wirtschaft und Klimaschutz, Tourismus.
37 Vgl. hierzu Adell u. a., Communities; Drews, Kulturtourismus, S. 100–108.
38 Vgl. MacCannell, Authenticity.
39 Vgl. Dünne / Günzel, Raumtheorie, S. 9–15 (Vorwort); Drews, Kulturtourismus, S. 38–42.

Erfassung der Bewegungen im Raum, und der soziale Raum immanent miteinander verknüpft sind, legen zum Beispiel die Analysen zum Raum der Historischen Sozialforschung offen. Sie zeigen auf, wie die Dimension des Geschichtlichen als Raumaspekt betrachtet werden kann.[40]

„Wahrnehmungsräume" entstehen überall dort, wo die Raumhandelnden, seien sie nun Menschen auf ihren alltäglichen Lebenswegen oder Reisende auf ihren *Traveltours*, zugleich auch Raumwahrnehmende sind. Im Kontext dieser Eigenschaften und Phänomene findet jene soziale Raumproduktion statt, die die raumsoziologische Theorie Henri Lefebvres aufschlüsselt.

Raumsoziologie: Der sozial produzierte Raum

Mit seinem 1974 erschienen Werk „Le Production du L'Espace" entwirft der marxistische Philosoph und Soziologe Henri Lefebvre erstmals das Konzept einer sozialen Produziertheit von Raum.[41] Er unterscheidet drei Raumaspekte: den erfahrenen, wahrgenommenen Raum der Alltagspraxis, zweitens den gedachten, konzipierten Raum mit seinen Konzeptualisierungen und drittens den erlebten, gelebten Raum des Ausdrucks und Gebrauchs, der Bedeutung und Symbole hervorbringt. Eingespannt sind die Subjekte darin als stetige Produzenten der physisch materiellen Raumschemata der von gesellschaftlichen Verteilungen konstituierten industrialisierten Arbeitswelt.[42]

Die Soziologin Martina Löw aktualisiert das Konzept Lefebvres in einer Soziologie sozialer Ungleichheiten: „Die Möglichkeiten, Räume zu konstituieren sind abhängig von den in einer Handlungssituation vorgefundenen symbolischen und materiellen Faktoren, vom Habitus der Handelnden, von den strukturell organisierten Ein- und Ausschlüssen sowie von den körperlichen Möglichkeiten."[43] Dementsprechend ist Raum „eine relationale (An-)Ordnung von Lebewesen und sozialen Gütern an Orten. Raum wird konstituiert durch [...] das Spacing und

40 Vgl. u. a. HRS, GESIS 148, 39 (2014) 2.
41 Lefèbvre, Production.
42 Vgl. ebd.; Drews, Kulturtourismus, S. 158–170.
43 Löw, S. 225.

die Syntheseleistung".[44] Mit *Spacing* bezeichnet Löw Prozesse des Platzierens sozialer Güter oder Lebewesen, symbolischer Markierungen oder von Informationen im Raum.[45] Syntheseleistung indessen meint aktualisierende „(Re-)Produktion über Vorstellungs-, Wahrnehmungs- und Erinnerungsprozesse", mit denen „soziale Güter und Lebewesen zu Räumen zusammengefasst"[46] werden.

Beide Aspekte der Raumproduktion, *Spacing* wie Syntheseleistung, betreffen Geschichtstourismus. Ersteres als die topografische Bestimmtheit eines Ortes, letztere als die assoziative Bedeutungsinterpretation dieses Ortes durch die Wahrnehmenden an historischen Stätten.

Soziale Raumproduktion ergibt sich als Aushandlungsprozess. Soziale, von Macht geprägte (mit Rekurs auf Anthony Giddens) Vorstrukturierungen[47] und (nach Pierre Bourdieu) sozialer Habitus[48] bedingen das Handeln der Raumakteur*innen. Im (Raum-)Handeln eröffnet sich für Löw aber auch die Möglichkeit zu Routineänderungen und somit zur Produktion „neuer" Räume[49].

Die raumwissenschaftlich orientierte Humangeografie bringt in dieses Konzept ein wichtiges Verständnis ein: Raum wird als Handlungserzeugnis multiplizierbar, er besteht als Multilevel-Phänomen in verschiedenen Schichten. Raumhandlungen, die diese Schichtungen hervorbringen, sind quantitativ und qualitativ analysierbar.[50] So können auch die Gegebenheiten für den Geschichtstourismus aufgefasst werden: die zeitlichen *Layer* diverser Epochenschichten im erleb- und kartierbaren Raum.

Kommunikative Raum(re)konstruktion im Kultur- und Geschichtstourismus

Den Raum der Kommunikation – weniger den semiotischen der Zeichen, sondern den der soziologisch funktionalen Kommunikation in und über

44 Ebd., S. 271.
45 Ebd., S. 225.
46 Ebd.
47 Vgl. Löw, Raumsoziologie, S. 36–43, mit Bezug auf Giddens, Konstitution.
48 Vgl. Löw, Raumsoziologie, S. 179–197, mit Bezug auf Bourdieu, Unterschiede.
49 Vgl. Löw, Raumsoziologie, S. 183–190.
50 Baur / Hering / Raschke u. a., Theory; vgl. Drews, Kulturtourismus, S. 168–171.

Räume – einzubeziehen, bietet weitere Hinweise für das Verständnis von Geschichtstourismus. Die von der Raumsoziologin Gabriele Christmann formulierte Theorie einer „kommunikativen Raum(re)konstruktion" ermöglicht besonders gut, Reiseräume zu verstehen hinsichtlich ihrer (kulturellen) „Gemachtheit". Christmann schafft ein handlungs- und kommunikationsorientiertes, wissenssoziologisch ausgerichtetes Konzept, bei dem „der Gedanke [grundlegend ist], dass Raum(re)konstruktion en nicht ohne Sinnzuschreibungen und kommunikatives Handeln von Subjekten bzw. Akteuren konzipiert werden können"[51]. Raumbezogene Wirklichkeitskonstruktionen werden also noch stärker als dynamisch entstehende aufgefasst. Auch für Christmann gilt die potenzielle Gleichzeitigkeit unterschiedlicher sozialer Raumkonstruktionen für ein und dieselbe räumliche Einheit. Sie bringt jedoch den Handlungsaspekt Michel Foucaults[52] und die Akteurskonstellationen in Anlehnung an Norbert Elias' Figurationen[53] mit ein.

Für das Phänomenfeld Tourismus lässt sich mit Christmanns Abrundung der Raumsoziologie besonders die Performativität von Kulturerbe-Räumen und Räumen der Geschichte fokussieren. Christmanns Konzept weist auf die Möglichkeit hin, das kartografische *Mapping* von Geschichtsreisenden und Reiseroutenschaffenden im Sinne der Humangeografie aufzufassen. Damit wird aber auch das System der Reisen durch „die" oder entlang „der" Geschichte reflektierbar. Im *Mapping* der Humangeografie und der Historischen Sozialforschung zeigt sich (auf der Grundlage heutiger Techniken von Geodäsie und Raumaufzeichnung) jene Raumproduktion, die in der Terminologie von Martina Löw *Spacing* in der (Stadt-)Raumnutzung ausmacht.

Analysen humangeografisch ausgerichteter Studien aus der Historischen Sozialforschung nutzen diverse materiale Quellen als Hinweise räumlicher Arrangements und Prozesse der Vergangenheit.[54] Auf diese

51 Christmann, Konstruktion, S. 124.
52 Vgl. ebd.
53 Vgl. ebd., S. 125.
54 Vgl. HSR, GESIS 39 (2014) 2, S. 148.

Weise erschließen sie frühere Lebenswege in sozialen Räumen als kartografisch geschichtete Vergangenheit.[55]

Technische Möglichkeiten von *Mapping* ermöglichen eine Visualisierung touristischer Ströme, wie etwa der digitale Kartograf Eric Fischer, Schöpfer eines „Geotagger World Atlas“, anschaulich macht. Er erzeugte Stadtkarten, die „Locals and Tourists“ in den Metropolen der Welt kartieren.[56]

Orientiert wurden diese Karten an den *Social Media*-Foto-*Posts* von „flikr“-Usern. Anhand der zeitlichen und räumlichen Informationen der Foto-*Posts* unterschied Fischer einheimische und touristische *Uploads*. Es entstanden Karten der globalen Metropolen, auf denen sich die *Tourist*- und *Local-Posts* als rote und blaue Punkte in die Stadtkarten einschreiben. Dieses *Mapping* macht ebenjenes *Spacing* der (Stadt)raumnutzung durch die „flickr“-*User* augenfällig: Es zeigt räumliche Arrangements, Aneignungsprozesse und macht Raum(re)produktionen der Menschen auf ihren *Sightseeing*-Touren und Alltagswegen sichtbar, zum Beispiel von London.[57]. Geschichtstouristisch relevante historische Stätten bilden einige der roten Verdichtungen auf den Karten der Metropolen. Sie sorgen für Reproduktionen des „Muss man gesehen haben“-Effekts, der im Wahrnehmungsraum der Stadt auf künftige Gäste einwirkt.

Die inflationäre Bildproduktion von Reisenden und ihre (Selbst-) Darstellung sorgt dafür, dass Besuchsorte und -objekte als Kulisse für *tagg*-bare Selbstmitteilungen erlebt werden. Dabei fungiert der dem Bild hinterlegbare Geostandort als ein Aspekt unter anderen im globalen Bebilderungsprozess.

55 Im Überblick: Drews, Kulturtourismus, S. 168–170.

56 Vgl. Locals and Tourists. URL: https://www.flickr.com/photos/walkingsf/albums/72157624209158632/.

57 Vgl. ebd.

Abb. 6: Fotoproduktion als touristische Aneignungspraxis, hier an der Pyramide des Kukulcán in der mexikanischen Ausgrabungsstätte Chichén Itzá, die bei Google Maps mit über 800.000 Fotos von User*innen hinterlegt ist. URL: https://www.google.de/maps/place/Chich%C3%A9n+Itz%C3%A1/@20.6842849,-88.5677826,3a,77.9y,90t/data=!3m8!1e2!3m6!1sAF1QipMxNQsaYn2pra-LMJ0_jXd_i_Cour7JOVAfzNse!2e10!3e12!6shttps:%2F%2Flh5.googleusercontent.com%2Fp%2FAF1QipMxNQsaYn2pra-LMJ0_jXd_i_Cour7JOVAfzNse%3Dw142-h86-k-no!7i1080!8i651!4m11!1m2!2m1!1zQ2hpY2jDqW4gSXR6w6E!3m7!1s0x8f5138c6e391c0e7:0x7c1ea0a168994d9a!8m2!3d20.6842849!4d-88.5677826!10e5!15sCg5DaG ljaMOpbiBJdHrDoVoQIg5jaGljaMOpbiBpdHrDoZIBE2FyY2hhZW9sb2dpY2FsX3NpdGXgAQA!16zL20vMDE3a3B2?hl=de (15.04.2023).

5. *Critical Heritage Studies*: *Doing Heritage* in der Praxis

Im Verständnis der kritischen Raumsoziologie ist Kulturerbe immer „gemacht“. Häufig ist das kulturelle Erbe in der Nachfolge (kolonialistischer) Machtbeziehungen entstanden, die bis heute wirken. In diese Kritik fügt sich auch die Diagnose eines *Heritage Regimes*.[58] Die Erforschung von *Heritagisation*-Prozessen und deren Folgen[59] zeigt ebenfalls

58 Adell u. a., Communities; Lutz, heritage.
59 Lutz, Heritage, S. 376.

deutlich, dass Kulturerbe nicht unbedingt im Interesse der besuchten Orte und Bevölkerungen inwertgesetzt wird, selbst wenn diese Prozesse oft mit wirtschaftlichen Hoffnungen verbunden sind.

Auch im Geschichtstourismus muss deshalb die touristische Inwertsetzung als „metakulturelle Produktion“[60] aufgefasst werden, deren Kontext häufig ein konstruktives (sowohl konstruiertes als auch sozial-konstruktivistisches) Moment der Herstellung von Geschichtsnarrativen beinhaltet. Dieses durchaus kritische Moment schließt auch Sammlungen historischer Bestände, digitales *Heritage* und damit einhergehendes *Re-Use* ein.[61]

Ob ein *Doing Heritage* in positiver Weise überhaupt möglich ist, bleibt offen. Forderung muss sein, nicht nur Meistererzählungen von Kulturerbe- und Inwertsetzungssystem entstehen zu lassen, sondern auch direkte Artikulationen der *communities of practice* im Tourismusnarrativ zu integrieren.[62] Zu fordern ist ein *Bottom-Up* der Nominierungsstrategien in der Agenda immateriellen Kulturerbes, auch durch die UNESCO-Gremien.[63]

In der konkreten Praxis von Kulturerbearbeit vor Ort muss der Faktor „Nachhaltigkeit“ im *Heritage*-Tourismus zur Norm, soziale und kulturelle Nachhaltigkeit kulturtouristischer Standard werden. Es bleibt eine Herausforderung, lokale *Communities* als mitgestaltende Akteure so einzubeziehen[64], dass die kreierte *Pastness*[65] der touristischen Geschichtskommodifizierung als nur eine unter mehreren heterogenen Narrativen bereister Tourismusräume wahrnehmbar ist.

Dass die Zeichen gut stehen für eine stärkere Berücksichtigung von kultureller Nachhaltigkeit im Tourismussystem, darauf deuten Zeitdiagosen hin wie etwa die von Hartmut Rosa statuierte Geltung von Resonanzräumen.[66] Rosa stellt schwingende Beziehungen zwischen Subjekt und Objekt als übergreifend vorherrschendes Grundbedürfnis der Menschen

60 Kirshenblatt-Gimblett u. a., Heritage.
61 Lutz, Heritage, S. 375.
62 Vgl. unter anderem Brumann, Community, S. 276–279. S. auch Peselmann, Kulturerbe, S. 2–10.
63 Vgl. Lutz, Heritage, S. 273.
64 Vgl. Meissner, Heritage.
65 Schwarz, Pastness.
66 Rosa, Resonanz.

heute heraus. Adaptierbar ist diese Vorstellung des In-Beziehung-Stehens auch für touristische Settings, so wurde ein Trend zum „neuen Resonanztourismus“[67] identifiziert und dieser nachgewiesen als wirksam in den Wünschen der Reisenden. Ob dergleichen Trend auch in das praktische Tun der Tourismusentwicklung Einzug halten wird, muss sich erst erweisen, und ebenso, ob sich aus dieser Resonanzorientierung im Tourismus eine besondere Chance zur standardisierten Mitgestaltung und nachhaltigen Partizipation der Menschen vor Ort im Feld des Geschichtstourismus ergeben wird.

Das Konzept unabgeschlossener sozialer und kommunikativer Raum(re)produktion ermöglicht, einen zusätzlichen Aspekt in den Diskurs um Geschichtstourismus einzuführen, der insbesondere die Faktoren eines sozialen Gedächtnisses, von Performativität der lokalen Partizipation am Kulturerbe erschließt. Neben jenen von Schwarz herausgearbeiteten „drei Arten von Zeitwahrnehmung im Raum“[68] gelingt es mit ihm, die Dimension des performativen Sozialraums in die Reflektion des Geschichtstourismus zu integrieren. Die Ebene des gegenwärtigen sozialen Lebens am Ort als Heute und Fortleben erscheint dann als eine Raumschicht unter anderen.

Zum Beispiel Lokalgeschichte

Es müssen nicht immer Traditionen sein, die als Events besuchbar gemacht werden, oder Stätten des Historischen Erbes Ziel der Reisen von Geschichtstourismus sein. Im Rahmen von Kunstereignissen wie etwa Theaterfestivals oder Freilichttheatern, zeigte sich empirisch, wie die Partizipation der Menschen vor Ort produktiv für Regionen werden kann.[69] Darstellende Kunst im Öffentlichen Raum gibt einen künstlerischen Rahmen, in dem Lokalgeschichte von Menschen vor Ort inszeniert und deren

67 Muntschick u. a., Resonanztourismus.

68 Schwarz, Pastness, S. 38–40: Erstens die Wahrnehmung pauschal eingeebneter zeitlicher Distanz (von heute zu früher), zweitens das Nebeneinander-Erleben mehrerer Zeitebenen und drittens die außeralltägliche Erfahrung einer Totalität des Vergangenen im Jetzt und Hier.

69 Drews, Kulturtourismus, S. 312 f.

Geschichte durch die Performance für Besuchende erlebbar wird in Form eines *Creative Spacing.*[70]

Das Künstlerinnenkollektiv *Theatre fragile* entwickelte 2014 in seiner Produktion „Out of Bounds. GEHschichten eines Stadtteils" die begehbare Geschichtserzählung eines kleinstädtischen Stadtteils. Gewonnen wurden die Bestandteile der stadtbiografischen Erzählungen partizipativ mit den Bewohner*innen durch künstlerische Miniaktionen. Solche Kunstproduktion, die sich zum Mehrspartenkunstwerk verdichtet, kann auch Momente eines kreativen *Mappings* beinhalten. So entstand hier am Ende der Performance mit dem Publikum eine „Karte der Utopien" für den betreffenden Stadtteil, die anschließend der Stadtplanung des Ortes übergeben wurde.[71]

Kulturprojekte haben große Potenziale, die lokale Geschichtserzählung von Bewohner*innen zu vermitteln. Ein weiteres Beispiel hierfür bilden auch die „frauenORTE Niedersachsen"[72], die es auch in Brandenburg, Sachsen, Sachsen-Anhalt gibt. Sie vermitteln multidisziplinär, transsektoral, partizipativ und netzwerklich lokale Frauengeschichte. Solche Projekte *bottom-up* in touristische Narrative münden zu lassen, als immaterielles Kulturerbe erfahrbar oder an permanenten Stätten des Historischen Erbes sichtbar zu machen, gibt den Schlüssel dazu ab, gute Strategien für Geschichtsvermittlung im touristischen Kontext zu generieren.

Ohne den *missing link* lokaler Partizipation der Bevölkerung vor Ort wird nachhaltiger Geschichtstourismus nicht möglich sein. Dass dieses Wissen auch die internationalen Tourismuswissenschaften erreicht hat, offenbart der Blick auf deren internationalen Fachdiskurs und die deutliche Präsenz des Faktors von *social sustainability* im Tourismus.[73]

---

70 Zur Begriffsbildung und Kontextualisierung in Sozial- und Raumtheorie vgl. Drews, Spacing, S. 386–392.

71 Ebd., S. 390 f.; vgl. auch Theatre Fragile – handle with care: GEHschichten eines Stadtteils. Out of Bounds. URL: https://www.theatre-fragile.de/files/download/TheatreFragile_OOB_booklet_de.pdf.

72 Vgl. Landesfrauenrat Niedersachsen e. V.: frauenORTE Niedersachsen. URL: www.frauenorte-niedersachsen.de.

73 Vgl. Drews, Zeitschriftenreview.

6. Fazit: Leitkriterien für nachhaltigen Geschichtstourismus

Bewohner*innen und Tourist*innen müssen im Kultursystem und in Tourismusdestinationen so integriert werden, dass „partizipative Destinationen" entstehen.[74] Einhergehend mit den *Sustainable Developement Goals* der Agenda 2030 ist kulturelle Nachhaltigkeit als soziales Nachhaltigkeitsziel auch im Tourismus gefordert. Nachhaltigkeit im Geschichtstourismus setzt sich als Partizipation auf verschiedenen Ebenen um: in der Praxis der Kulturerbepflege, in der Kulturerbevermittlung und bei der digitalen Sammlung und Archivierung von Kulturerbe.[75]

„Guter Geschichtstourismus" – sollte er denn möglich sein – ist nur denkbar als teilhabeorientierter Kulturtourismus im Kontext von *Heritage* und Geschichte. Er muss spezifische Anknüpfungspunkte an die bestehenden lokalen Kultur- und Lebensräume aufweisen. Mit dem Wissen der Kulturtourismusnutzungsforschung lässt sich präzisieren: Es sollten hierfür an die permanenten Stätten des Historischen Erbes performative Kulturangebote angeknüpft werden, die auch die Bewohner*innen gezielt ansprechen. Relevant hierfür ist es, die Bewohner*innen bereister Regionen in drei relevanten Rollen einzubinden, als einerseits Besucher*innen, zweitens Empfehler*innen und drittens Vermittler*innen geschichtstouristischer Settings.[76]

Um Regionen kultur- und geschichtstouristisch partizipativ zu bespielen, muss eine Pluralität der produzierten Geschichtserzählungen angemessene „Wahrnehmungsräume" kreieren und ein räumliches *Multi-Level* der Geschichte an konkreten Orten auffächern – was auch bedeutet, dass Orte und *Communities* fortleben und nicht erstarren im kulturtouristischen Schaubild. Dies gilt sowohl für den binnendeutschen und europäischen touristischen Kontext wie auch für ferntouristische Reiseräume des Globalen Südens. Die Frage, ob die Erzählungen und „Geschichts-Schichten" partizipativ erzeugt und ergo nachhaltig einzuschätzen sind, ist zentral. „Wahrnehmungsräume" nicht nur im Außen, sondern auch im Innen des touristischen Systems können somit als ein Indikator für – soweit dieser möglich ist – „guten" Geschichtstourismus gelten.

74 Vgl. Herntrei, Wettbewerbsfähigkeit.
75 Lutz, Heritage.
76 Drews, Kulturtourismus, S. 323–330.

Abbildungsverzeichnis

Abb. 6: Fotoproduktion als touristische Aneignungspraxis, hier an der Pyramide des Kukulcán in der mexikanischen Ausgrabungsstätte Chichén Itzá, die bei Google Maps mit über 800.000 Fotos von User*innen hinterlegt ist. URL: https://www.google.de/maps/place/Chich%C3%A9n+Itz%C3%A1/@20.6842849,-88.5677826,3a,77.9y,90t/data=!3m8!1e2!3m6!1sAF1QipMxNQsaYn2pra-LMJ0_jXd_i_Cour7JOVAfzNse!2e10!3e12!6shttps:%2F%2Flh5.googleusercontent.com%2Fp%2FAF1QipMxNQsaYn2pra-LMJ0_jXd_i_Cour7JOVAfzNse%3Dw142-h86-k-no!7i1080!8i651!4m11!1m2!2m1!1zQ2hpY2jDqW4gSXR6w6E!3m7!1s0x8f5138c6e391c0e7:0x7c1ea0a168994d9a!8m2!3d20.6842849!4d-88.5677826!10e5!15sCg5DaGljaMOpbiBJdHrDoVoQIg5jaGljaMOpbiBpdHrDoZIBE2FyY2hhZW9sb2dpY2FsX3NpdGXgAQA!16zL20vMDE3a3B2?hl=de (15.04.2023).

Literaturverzeichnis

Adell, Nicolas / Bortolotto, Chiara / Tauschek, Markus / Bendix, Regina F. (Hg.): Between Imagined Communities and Communities of Practice – Participation, Territory and the Making of Heritage. Göttingen 2015.

Baur, Nina / Hering, Linda / Raschke, Anna Laura / Thierbach, Cornelia: Theory and Methods in Spatial Analysis. Towards Integrating Qualitative, Quantitative an Cartographic Approaches in the Social Sciences and Humanities. In: Historical Social Research 39 (2014), H. 2, S. 7–50. URL: https://www.ssoar.info/ssoar/handle/document/38400 (31.03.2023). PID: https://nbn-resolving.org/urn:nbn:de:0168-ssoar-384005.

Borwick, Doug: Building Communities, not Audiences. The Future of the Arts in the United States. Winston-Salem, N.C 2012.

Bourdieu, Pierre: Die feinen Unterschiede. Kritik der gesellschaflichen Urteilskraft (1979). Nachdr., Frankfurt a. M. 2007.

Brumann, Christoph: Community as Myth and Reality in the UNESCO World Heritage Convention. In: Nicholas Adell / Regina F. Bendix / Chiara Bortolotto / Markus Tauschek (Hg.): Between Imagined Communities and Communities of Practice. Participation, Territory and the Making of Heritage. Göttingen 2015 (= Göttingen Studies in Cultural Property 8), S. 276–279.

Bundesministerium für Wirtschaft und Energie: Wirtschaftsfaktor Tourismus in Deutschland. Kennzahlen einer umsatzstarken Querschnittsbranche (2015). URL: https://www.bmwi.de/Redaktion/DE/Publikationen/Tourismus/wirtschaftsfaktor-tourismus-in-deutschland-lang.html (31.03.2023).

Bundesministerium für Wirtschaft und Klimaschutz: Nachhaltigen Tourismus wettbewerbsfähig gestalten. Nationale Tourismusstrategie – Arbeitsprogramm der Bundesregierung (2022). URL: https://www.bmwk.de/Redaktion/DE/Publikationen/Tourismus/nachhaltigen-tourismus-wettbewerbsfaehig-gestalten.pdf?__blob=publicationFile&v=10 (19.03.2022).

Christmann, Gabriela B. (Hg.): Zur kommunikativen Konstruktion von Räumen. Theoretische Konzepte und empirische Analysen. Wiesbaden 2016.

Drews, Katja: Creative Spacing. Die Performativität des Sozialen Raums und die Transformationspotenziale Darstellender Kunst im öffentlichen Raum. In: Günter Jeschonnek (Hg.): Darstellende Künste im öffentlichen Raum. Berlin 2017, S. 383–392.

Drews, Katja: Kulturtourismus im ländlichen Raum an „dritten Orten" der Begegnung als Chance zur Integration von Kultur- und Tourismusentwicklung. Eine Befragung von touristischen und einheimischen Kulturbesuchern in ländlichen Regionen Niedersachsens. Hildesheim 2017. URL: https://hildok.bsz-bw.de/frontdoor/index/index/year/2017/docId/729 (31.03.2023).

Drews, Katja: Ländlicher Kulturtourismus – "Dritte Orte" für (raum)produktive Transformation und partizipative Begegnung. In: Kulturelle Bildung online. URL: https://www.kubi-online.de/artikel/laendlicher-kulturtourismus-dritte-orte-raumproduktive-transformation-partizipative (31.03.2023).

Drews, Katja: Zeitschriftenreview: Kulturtourismus in internationalen Journals. Themen und Methoden der aktuellen wissenschaftlichen Betrachtung. Aktuelle Debatten in internationalen Journals. In: Zeitschrift für Kulturmanagement und Kulturpolitik 2022, H. 2, S. 211–219.

Dünne, Jörg / Günzel, Stephan (Hg.): Raumtheorie. Grundlagentexte aus Philosophie und Kulturwissenschaften. Frankfurt a. M. 2006.

Florida, Richard: The Rise of the Creative Class. And How It's Transforming Work, Leisure, Community and Everyday Life. New York 2006.

Föhl, Patrick: Strategische Kulturentwicklungsprozesse in ländlichen Räumen. In: Raphaela Henze (Hg.): Kultur im Off. Künzelsau 2014, S. 11–16.

Gawda Nicodemus, Anne: Small is Beautiful. Creative Placemaking in Rural Communities. In: GIA Reader 25 (2014), H. 2. URL: http://www.giarts.org/article/small-beautiful (31.03.2023).

Giddens, Anthony: Die Konstitution der Gesellschaft. Grundzüge einer Theorie der Strukturierung. Frankfurt a. M. 1995.

Gössling, Stefan / Scott, Daniel / Hall, C. Michael: Pandemics, Tourism and Global Change: a Rapid Assessment of COVID-19. In: Journal of Sustainable Tourism 29 (2021), H. 1, S. 1–20.

Goffman, Erving: The Presentation of Self in Everyday Life. Garden City, N.Y. 1959.

Herntrei, Marcus: Wettbewerbsfähigkeit von Tourismusdestinationen. Bürgerbeteiligung als Erfolgsfaktor? Paderborn 2014.

Kirshenblatt-Gimblett, Barbara: Intangible Heritage as Metacultural Production. In: Museum international / Internationaler Museumsrat 261/264 (2015), S. 163–174.

Landesfrauenrat Niedersachsen e. V.: frauenORTE Niedersachsen. URL: www.frauenorte-niedersachsen.de (06.04.2023).

Lefebvre, Henri: The Production of Space. Reprint, Oxford 1992.

Locals and Tourists. URL: https://www.flickr.com/photos/walkingsf/albums/72157624209158632/ (06.04.2023).

Löw, Martina: Raumsoziologie. Frankfurt am Main 2001.

Lutz, Samantha: Living Heritage. Nachhaltigkeit im Kontext des UNESCO-Übereinkommens zur Erhaltung des immateriellen Kulturerbes und der Digitalisierung von Kulturerbe. In: Hamburger Journal für Kulturanthropologie 13 (2021), S. 371–381.

MacCannell, Dean: Staged Authenticity: Arrangements of Social Space in Tourist Settings. In: American Journal of Sociology 79 (1973), H. 3, S. 589–603.

Markusen, Ann / Gawda, Anne: Creative Placemaking 2.0. In: Grantmakers in the Arts Reader 23 (2012), H. 2. URL: http://www.giarts.org/article/creative-placemaking-20 (31.03.2023).

Meissner, Marlen: Intangible Cultural Heritage and Sustainable Development. The Valorisation of Heritage Practices. Wiesbaden 2021.

Muntschick, Verena / Kirig, Anja / Seitz, Janine / Pfuderer, Nina u. a.: Der neue Resonanztourismus. Herzlich Willkommen! Frankfurt a. M. 2019.

Pechlaner, Harald / Fischer, Elisabeth / Bachinger, Monika: Kooperative Kernkompetenzen. Management von Netzwerken in Regionen und Destinationen. Wiesbaden 2011.

Peselmann, Arnika: Kulturerbe – Heritage – Weltkulturerbe. In: Mathias Berek, Kristina Chmelar, Oliver Dimbath u. a. (Hg).: Handbuch Sozialwissenschaftliche Gedächtnisforschung, Wiesbaden 2021, S. 1–10.

Pröbstle, Yvonne: Kulturtouristen. Eine Typologie. Wiesbaden 2014.

Rosa, Hartmut: Resonanz. Eine Soziologie der Weltbeziehung. Berlin 2016.

Schnepel, Burkhardt / Girke, Felix / Knoll, Eva-Maria (Hg.): Kultur all inclusive. Identität, Tradition und Kulturerbe im Zeitalter des Massentourismus. Bielefeld 2013.

Schuler, Alexander: Management der Bildung und Veränderung von Destinationen. Ein prozessorientierter Ansatz im Tourismus. Hamburg 2014.

Schwarz, Angela: Pastness in the Making. Von der Touristifizierung der verräumlichten Zeit in der Vergangenheit. In: Angela Schwarz / Daniela Mysliwietz-Fleiß (Hg.): Reisen in die Vergangenheit. Geschichtstourismus im 19. und 20. Jahrhundert, Wien / Köln / Weimar 2019, S. 25–44.

Siller, Lukas: Strategisches Management alpiner Destinationen: Kultur als Wettbewerbsvorteil für nachhaltigen Erfolg. Berlin 2010.

Statistisches Bundesamt: Tourismus in Deutschland im Juni 2021. URL: https://www.destatis.de/DE/Presse/Pressemitteilungen/2021/08/PD21_375_45412.html (31.03.2023).

Statistisches Bundesamt: Tourismus im Januar 2023. URL: https://www.destatis.de/DE/Presse/Pressemitteilungen/2023/03/PD23_096_45412.html (19.03.2023).

Stiftung für Zukunftsfragen: Deutsche Tourismusanalyse 2023. Reisebilanz 2022. Reiselust statt Alltagsfrust. URL: https://www.stiftungfuerzukunftsfragen.de/stiftung-fuer-zukunftsfragen-stellt-39-deutsche-tourismusanalyse-vor/ (31.03.2023).

Tauschek, Markus: Imaginations, Constructions and Constraints. Some Concluding Remarks on Heritage, Community and Participation. In: Nicholas Adell / Regina F. Bendix / Chiara Bortolotto / Markus Tauschek (Hg.): Between Imagined Communities and Communities of Practice. Participation, Territory and the Making of Heritage. Göttingen 2015 (= Göttingen Studies in Cultural Property 8), S. 291–306.

Theatre Fragile – handle with care: GEHschichten eines Stadtteils. Out of Bounds. URL: https://www.theatre-fragile.de/files/download/TheatreFragile_OOB_booklet_de.pdf (06.04.2013).

Von Aretin, Stephanie / Monshausen, Antje/ Thin, Lea: Den Neustart gestalten. Ein besserer Tourismus ist möglich. In: Brot für die Welt Journal 1 (2022), S. 4–7. URL: https://www.brot-fuer-die-welt.de/fileadmin/mediapool/downloads/fachpublikationen/sonstige/WeltJournal_Tourismus2022.pdf (31.03.2023).

Eugen Kotte

Geschichtstourismus und historische Exkursionen

Abstract: Historical excursions not only use an infrastructure, which was created to meet tourism needs, the profits from heritage tourism also contribute to the preservation of historical architecture, the financing of museum exhibitions or the establishment of historio-cultural institutions, which are often also chosen as excursion destinations. Therefore it is interesting to what extent heritage tourism is also motivated by the consumers' need for historical knowledge. However it should be considered, whether the experience so emphasized in heritage tourism and the knowledge and insights intended in historical learning can complement each other in terms of history didactics and contribute to increasing learning efficiency.

Die historische Exkursion mit dem aus der historischen Zunft bisweilen geschmähten Geschichtstourismus in Verbindung zu bringen, ist ein durchaus riskantes Unterfangen, weisen doch immer wieder Historikerinnen und Historiker auf die Unvereinbarkeit zwischen der Vergnügungsreise als Freizeitaktivität und der historischen Exkursion als Organisationsform institutionalisierten historischen Lernens hin. Die Leipziger Historikerin Sabine Stach etwa konstatiert in ihrer Überblicksdarstellung die „Konflikthaftigkeit zwischen ökonomischer Vermarktung, Echtheit und historischer Bildung"[1], und auch Bernd Mütter, Verfechter einer „Geschichtsdidaktik des Reisens" im Rahmen der Erwachsenenbildung, spricht angesichts der ökonomischen Erwägungen im Geschichtstourismus von einem „Konfliktverhältnis mit feststehendem Ausgang"[2]

1 Stach, Geschichtstourismus, S. 17.
2 Mütter, HisTourismus, S. 17.

für den Kommerz und gegen die Bildung. Am deutlichsten hat jüngst der Mittelalterhistoriker Valentin Groebner aus aktueller geschichtswissenschaftlicher Sicht seine Skepsis gegenüber einer verantwortbaren Geschichtsvermittlung im Rahmen des Geschichtstourismus artikuliert:

> „Die Reste der Vergangenheit, die am Beginn des 21. Jahrhunderts als Touristenziele dienen, sind mehr als nur Wahrzeichen des Authentischen und Ursprünglichen. Ihre Anbieter verstehen sich als Gefühlsdienstleister für die Besucher: Überreste der Vergangenheit werden dabei ebenso als Ort eines Ereignisses in der Vergangenheit präsentiert – ‚Hier war es!' wie auch als ihre eigene (und stetig optimierte) Wiederholung und Visualisierung – ‚So war es!' Vermittelt wird somit die Fiktion, der Besucher befinde sich gleichzeitig in mehreren Zeitebenen: Denn erst diese Fiktion ist es, die ihm das ‚Erlebnis' des Historischen ermöglicht."[3]

Doch eben Valentin Groebner war es auch, der bereits vor einigen Jahren unter Verweis auf die exorbitanten Wachstumsraten der vorangegangenen sechzig Jahre (seit der Überwindung der Nachkriegszeit), die den Tourismus zu einer der größten Dienstleistungsbranchen weltweit erhoben[4], beklagte, dass der touristische Geschichtsgebrauch in der einschlägigen Literatur zur Erinnerungskultur und – im Rahmen des hier zu besprechenden Themas weitaus relevanter – zur Geschichtskultur kaum eine Rolle spiele[5]. Konkrete Forderungen, beispielsweise die Lernortqualitäten touristifizierter Räume zu prüfen, werden nun an die Geschichtsdidaktik herangetragen[6], und aus dem Bereich des Kulturmanagements wird die Auffassung artikuliert, dass „der Geschichtstourismus [...] den Anspruch auf Bildung [erhebe] und [...] damit auf die Vermittlung von Bildung und die Bewahrung von Erinnerung abziele"[7]. Selbst Stimmen aus der Raumplanung, wie diejenige von Kim Meyer-Cech, die sich mit einem möglichen Beitrag des Tourismus zu einer nachhaltigen Entwicklung ländlicher Räume beschäftigt[8], fordern angesichts der schon jetzt zu beobachtenden Nutzung touristischer Instrumente wie der Themenstraßen für

3 Groebner, Retroland, S. 49–50.
4 Vgl. Groebner, Touristischer Geschichtsgebrauch, S. 417.
5 Vgl. ebd., S. 415.
6 Vgl. Stach, Geschichtstourismus, S. 22
7 Brittner-Widmann, Geschichtstourismus, S. 196.
8 Vgl. Meyer-Cech, Themenstraßen, S. 2.

Bildungszwecke[9] Mindeststandards, um – im Sinne des Bielefelder Landeshistorikers Bernd Hey – „Geschichtsstraßen“ als didaktisch-methodische Offerte zu qualifizieren, mit der auch weitgehend freies und entdeckend-forschendes Lernen begünstigt werden kann[10].

Angesichts dieser aus unterschiedlichen Disziplinen formulierten Desiderate scheint es also geradezu geboten, vom Geschichtstourismus genutzte Orte, begünstigte Infrastruktur und geförderte Angebote, die u. a. durch die regionalen und kommunalen Touristikämter beworben und mit Informationen aufbereitet werden, auch auf ihre (möglicherweise kritisch begleitete) Inanspruchnahme im Rahmen des schulischen historischen Lernens und der universitären historischen Bildung abzuklopfen. In der Praxis geschieht die Einbeziehung durch den Tourismus intensivierter Möglichkeiten längst, ganz grundsätzlich beispielsweise durch die Unterbringung von Exkursionsgruppen in Jugendherbergen oder Jugendgästehäusern oder durch die Einbindung auch touristisch zu Sehenswürdigkeiten erklärter Denkmäler oder historischer Gebäude und den Besuch unterschiedlichster Ausstellungen und Museen, die natürlich auch von Touristinnen und Touristen aufgesucht werden. Geschichtskulturelle Objektivationen und Zeugnisse wie auch Institutionen markieren Bestandteile von umfassenden Exkursionsprogrammen. Bernd Hey, der sich bereits in den 1970er Jahren als Pionier mit der Didaktik und Methodik der historischen Exkursion befasst hat, versteht diese als „Organisationsform der Lehre im Fach Geschichte, die ein bestimmtes Thema durch die Arbeit an und mit (möglichst) originalen historischen Zeugnissen außerhalb der Hochschule erschließt“[11]. Ähnliche Definitionen haben auch Exkursionsdidaktiker/innen anderer Disziplinen in jüngerer Zeit mit Bezug auf den Schulunterricht vorgelegt; sie heben dabei die Kennzeichen der Begegnung von Lernenden „mit dem originalen Lerngegenstand vor Ort [...] [und der] räumlichen Wirklichkeit“[12], also außerhalb des Klassenzimmers oder Seminarraums, hervor und benennen als

9 Kim Meyer-Cech, Themenstraßen, erwähnt an mehreren Stellen Exkursionen, für die Themenstraßen genutzt werden, vgl. S. VIII, IX, 259.

10 Vgl. ebd., S. 250. Zu den (bisher fehlenden) Mindeststandarts vgl. S. 278.

11 Hey, Historische Exkursion, S. 17.

12 Lößner, Exkusionsdidaktik, S. 10.

umfassendste Kategorie „Studienfahrten und Mehrtagesexkursionen“[13] vornehmlich im fortgeschrittenen Studium[14], auf denen eigenständige Erkundungen und Handlungsorientierung im Sinne des entdeckend-forschenden Lernens[15] einen besonders hohen Stellenwert besitzen. Sabine Stach bringt diese Aktivität am historischen Ort oder im die Erfahrung von Geschichte ermöglichenden Ausstellungsraum, die – in weniger systematisierter Weise – auch im Geschichtstourismus erlebt werden kann, mit einer performativen Perspektive in Verbindung, die es ermögliche, „nach prinzipiellen Unterschieden zwischen Geschichtserlebnissen in kuratierten Räumen, in geschlossenen architektonischen Ensembles sowie in urbanen und ländlichen Umgebungen zu fragen“[16].

Grundlage der folgenden Überlegungen ist das Verständnis von einer Exkursion, die über mehrere Tage in eine durch „überwiegend anthropogene, in der Vergangenheit entstandene Gegebenheiten“ geprägte Geschichtslandschaft führt, „deren Bewohner intensiver vergesellschaftet, integriert und miteinander verflochten sind als mit gleichen oder ähnlichen Gegebenheiten und Gruppen in den Nachbarräumen“[17], wie sie im Geschichtsstudium der Universität Vechta seit etwa zehn Jahren verpflichtend stattfindet. In den Blick geraten dabei überwiegend gegenständliche Zeugnisse als Symbole und Medien einer konstruierten und empfundenen regionalen Identität, die in der Vergangenheit geschaffen und angenommen wurde und häufig – erheblichen Wandlungen und Veränderungen unterworfen – bis heute als gemeinschaftsfundierend überdauert hat. Geschichtslandschaften werden dabei als Räume verstanden, die auf einer „aktiven Handlungs- und Wahrnehmungspraxis der Subjekte“[18] beruhen und heute dem Bedürfnis vieler Menschen nach Selbstvergewisserung und Verwurzelung in einer unübersichtlicher werdenden

13 Ebd., S. 12
14 Vgl. Klein, Exkursionsdidaktik, S. 21.
15 Vgl. Kuhn / Weipert, Region, S. 12.
16 Stach, Geschichtstourismus, S. 12.
17 Faber, Geschichtslandschaft, S. 397.
18 Schwerhoff, Historische Raumpflege, S. 18.

Welt entgegenkommen[19]. Der Potsdamer Zeithistoriker Martin Sabrow hat diese deutlich auch Schüler/innen und Studierende mit steigender Tendenz erfassende Hinwendung zur Geschichte der (zunächst einmal eigenen) Region als Bestreben gekennzeichnet,

> „auf die Beschleunigung mit der Beharrung [zu antworten]; [...] dem Prinzip der raschen Folge den Anspruch auf Dauerhaftigkeit entgegen[zusetzen]. Das vor Abriss bewahrte Altstadthaus, der erhalten gebliebene Grenzstreifen, die aufwändig restaurierte Gedenkstätte, sie geben uns die Gewissheit, dass der Zahn der Zeit nicht alles zernagt, sondern Inseln der kulturellen Selbstvergewisserung überdauern lässt, an denen wir in unmittelbaren Dialog mit der Vergangenheit treten"[20].

Das feststellbare, gestiegene Interesse an der eigenen Region für das Angebot zu nutzen, auch andere auf diese Weise konstruierte Geschichtslandschaften zu erkunden, liegt aus gleich mehreren Gründen nahe: Um die mit der „subjektiven Verortung im Raum"[21] gewonnene regionale Identität offen und aufnahmefähig zu halten, ist die Fähigkeit erforderlich, die am Beispiel der als eigen empfundenen Geschichtslandschaft gewonnenen Einsichten auch auf andere Regionen anwenden zu können. Für den Geschichtstourismus, an den auch hier angeknüpft werden könnte, schildert die Kulturwissenschaftlerin und Kulturreferentin Katja Drews diesen Zusammenhang folgendermaßen:

> „Auf Reisen kann eine solche translokale Zugehörigkeit überall dort nachgewiesen werden, wo beim kulturtouristischen Besuch Aspekte des ‚Eigenen' – der Geschichte, Kultur, zum Beispiel Architektur oder Sozialgeschichte der Heimatregion – in sinnhafte Verbindung zum ‚Fremden' treten. Wo zum Beispiel das Wissen über die Lokalgeschichte an fremden kulturhistorischen Stätten erweitert wird durch den Wissenszuwachs über Zusammenhänge zur überregionalen Geschichte."[22]

---

19 Diese These basiert auf dem von Hermann Lübbe bereits 1985 hergestellten Zusammenhang von „Vergangenheitsgegenwärtigung" und „Gegenwartsschrumpfung" – vgl. Lübbe, Gegenwart, S. 13.

20 Sabrow, Raum der Erinnerung, S. 24.

21 Kuhn / Weipert, Region, S. 10.

22 Drews, Kulturtourismus, S. 308.

Die einschlägige Literatur empfiehlt entsprechende mehrtägige Exkursionen[23] mit einem gut vorbereiteten Programm, das die aktive Mitarbeit der Lerngruppe, aber u. U. auch Führungen einzelner Exkursionsmitglieder oder auch Informationen von Fachpersonal vor Ort einschließt.[24]

Immer wieder wird in der didaktischen Literatur aus der Geschichtswissenschaft und anderen Disziplinen verdeutlicht, dass Exkursionen in bestimmte Regionen das exemplarische Lernen mit Anschauungs- und Erfassungsmöglichkeiten auf der konkreten (besuchten, regionalen) Ebene sowie darin angelegten Rückschluss- und Erkenntnismöglichkeiten für die allgemeineren Zusammenhänge (in nationalen, europäischen oder globalen Dimensionen) befördern können[25]. Dieser Zusammenhang wird als Erlebnisqualität auch für den Geschichtstourismus in Anspruch genommen.[26] Aus der Neueren und Neuesten Geschichte werden im Anschluss an den Bochumer Historiker Wolfgang Köllmann mit Blick auf diesen besonderen, mit Exkursionen verbundenen Vorzug Möglichkeiten benannt, die durch das historische Lernen vor Ort in besonderer Weise gefördert werden: die konkrete Aufspürung von Ursachen und Abläufen den historischen Wandel auslösender Prozesse sowie die Einsicht in deren konkrete Wirksamkeit, die Differenzierung innerhalb von Veränderung einschließlich der intensivierenden wie auch hemmenden Faktoren, die Erkenntnis traditioneller Elemente im Rahmen der Bildung kollektiver Bekenntnisse und individueller Zuordnungen sowie schließlich die Beobachtung der Genese von partiellen, sich nicht zuletzt mit räumlichen Konsequenzen definierender Gruppen, deren spezifisches Bewusstsein auf der Überzeugung von Besonderheiten fußt.[27] Diese den im *Spatial Turn* festgestellten Voraussetzungen für die Konstruktion von Räumen[28] entsprechenden, mithilfe einer Exkursion in eine bestimmte Geschichtslandschaft sehr konkret bezogenen Erkenntnismöglichkeiten, die dann Einsichten in allgemeinere strukturelle Prozesse ermöglichen, sprechen für eben jene

23 Vgl. Hey, Historische Exkursion S. 23; ausführlicher Klein, Exkursionsdidaktik, S. 21–22.
24 Vgl. Klein, Exkursionsdidaktik, S. 24–26.
25 Vgl. Hey, Historische Exkursion, S. 27; Kuhn / Weipert, Region, S. 12
26 Vgl. Drews, Kulturtourismus, S. 310.
27 Vgl. Reulecke, Regionale Geschichtskultur, S. 16.
28 Vgl. Hucker / Kotte, Geschichtslandschaften, S. 12–13.

zeitlich umfassenderen, innerhalb einer historisch als Einheit gestalteten und wahrgenommenen Region stattfindenden Exkursionen, die sich verschiedener Potenziale des Geschichtstourismus bedienen, die von ihm geförderte Infrastruktur nutzen und die für ihn genutzten und letztlich auch durch seine Wirkung erhaltenen Destinationen als außerschulische, historische Lernorte in Anspruch nehmen.

Entsprechend wird in diesem Beitrag versucht, die Frage zu klären, ob historische Exkursionen als spezifische Organisationsform institutionalisierter Lehr-Lernprozesse von verschiedenen Varianten des Geschichtstourismus profitieren können. Zu diesem Zweck wird zunächst der Frage nachgegangen, ob und ggf. inwieweit verschiedene Formate des Geschichtstourismus mit Bildungsansprüchen verbunden sind, die dann ihrerseits die Teilnahme von Konsumentinnen und Konsumenten an derartigen Angeboten befördern könnten. Zweitens wird erörtert, ob der dem Geschichtstourismus eigene Erlebnischarakter zu motivationsfördernden Aspekten historischer Exkursionen beitragen kann, so dass auf diese Weise geschichtsbezogene Erkenntnisse nicht etwa behindert, sondern im Gegenteil begünstigt würden. Im dritten Teil des Beitrags wird dann das im Kontext des Geschichtstourismus oftmals bewerbend erhobene Authentizitätsversprechen geprüft und mit der geschichtstheoretischen Einsicht in die notwendige Unterscheidung von Vergangenheit und Geschichte konfrontiert. Und schließlich wird gefragt, inwiefern die mit dem touristischen Qualitätsmerkmal der Sehenswürdigkeit ausgestatteten Besuchs- und Besichtigungsziele auch historische Lernorte innerhalb von Exkursionen bilden können.

1. Tourismus und Bildung – Gegensätze?

Der häufig von wissenschaftlicher Seite mit Blick auf den Geschichtstourismus getroffenen Aussage, die kommerzielle Orientierung verhindere ein grundsätzliches Bildungspotenzial[29], versucht die Touristikbranche u. a. mit dem Angebot von Studienreisen zu begegnen, die – ursprünglich durch einen festen Ablauf und eine fachlich qualifizierte Leitung gekennzeichnet, mittlerweile stärker konsumentenorientiert – auf ähnliche Interessen

29 Vgl. Mütter, Raum, S. 62.

der Teilnehmerinnen und Teilnehmer abheben und in begrenztem Ausmaß Programmalternativen ausweisen.[30] Mit Blick auf den Bildungsanspruch derartiger Angebote wird Wert darauf gelegt, dass das Programm nicht in bloßen Besichtigungen besteht, sondern die „Vermittlung neuer Erkenntnisse“[31] intendiert. Wenngleich diese Zielsetzung, ergänzt um die Ermöglichung von Kontaktmöglichkeiten zu Bewohnern des Exkursionsgebiets und die Garantie einer Erlebnisqualität „für alle Sinne“[32] (wobei der Anklang an Montessoris Pädagogik gewiss nicht zufällig ist), durchaus mit einzelnen Grundsätzen historischer Exkursionen korrespondieren könnte, zeigt letztlich die mit „[z]ielgruppenorientierter Produktgestaltung“[33] verbundene Prioritätensetzung, dass sich touristische Studienreisen doch ganz erheblich von den an eine historische Exkursion zu stellenden geschichtsdidaktischen Ansprüchen unterscheiden, denn für die Ausweitung des selbst von Vertreterinnen und Vertretern der Branche als Nischenprodukt gekennzeichneten Angebots der Studienreisen wird als entscheidend angemerkt, dass „neben dem Erholungsfaktor der Erlebnisfaktor [...] immer wichtiger wird“[34] – der Erwerb neuer Erkenntnisse durch die Konsumentinnen und Konsumenten spielt also offensichtlich bei derartigen Erwägungen keine Rolle.

Für das Kulturmanagement dagegen zeigen sich mit Blick auf die Interessenlage der touristischen Konsumenten sehr wohl Indizien, dass eine gewisse Bildungserwartung eine nicht unerhebliche Rolle spielt. So gewinnt Katja Drews aus ihren empirischen Untersuchungen die Erkenntnis, dass „Stätten des historischen Erbes [...] zu den statistisch mit Abstand relevantesten touristischen Besuchszielen [zählen]“[35]. In Veröffentlichungen aus dem Bereich des Kulturmanagements wird aus derartigen Befunden gefolgert, dass das Interesse an Bildung durchaus – neben einer ganzen Reihe anders gearteter Motive – zu den wichtigen Gründen

30 Illić / Steensma, Studienreisen, S. 81–83.
31 Ebd., S. 83.
32 Ebd., S. 86.
33 Ebd., S. 90.
34 Ebd., S. 91.
35 Drews, Kulturtourismus, S. 317.

von Konsumentinnen und Konsumenten für die Teilnahme an geschichtstouristischen Angeboten zählt.[36]

Es ist anzunehmen, dass ähnliche Beobachtungen den Oldenburger Geschichtsdidaktiker Bernd Mütter bewogen haben, bereits vor einigen Jahren unter dem neu gefüllten Begriff des HisTourismus eine „Geschichtsdidaktik des Reisens im Rahmen der Erwachsenenbildung“[37] zu entwerfen, die er sowohl von einer geschichtswissenschaftlichen Exkursion als auch vom Geschichtstourismus durch Reiseveranstalter abgrenzt. Allerdings sieht er die Möglichkeit, dass sich ökonomische Interessen und fachliche Bildungsintentionen nicht zwingend ausschließen müssen[38], und in späteren Erörterungen weist er darauf hin, dass die Überlegungen zum HisTourismus „durchaus auch für die Schule nutzen“[39]. Ganz offensichtlich hat Mütters Annahme, dass die für den Geschichtstourismus ganz sicher erheblichen ökonomischen Erwägungen Bildungsintentionen auch hinderlich sein könnten, nicht dazu geführt, sich auch begrifflich energisch vom Geschichtstourismus abzusetzen.

Noch deutlicher wird eine Verbindung zu Arrangements, Instrumenten und Produkten des Geschichtstourismus bei einem geschichtsdidaktischen Vordenker der historischen Exkursion, dem Bielefelder Landeshistoriker und Archivar Bernd Hey. Er bezeichnet „historische Kulturrouten“ (unter denen auch geschichtsorientierte Themenstraßen verstanden werden können) als „didaktisch-methodische Kategorie“, an der „das offene, zwanglose und selbstbestimmte Lernen“[40] möglich sei. Heys Hinweise auf eine sinnvolle Nutzung geschichtstouristisch hervorgebrachter Arrangements und Instrumente verweist auf die Bedeutung des Geschichtstourismus für den Erhalt und die Restaurierung historischer Bausubstanz wie auch die Einrichtung geschichtskultureller Institutionen zur Bewahrung und Präsentation historischer Zeugnisse im Interesse nicht nur einer historisch zugewandten Öffentlichkeit, sondern eben auch der mit

36 Vgl. Brittner-Widmann, Geschichtstourismus, S. 195 mit Bezug auf *Dark Tourism.*
37 Mütter, Raum, S. 61.
38 Vgl. Mütter, HisTourismus, S. 16–17.
39 Mütter, Raum, S. 62.
40 Hey, Weg, S. 217.

Geschichtsvermittlung befassten Spezialistinnen und Spezialisten sowie ihrer Klientel in Schule und Universität. Erörterungen aus der Raumplanung heben daher die Bedeutung des Geschichtstourismus für die „Einsicht in die Schutzwürdigkeit des kulturellen Erbes“[41] hervor. Für den Geschichtstourismus wird dabei durchaus nachvollziehbar in Anspruch genommen, „wertvolles kulturelles Erbe zu erhalten und Bewusstseinsbildung in Bezug auf seine Bedeutung zu fördern“[42]. Um die fragile Balance zwischen „Kulturerhalt und [touristischer] Inwertsetzung“ zu wahren, fordert Katja Drews einen „direkte[n] und professionell betriebene[n] Einbezug lokaler Bevölkerungen in kulturtouristische Destinationentwicklungen“[43]. Kim Meyer-Cech nennt dies einen „integrativen Tourismus“, der eine „nachhaltige Regionalentwicklung“[44] ermögliche; Katja Drews spricht von einer „partizipative[n] regionale[n] Kulturtourismusentwicklung“[45]. Aus der Europäischen Ethnologie wird darauf hingewiesen, dass touristische Angebote bisweilen „direkt aus der Praxis entstanden“[46] seien und von der regionalen und lokalen Vereinsarbeit profitieren können[47]. Zu beachten sei nicht allein die „Inwertsetzung von traditionellen kulturellen Praxen und Relikten der Vergangenheit [...] [als eines der] wichtigsten touristischen Ankurbelungsmittel, [...] [sondern auch] dessen tatsächliche Verortung in der Lebenswelt – sowohl als Idee als auch als kulturelle Praxis im konkreten lokalen und regionalen Kontext“[48].

Eben diese Initiativen vor Ort, die nicht zuletzt durch den Besuch von außen – sei es durch Geschichtstourismus, sei es durch Lehr-Lern-Formate von Schulen oder Universitäten – Wertschätzung und Bestätigung erfahren[49], sodass die „kulturtouristische Außenwirkung [...] Binneneffekte vor Ort“[50] generiert, sind auch für jede in Geschichtslandschaften

41 Meyer-Cech, Themenstraßen S. IX.
42 Ebd., S. 61.
43 Ebd., S. 327.
44 Ebd., S. VI.
45 Drews, Kulturtourismus, S. 317.
46 Hemme, Märchenstraßen, S. 17.
47 Vgl. ebd., S. 480.
48 Ebd., S. 22.
49 Vgl. Drews, Kulturtourismus, S. 305.
50 Ebd., S. 302.

führende historische Exkursion unverzichtbar, weil sie sich der Pflege der historischen Bausubstanz verschreiben, der Aufbereitung lokaler und regionaler Geschichte auch dort, wo die akademische Geschichtswissenschaft (noch) nicht hingedrungen ist, widmen und ihre Bemühungen nicht selten in kleinen Institutionen wie örtlichen und regionalen Museen und Archiven dokumentieren.[51]

Tourismus und Bildung schließen sich also keineswegs aus. Zwar sind die ausdrücklich mit Bildungsanspruch auftretenden Formate des Tourismus bisher nur bedingt überzeugend, aber seine ökonomische Bedeutung kann – wie von Stimmen aus der Raumplanung, der Europäischen Ethnologie und dem Kulturmanagement zu vernehmen ist – auch zu einer nachhaltigen Entwicklung von (insbesondere ländlichen) Regionen beitragen, um „den Bedürfnissen der heutigen Generation gerecht zu werden, ohne die Möglichkeiten künftiger Generationen zu gefährden“[52]. Bei einem Destinationsmanagement, das mit einem Verständnis eines integrativ-partizipativen Tourismus ansetzt, sind – anders als Bernd Mütter es in seinem Entwurf des HisTourismus noch befürchtet – Ökonomie und Bildung eben keine Gegensätze, sondern in einem Wechselspiel verbunden, durch das auch Voraussetzungen für erfolgreiche historische Exkursionen geschaffen werden.

2. Erlebnis und Erkenntnis – geschichtsdidaktisches Potenzial?

Sowohl von Seiten der Tourismuswirtschaft[53] als auch aus der Raumplanung wird nachvollziehbar hervorgehoben, dass „Erlebnisqualität“[54] notwendiger Bestandteil touristischer Angebote sei. Die Historikerinnen Angela Schwarz und Daniela Mysliwietz-Fleiß sind der Auffassung, dass die entsprechend aufgebaute Erlebniserwartung das Bildungs- oder Informationsinteresse der Touristinnen und Touristen weit übersteige[55]. Die Hinterfragbarkeit dieser These wurde bereits aufgezeigt; dennoch hilft

51 Vgl. Hemme, Märchenstraßen, S. 483.
52 Hemme, Märchenstraßen, S. 482.
53 Vgl. Illic / Steensma, Studienreisen, S. 91.
54 Meyer-Cech, Themenstraßen, S. 254.
55 Vgl. Schwarz/Mysliwietz-Fleiß, Reisen, S. 15.

ein Blick in die Motivation der Erlebniserwartung an den Geschichtstourismus bei der Einordnung des Verhältnisses von Erlebnis und Erkenntnis. „Der Urlaub fungiert als Gegenentwurf zum Alltag“[56], und dieses Bedürfnis, den gewöhnlichen Abläufen und Verpflichtungen zu entkommen, nährt die Erwartung, auf geschichtstouristischem Wege etwas völlig Anderes und Außergewöhnliches erleben zu dürfen. Valentin Groebner, der ebenfalls die Auffassung vertritt, dass der Geschichtstourismus durch das Bemühen, mit „Zeitreise“-Versprechen, Authentizitätsbeteuerungen, Geschichtsinszenierungen und Scheinwelten, die er „Retroland“ nennt, dieser Erwartungshaltung gerecht zu werden, historische Erkenntnis eher behindere, möglicherweise gar verstelle anstatt sie zu befördern, beschreibt die Erlebnisorientierung als Essenz touristischer Angebote: „Das Narrativ, auf dem der Tourismus beruht, ist das der Reise in die Zeit als Ort gesteigerter Empfindung: ein Ort, an dem der Besucher in die Vergangenheit eintauchen kann, ohne dass seine eigene Zugehörigkeit zur Moderne bedroht oder in Frage gestellt wird.“[57]

Aus den Kulturwissenschaften gibt es hingegen Befunde, dass das kulturelle Interesse von Menschen – wohl gerade auch in der Erwartung ungewöhnlicher Erlebnisse und im Bewusstsein geminderter zeitlicher Bedrängung – auf Reisen erheblich höher sei als im Alltag[58]. „Touristen begeben sich […] häufiger zu kulturellen Angeboten als im Alltag. Sie sind darum eine hochgradig relevante Nutzergruppe für die Fachlichkeit der kulturellen Bildung und Vermittlung. Das touristische Interesse richtet sich dabei besonders auf die Stätten des historischen Erbes sowie Museen und Ausstellungen in der Region.“[59] Eben diese Befunde will der Geschichtsdidaktiker Bernd Mütter für sein Konzept des HisTourismus nutzbar machen:

> „Reisen versetzt den Lernenden […] geradezu in einen neuen Aggregatzustand der Aufnahmebereitschaft. Die mit dem Reisen verbundene Handlungsorientierung motiviert […] weit über die verbreitete bloße Rezeption hinaus […] Reisen bietet spezifische historische Erkenntnismöglichkeiten, die bei anderen Vermittlungsformen der Geschichte in dieser Form nicht gegeben sind.“[60]

56 Stach, Geschichtstourismus, S. 7.
57 Groebner, Retroland, S. 175.
58 Vgl. Drews, Kulturtourismus, S. 25.
59 Ebd., S. 324.
60 Mütter, HisTourismus, S. 15.

In gerade diesem auch Erkenntnis motivierenden Potenzial liegt, wie die Fachliteratur immer wieder betont, auch einer der entscheidenden Vorteile der historischen Exkursion. Während Bernd Hey im Verlassen der für herkömmlichen Geschichtsunterricht oder Seminarbetrieb dienenden Räumlichkeiten das „entscheidende Kriterium“[61] sieht, verweist der Exkursionsdidaktiker Michael Klein – daran anknüpfend – auf die besondere motivationssteigernde Wirkung in der Praxis, „aufgrund der direkten Begegnung mit der realen Situation, eine hohe Anschaulichkeit mit konkreten Problemfragen und Strategien zu deren Lösung zu verbinden. Gerade die enge Verbindung von Lebensweltbezug, Aktualität und Anschaulichkeit führt zu einer gesteigerten Aufmerksamkeit und Lernmotivation“[62]. Aus der Geographiedidaktik ist zu vernehmen, dass insbesondere der hohe Grad an Selbsttätigkeit der Lernenden und Studierenden, der sich auch in den erweiterten Möglichkeiten des forschend-entdeckenden Lernens „mit allen Sinnen [in der] direkte[n] Begegnung mit dem Lerngegenstand“[63] manifestiert, eine positive Einstellung der Teilnehmer/innen zur Organisationsform der historischen Exkursion begünstige. Eben diese stark handlungsorientierten Verfahrensweisen auf der Exkursion führen zu einer gesteigerten Behaltenseffizienz[64], die eine „positive Selbstwirksamkeitserwartung“[65] nähre. In geschichtsdidaktischer Hinsicht lässt sich dieser Befund noch differenzieren: Nicht nur erfahren die Exkursionsteilnehmer/innen die „räumliche Bedingtheit“ geschichtlichen Geschehens besonders eindringlich, auch wohnt „der Eigenart der von der Exkursion aufgesuchten Quellen [...] eine besondere Motivationskraft [durch die sogenannte ‚Realbegegnung‘] inne“[66]. Nicht nur wird „‚Geschichte als Erlebnis‘ [...] durch die Reise zum und die Realanschauung am historischen Ort in einer ganz spezifischen Weise konkretisiert“[67]; auch kann

61 Hey, Historische Exkursion, S. 12.
62 Klein, Exkursionsdidaktik, S. 8.
63 Lößner Exkursionsdidaktik, S. 161.
64 Vgl. ebd., S. 9.
65 Ebd., S. 161.
66 Hey, Historische Exkursion, S. 178.
67 Mütter, HisTourismus S. 119.

umgekehrt die historische „Exkursion eine wertvolle Übung im richtigen Reisen“[68] sein.

3. Vergangenheit und Geschichte – was ist authentisch?

> „Die Vergangenheit ist unwiderruflich vorbei. Ob mehrere Jahrhunderte, Jahre oder nur Wochen zurückliegen, sie ist zwar [...] unterschiedlich weit weg, aber gleich unerreichbar, ein für immer unzugänglicher Zeitbezirk. Geschichte dagegen ist die Darstellung dieses Abwesenden. Sie muss erzählt und präsentiert werden, und deswegen hat sie [...] ziemlich lebendige Protagonisten. Geschichte spielt sich immer in der Gegenwart ihrer Erzähler und ihres Publikums ab.“[69]

Diese Bemerkungen sind Teil der Einleitung, mit denen Valentin Groebner seinen vor einigen Jahren erschienenen Beitrag zum „[t]ouristische[n] Geschichtsgebrauch“ eröffnete. Gleich zu Beginn seiner Ausführungen zielt er damit auf das oftmals kritisierte „Zeitreise“-Versprechen der Tourismus-Werbung, das dem ebenfalls nachdrücklich erhobenen Authentizitätsanspruch mindestens auf den zweiten Blick zuwiderläuft: Dass Zeitreisen nicht zu den realen Möglichkeiten menschlicher Aktivität gehören, muss nicht ernsthaft erörtert werden. Doch beides, die Zeitreise-Illusion wie auch das Authentizitätsversprechen, reagieren auf die bereits angesprochene, in der Postmoderne noch gesteigerte menschliche Sehnsucht nach „Anderzeiten und Anderweltlichkeit“[70], wie der Amerikanist Wolfgang Hochbruck es mit Blick auf die *Living History* ausdrückt, die Groebner in seiner vor wenigen Jahren erschienenen Studie ausdrücklich als Vergleichsphänomen zum Geschichtstourismus heranzieht[71]. Auch der Geschichtstourismus passt sich auf diese Weise der in der Postmoderne beobachtbaren Veränderung der Übermittlung historischen Wissens vom Text über das Bild zum Simulacrum an, durch die das Publikum aus der ehemals vorherrschenden Rezeption nun in eine alle Sinne erfordernde aktive Teilnahme wechselt[72], die allerdings – für geschichtstouristisches Destinationsmanagement wie auch für historische

68 Hey, Historische Exkursion, S. 178.
69 Groebner, Retroland, S. 408–409.
70 Hochbruck, Geschichtstheater, S. 81.
71 Vgl. Groebner, Retroland, S. 24.
72 Vgl. Hochbruck, Geschichtstheater, S. 8.

Exkursionen – zugunsten nachhaltigen Kenntniserwerbs in besonderem Maße auch eingefordert wird[73].

Was für Geschichtstouristinnen und -touristen im Sinne der Bedenken Groebners durchaus problematisch sein kann, wird hingegen bei Exkursionsteilnehmerinnen und -teilnehmern methodisch aufgefangen. In der Geschichtsdidaktik wird zu Recht Wert darauf gelegt, dass die historische Exkursion eingebunden ist in einen Lernprozess[74], in dem die Beschäftigung mit Geschichte vor Ort anhand von (meistens) gegenständlichen Überresten der Vergangenheit intensiv vorbereitet und ausführlich ausgewertet wird.[75]

Diese Gesamtkonzeption sowie die Integration historischer Exkursionen in ein Geschichtsstudium, in dem die geschichtstheoretischen Voraussetzungen bereits erworben werden konnten, so dass davon auszugehen ist, dass studentische Exkursionsteilnehmerinnen und -teilnehmer die Geschichte längst als gegenwartsgebundene Deutung einer unwiederbringlichen Vergangenheit begriffen haben, schützt vor den naiven Zeitreise-Verlockungen der Tourismusindustrie, ermöglicht aber andererseits eine intensiv handlungs- und projektorientierte Ausrichtung der Exkursionsveranstaltung mit hohen Anteilen von Selbsttätigkeit und entdeckend-forschendem Lernen der Teilnehmerinnen und Teilnehmer, deren Aktivität und Teilhabe auf diese Weise gesichert werden können.

Dennoch ist die von Groebner aufgeworfene Authentizitätsproblematik ernst zu nehmen. Er kritisiert den an die aufgesuchten Objekte gebundenen Authentizitätsbegriff und stellt fest, dass dieser nur in der Vergangenheit Gültigkeit habe beanspruchen können.[76] Die den touristischen Destinationen Substanz verleihenden architektonischen Zeugnisse seien selbst und gerade in restauriertem Zustand Ergebnisse eines „angewandten Zeitmanagements", durch das das Objekt einer bestimmten Phase seiner Existenz angenähert werde, „gereinigt von den unpassenden oder gar überflüssigen Teilen der Vergangenheit". Verdeckt würden auf diese Weise die „übereinandergelegten Zeitschichten"[77], die eigentlich durch historische Gebäude

73 Vgl. Hey, Historische Exkursion, S. 179–180.
74 Vgl. ebd., S. 179.
75 Vgl. Mütter, HisTourismus, Aufsatz, S. 63.
76 Vgl. Groebner, Retroland, S. 54.
77 Ebd., S. 165–167.

repräsentiert würden. Dieser Hinweis auf Geschichtsarrangements kann natürlich auch auf andere historische Zeugnisse übertragen werden, beispielweise das Präsentationsumfeld historischer Objekte im Museum. Sie sind im Übrigen kaum Resultate tourismusökönomischer Überlegungen, sondern viel eher Ergebnisse städteplanerischer, architektonischer oder ausstellungskuratorischer Entscheidungen und vermutlich mit Blick auf die nicht zuletzt immer durch Anschauung bedingte Erstellung historischer Narrative, also der Erzählungen, aus denen Geschichte besteht, genauso unvermeidbar wie unverzichtbar.

Entscheidend ist Groebners Hinweis auf einen zu verändernden Authentizitätsbegriff, der i. d. T. nicht nur innerhalb der Geschichtswissenschaft, sondern auch durch Stimmen aus anderen kulturwissenschaftlichen Disziplinen eine intensive Diskussion erfahren hat. So sind beispielsweise bereits aus der Soziologie mit Blick auf Historienfilme[78] und aus der Geschichtswissenschaft hinsichtlich der Darstellung in historischen Romanen[79] Ansätze zu einer Differenzierung des Authentizitätsbegriffs festzustellen, indem eine äußere, historische und eine innere, durch Glaubwürdigkeitsstrategien innerhalb der geschichtsbezogenen Erzählung gestützte und letztlich durch die Zuschauer/innen oder Leser/innen und in unserem Fall durch die Tourist/inn/en oder Bewohner/innen zu vollziehende Authentizität zu unterscheiden. In der Spur derartiger Perspektiven schlägt die Ethnologin Dorothee Hemme im Rekurs auf den Kulturwissenschaftler Hermann Bausinger vor, Authentizität nicht in den (ohnehin unwiederbringlichen) Ereignissen der Vergangenheit zu suchen, sondern in deren sozialer Konstruktion.[80] Ergänzend zu dieser Feststellung fügt Groebner hinzu, dass Authentizität auch „kein erforschbares Merkmal der historischen Überreste“[81] eben dieser Ereignisse sei. Aus der Geschichtsdidaktik wird im Anschluss an dieses Authentizitätsverständnis ergänzt, dass der historische Ort, den Tourist/inn/en oder Exkursionsteilnehmer/innen aufsuchen, ohnehin nicht die Totalität seiner Vergangenheit aufweisen kann, sondern allenfalls ein herausragendes historisches Fragment

78 Vgl. Wirtz, Das Authentische, S. 195.
79 Vgl. Kotte, Geschichte im Roman, S. 182 f.
80 Vgl. Hemme, Märchenstraßen, S. 23.
81 Groebner, Retroland, S. 54.

als übrigens entscheidenden Besuchsgrund aufweist. Entsprechend wird der „historische Ort [...] erst durch das Erkenntnisinteresse des Besuchers konstituiert“[82].

Damit werden aber auch Begriffe wie „Realbegegnung“[83] und „Realanschauung“[84], wie sie in der geschichtsdidaktischen Literatur – wenngleich in Anführungszeichen – zu finden sind, fraglich, denn so wenig wie ein von der Touristikwerbung versprochenes Eintauchen in die Vergangenheit möglich ist, ist eine Begegnung mit ihr oder eine unmittelbare Anschauung von ihr vorstellbar. Für Mütter ist es aus geschichtsdidaktischer Perspektive unabdingbar, das Bewusstsein von dem historischen Wandel unterliegenden Räumen zu vermitteln und die gegenwärtige Erscheinung des historischen Ortes und des ihn umgebenden Raums als „Ergebnis einer langen und oft widersprüchlichen und heute [...] nur noch fragmentarisch nachvollziehbaren Geschichte“, also in seinen Worten die „Verzeitlichung des Raumes“[85] zu erhellen: „[A]uch am historischen Ort ist die Zeit nicht stehen geblieben, gibt es eine heutige Lebenswelt“[86]. Dazu gehört dann auch die Aufdeckung der beispielsweise an einem historischen Bauwerk nachvollziehbaren zeitlichen Schichten, deren Verdeckung Groebner im Geschichtstourismus befürchtet. Eine Exkursion zu Zielen, an denen Überreste der Vergangenheit studiert werden können, soll über deren Analyse historische Rekonstruktion in der Gegenwart ermöglichen; Mütter spricht hier von „Verräumlichung der Zeit“. Durch die reale Anschauung und Untersuchung des historischen Objekts können auf analytischem Wege historische Erkenntnisse gewonnen werden; die von der touristischen Werbung versprochene Zeitreise erfolgt hingegen noch nicht einmal als Illusion, denn: „Durch Bewegung im Raum wird keine Verschiebung der historischen Zeit bewirkt.“[87] Die Begriffe der „Realanschauung“ und der „Realbegegnung“ beziehen sich also nicht auf vergangene Zusammenhänge umfassender Art, sondern lediglich auf das aus

82 Mütter, Raum, S. 69.
83 Hey, Historische Exkursion, S. 13.
84 Mütter, HisTourismus, S. 99.
85 Ebd., S. 102.
86 Ebd., S. 104.
87 Ebd., S. 103.

der Vergangenheit stammende Relikt, dessen Untersuchung vor Ort im Kontext des historischen Lernens die Exkursion als Organisations- und Unterrichtsform in besonderer Weise auszeichnet.[88]

Jenseits der Erzählungen gibt es keine historischen Orte, „[i]m Rohzustand [...] ist Vergangenheit nur als lückenhafter, heterogener und mehrdeutiger Bestand an Überresten greifbar“[89]. An den touristischen Destinationen oder einzelnen Exkursionszielen ist das Relikt aus der Vergangenheit lediglich ein Fragment, niemals ein umfassender historischer Zusammenhang[90], der nur durch das Mittel der Erzählung, durch die Geschichte hergestellt werden kann. Diese geschichtstheoretische Erkenntnis wird auch in anderen Disziplinen reflektiert; auch in der Raumplanung wird beispielsweise davon ausgegangen, dass etwa Themenstraßen ein geschichtsbezogenes Narrativ repräsentieren müssen, um als touristische Destinationen (oder auch als Gegenstand historischer Exkursionen) qualifiziert zu sein[91]. Erst die aus der Gegenwart in die Vergangenheit gerichtete sinnstiftende Erzählung ermöglicht den Zusammenhang der Fragmente; hier wird jene „narrative Grundstruktur“ sichtbar, die der US-amerikanische Geschichtstheoretiker Hayden White als einer der Stichwortgeber der neuen Kulturgeschichte auch in der Historiographie bereits in den 1970er Jahren erkannte[92] und mit seinem höchst umstrittenen Verdikt über die „Fiktion des Faktischen“[93] in der Geschichtsschreibung verband[94]. Für den Geschichtstourismus sind darüber hinaus

> „Geschichten über die Vergangenheit [...,] die sich in der kollektiven und individuellen Erinnerung abbilden, wichtig, denn: Im Tourismus [...] verschwimmen die Grenzen zwischen Fakt und Fiktion. Viele touristische Destinationen [...] greifen diese Bewusstseinsstrategie auf und basieren auf ‚(hi)storyscapes‘. In der bewährten Mischung aus Trend und Tradition locken sie mit den bekannten, klischierten und ikonisierten Elementen, die sich in der kollektiven Erinnerung

---

88 Vgl. Hey, Historische Exkursion, S. 15.
89 Groebner, Retroland, S. 20.
90 Vgl. Mütter, HisTourismus, S. 105.
91 Vgl. Meyer-Cech, Themenstraßen, S. 255 und 274.
92 Vgl. White, Metahistory, S. 10.
93 White, Fiktion, S. 145 und der Titel des Sammelbandes von White; „Auch Klio dichtet oder Die Fiktion des Faktischen“.
94 Vgl. Kotte, Neubewertung der Fiktion, S. 100.

eingenistet haben, und überraschen [...] mit den nicht erinnerten Verfeinerungen, lokalen Spezifika und postmodernen Übertreibungen“[95].

Für die Geschichtsdidaktik hingegen kommt es darauf an, gerade durch die Geschichte vor Ort in der Auseinandersetzung mit gegenständlichen Quellen, denen nicht selten auch noch ein erinnerungskultureller Wert in der besuchten Geschichtslandschaft zugeschrieben wird, regionale Narrative in ihrem Konstruktionscharakter zu erkennen und zu hinterfragen (Dekonstruktionskompetenz) sowie über Spuren historische Zusammenhänge zu thematisieren (Rekonstruktionskompetenz)[96].

4. Die Destination und der historische Ort – identisch?

Die Skepsis der Geschichtswissenschaft an touristisch aufbereiteten und mit vorgefertigten Narrationen versehenen historischen Orten besteht maßgeblich aufgrund der verdeckten Geschichtlichkeit und der Authentizitätsverheißung. Erstere ist allerdings i. d. R. kein Resultat touristischer Eingriffe in das historische Objekt, und letztere ist maßgeblich vom Erkenntnisinteresse und von der Rekonstruktionsleistung der Besucherinnen und Besucher abhängig. Im Rahmen der historischen Exkursion als Organisationsform institutionalisierter Geschichtsvermittlung in der Schule und an der Universität ist durch die Einbindung in den Lernprozess anzunehmen, dass in der Vorbereitung eine zentrale Fragestellung erarbeitet wird und in der Nachbereitung die angestrebte Rekonstruktionskompetenz (die mit der fachlichen Hinterfragung und Zerlegung vorgeformter Narrative einhergehen kann) zur Anwendung kommt. Nicht zwingend (zentraler) Inhalt, sicher aber historische Quelle und Vermittlungsmedium ist das am historischen Ort befindliche originale Objekt[97], das indes nicht problemlos zu deuten ist. Dieses repräsentiert eine eigene Geschichte als oftmals originales (wenngleich meistens an einem bestimmten Stadium seiner Existenz orientiertes und nicht gänzlich unverändertes) Einzelzeugnis, weist aber darüber hinaus auf Quellen derselben Gattung und auf übergeordnete historische Zusammenhänge, die es unter Nutzung

95 Hemme, Märchenstraßen, S. 477.
96 Vgl. Kuhn / Weipert, Region, S. 10.
97 Vgl. Hey, Historische Exkursion, S. 16.

weiterer schriftlicher oder bildlicher Überlieferung sowie Berücksichtigung wissenschaftlicher und weiterer Publikationen (unter denen auch Informationsmaterialien beispielsweise lokaler und regionaler Initiativen und Vereine sein können, die sich oftmals als einzige der kleinräumigen Geschichte, zumal eines Bauwerks oder einer kleineren Kommune, angenommen haben) zu rekonstruieren gilt. Die „Realbegegnung" wird in dieser intensiven Beschäftigung mit den (meist) gegenständlichen und (nur bedingt) originalen historischen Quellen gesehen, mit denen – ein weiteres motivierendes Moment – ein „notwendiges Gegengewicht gegen die Flut des gedruckten und bebilderten Papiers"[98] gebildet wird.

Zu dieser Beschäftigung gehört es auch, den ursprünglichen Funktionszusammenhängen der gegenständlichen Quellen nachzuspüren[99] und ihre „historischen Schichten"[100] aufzudecken, denn die funktionsabhängigen Veränderungen und die Umwidmungen eines historischen Gebäudes sind oftmals ähnlich interessant wie die Geschichte seiner Erbauung und ursprüngliche Zwecksetzung. Für die historische Exkursion reicht eben nicht die touristische Besichtigung; sie dient der intensiven Auseinandersetzung mit dem am Ort befindlichen historischen Zeugnis, der gegenständlichen Quelle in ihrem sicher mit der Zeit veränderten räumlichen Umfeld oder auch dem historischen Objekt, das in die museale oder archivalische Ausstellung integriert wurde. Von besonderer Herausforderung sind historische Orte ohne oder mit nur versteckten Spuren der Vergangenheit, etwa Schlachtfelder oder Wüstungen. Sie werden aufgrund ihrer sehr komplizierten Zugänglichkeit eher selten Ziele historischer Exkursionen sein, sind aber sehr wohl für benachbarte Fächer und Disziplinen interessant (Archäologie, Geographie, Ethnologie). Anders sieht es mit Exkursionszielen aus, an denen Ruinen, restaurierte oder sogar rekonstruierte Objekte bzw. ganze Ensembles[101], oftmals gegenwärtig in völlig neuen Funktionszusammenhängen, zu sehen sind. Gemeint sind auch einzelne Gebäude, etwa Herrenhäuser oder Heuerlingshäuser, aber auch historische Anlagen, z. B. Festungen und Befestigungen, oder historische

98 Ebd., S. 13.
99 Vgl. ebd., S. 14–15.
100 Mütter, HisTourismus, S. 102.
101 Vgl. ebd., S. 106–107.

Ensembles wie Altstädte und Burgen. Doch selbst in Museen und Archiven auffindbaren visuellen und schriftlichen Originalen wie Gemälden oder Urkunden „haftet in ihrer originalen Konkretheit noch etwas Gegenständliches, man möchte fast sagen Dreidimensionales an, das sie von ihren abgedruckten Ebenbildern unterscheidet“: Oftmals interessieren nicht nur die Inhalte, sondern auch das Material, die Farbgebung, Stempel und Siegel, ja sogar Flecken und Beschädigungen. „Eindruck und Auskunft von ihrer Geschichte [...] vermitteln historische Atmosphäre und regen zum Nachdenken und Nachforschen an“[102] – die Wissenschaft sprach immer wieder von der mittlerweile allerdings substanziell hinterfragten „Aura des Originals“[103]. Denn trotz der Fraglichkeit dieses Ausdrucks bleibt – darin ist Bernd Mütter Recht zu geben – die „Veranschaulichung und Vergegenwärtigung von Geschichte am historischen Ort [...] der wichtigste Vorteil“[104], den die historische Exkursion – teils unter Nutzung der durch den Geschichtstourismus begünstigten Pflege des historischen Erbes, der durch ihn forcierten Infrastruktur mit Unterkünften und Sonderkonditionen sowie des im Falle eines integrativ-partizipatorischen Modells bürgerschaftlichen Engagements in Geschichts- und Heimatvereinen mit ihren vielfältigen Aktivitäten bis hin zur Publikation von Informationen, wo es an wissenschaftlichen Untersuchungen mangelt – zu bieten hat.

Literaturverzeichnis

Brittner-Widmann, Anja: Geschichtstourismus (Heritage Tourism). In: Axel Dreyer / Christian Antz (Hg.): Kulturtourismus. 3., völlig neu bearb. Aufl. Berlin / Boston 2020, S. 189–198.

Faber, Karl-Georg: Was ist eine Geschichtslandschaft? In: Pankraz Fried (Hg.): Probleme und Methoden der Landesgeschichte. Darmstadt 1978, S. 390–424.

Drews, Katja: Kulturtourismus im ländlichen Raum an „dritten Orten“ der Begegnung als Chance zur Integration von Kultur- und Tourismusentwicklung. Eine Befragung von touristischen und einheimischen

102 Hey, Historische Exkursion, S. 13.
103 Weindl, ‚Aura‘ des Originals.
104 Mütter, HisTourismus, S. 107.

Kulturbesuchern in ländlichen Regionen Niedersachsens. Diss., Hildesheim 2017.

Groebner, Valentin: Retroland. Geschichtstourismus und die Sehnsucht nach dem Authentischen. Frankfurt a. M. 2018.

Groebner, Valentin: Touristischer Geschichtsgebrauch. Über einige Merkmale neuer Vergangenheiten im 20. und 21. Jahrhundert. In: Historische Zeitschrift 296 (2013). H. 2, S. 408–428.

Hemme, Dorothee: Märchenstraßen – Lebenswelten. Zur kulturellen Konstruktion einer touristischen Themenstraße. Diss., Berlin 2009.

Hey, Bernd: Die historische Exkursion. Zur Didaktik und Methodik des Besuchs historischer Stätten, Museen und Archive. Stuttgart 1978.

Hey, Bernd: Der Weg ist das Ziel: Historische Kulturrouten. In: Christoph Becker / Albrecht Steinecke (Hg.): Kulturtourismus in Europa: Wachstum ohne Grenzen? Trier 1993, S. 212–232.

Hochbruck, Wolfgang: Geschichtstheater. Formen der „Living History“. Eine Typologie. Bielefeld 2013.

Hucker, Bernd Ulrich / Kotte, Eugen: Geschichtslandschaften und spatial turn. In: Bernd Ulrich Hucker / Eugen Kotte (Hg.): Geschichtslandschaften. Berlin 2020, S. 9–27.

Illić, Frano / Steensma, Susanna: Studienreisen und Reiseleitung. In: Axel Dreyer / Christian Antz (Hg.): Kulturtourismus. 3., völlig neu bearb. Aufl., Berlin / Boston 2020, S. 81–94.

Klein, Michael: Exkursionsdidaktik. Eine Arbeitshilfe für Lehrer, Studenten und Dozenten. Balzmannsweiler 2010.

Kotte, Eugen: Geschichte im Roman. In: Mark Häberlein / Stefan Paulus / Gregor Weber (Hg.): Geschichte(n) des Wissens. Festschrift für Wolfgang E. J. Weber zum 65. Geburtstag. Augsburg 2015, S. 177–191.

Kotte, Eugen: Die Neubewertung der Fiktion in der deutschen Geschichtsdidaktik – auch eine Folge des cultural turn? In: Jürgen Joachimsthaler / Eugen Kotte (Hg.): Theorie ohne Praxis – Praxis ohne Theorie? Kulturwissenschaft(en) im Spannungsfeld zwischen Theorie, Didaktik und kultureller Praxis. München 2009, S. 99–118.

Kuhn, Bärbel / Weipert, Matthias: Region und außerschulische Lernorte. Zur Einführung. In: Bärbel Kuhn / Matthias Weipert (Hg.): Region und außerschulische Lernorte im Geschichtsunterricht. St. Ingbert 2019, S. 9–14.

Lößner, Marten: Exkursionsdidaktik in Theorie und Praxis. Forschungsergebnisse und Strategien zur Überwindung von hemmenden Faktoren. Weingarten 2011.

Lübbe, Hermann: Die Gegenwart der Vergangenheit. Kulturelle und politische Funktionen des historischen Bewußtseins. Vortrag gehalten vor der 16. Landschaftsversammlung am 16. März 1985 in Oldenburg. Oldenburg 1985.

Meyer-Cech, Kim: Themenstraßen als regionale Kooperationen und Mittel zur touristischen Entwicklung – fünf österreichische Beispiele. Diss., Wien 2003. URL: https://eisenstrasse.info/wp-content/uploads/2020/12/Diss-Meyer-Cech.pdf (22.08.2021).

Mütter, Bernd: HisTourismus. Geschichte der Erwachsenenbildung und auf Reisen. Bd. 1. Oldenburg 2008.

Mütter, Bernd: HisTourismus. Raum, Geschichte und historisches Lernen. In: Saskia Handro / Bernd Schönemann (Hg.): Raum und Sinn. Die räumliche Dimension der Geschichtskultur. Berlin 2014, S. 61–76.

Reulecke, Jürgen: Regionale Geschichtskultur und Kulturgeschichte der Region. In: Bärbel Kuhn / Matthias Weipert (Hg.): Region und außerschulische Lernorte im Geschichtsunterricht. St. Ingbert 2019, S. 15–20.

Sabrow, Martin: Der Raum der Erinnerung. In: Janina Fuge / Rainer Hering / Harald Schmid (Hg.): Gedächtnisräume. Geschichtsbilder und Erinnerungskulturen in Norddeutschland. Göttingen 2014, S. 17–32.

Schwarz, Angela / Mysliwietz-Fleiß, Daniela: Von der Reise zur touristischen Praxis. Geschichte als touristisches Reiseziel im 19. und 20. Jahrhundert – eine Einführung. In: Angela Schwarz / Daniela-Mysliwietz Fleiß (Hg.): Reisen in die Vergangenheit. Geschichtstourismus im 19. und 20. Jahrhundert. Wien / Köln / Weimar 2019, S. 15–24.

Schwerhoff, Gerd: Historische Raumpflege. Der „spatial turn" und die Praxis der Geschichtswissenschaften. In: Winfried Reininghaus / Bernd Walter (Hg.): Räume, Grenzen, Identitäten. Westfalen als Gegenstand landes- und regionalhistorischer Forschung. Paderborn / München / Wien / Zürich 2013, S. 11–27.

Stach, Sabine: Geschichtstourismus. Version: 1.0. In: Docupedia-Zeitgeschichte, 10.07.2020. URL: http://docupedia.de/zg/Stach_geschichtstourismus_v1_de_2020 (28.03.2021).

Weindl, Roman: Die „Aura“ des Originals im Museum. Über den Zusammenhang von Authentizität und Besucherinteresse. Bielefeld 2019.

White, Hayden: Die Fiktion der Darstellung des Faktischen. In: Hayden White: Auch Klio dichtet oder Die Fiktion des Faktischen. Studien zur Tropologie des historischen Diskurses. Aus dem Amerikanischen v. Brigitte Brinkmann-Siepmann und Thomas Siepmann. Stuttgart 1986 (Orig.: Tropics of Discourse. Essays in Cultural Criticism. Baltimore 1978), S. 145–160.

White, Hayden: Metahistory. Die historische Einbildungskraft im 19. Jahrhundert in Europa. Aus dem Amerikanischen v. Peter Kohlhaas. Frankfurt a. M. 1991 (Orig.: Metahistory. The Historical Imagination in Nineteenth Century Europe. Baltimore / London 1973).

Wirtz, Rainer: Das Authentische und das Historische. In: Thomas Fischer / Rainer Wirtz (Hg.): Alles authentisch? Popularisierung der Geschichte im Fernsehen. Konstanz 2008, S. 187–203.

Daniela Mysliwietz-Fleiß / Jan Pasternak

Geschichtstourismus als mediales Phänomen: Strategien der touristischen Aneignung „historischer" Orte und ihre Wechselbeziehungen im 19. und 20. Jahrhundert

Abstract: At a tourist destination with historical connotations, the tourist and the historical gaze unite, a process, in which the role of the media is of central importance. For it is only through medial construction that the 'histourical' gaze comes into being. The ideas of 'histourists' have been decisively shaped in a complex structure of permanent and mutual influence of media representations.

The article starts from the thesis that historical tourism, already at an early stage of its development in the 19th century, went beyond the mere journey to a historical place and subsequently produced numerous different forms of media processing that not only taught and supported a tourist behaviour, but furthermore even imitated it, as they were charged with historical-tourist narrative and visual practices as well as patterns of interpretation that carried the feeling of a journey into one's own home.

1. Einleitung: Geschichtstourismus als mediales Phänomen

Als der Maler Carl Spitzweg im Jahr 1832 Italien besuchte, begegnete er neben reizvollen Landschaften und malerischen Ruinen historischer Stätten vor allem einer neuen Art von Reisenden: Touristinnen und Touristen.[1]

1 Vgl. zur Geschichte des Begriffs Opaschowski, Tourismus, S. 14.

Dieser damals noch recht unbekannte Menschenschlag, der in seiner Anfangszeit vornehmlich aus England stammte, belagerte jene Orte, die bereits aus der *Grand Tour* des Adels bekannt waren, und erwarb sich durch die Art seines Auftretens recht bald den zweifelhaften Ruf, nur vorgefertigte Erlebnisse zu suchen statt mit offenen Augen eigene Entdeckungen zu machen.[2] Er hinterließ bei Spitzweg einen solch bleibenden Eindruck, dass er ihn nur wenige Jahre später zum Thema seines Gemäldes „Engländer in der Campagna“ (ca. 1835) machte (vgl. Abb. 1). Darauf ist zu sehen, wie sich eine Exkursionsgruppe aufmacht, einen besonderen Ort zu besichtigen, in diesem Fall einen, der – ausgewiesen durch die im Hintergrund platzierten Ruinen von Gebäuden – historisch aufgeladen ist. Einzelne Personen der insgesamt fünfköpfigen Gruppe sind mit für die Zeit typischen touristischen Utensilien ausgerüstet. Dazu zählen etwa der Wanderstock, den der Mann rechts im Bild unter dem Arm trägt, der Zeigestock, mit dem der Mann links auf ein vor ihm liegendes Ruinensegment verweist, die Sonnenhüte, die drei der Figuren tragen, der Klappstuhl zum kurzzeitigen Ausruhen während der Reise oder die Nutzung von Büchern mitten in der Natur. So ausgerüstet konnten sich die frühen Touristinnen und Touristen dem Ort in der Landschaft nähern, dort Zeit verbringen und sich die Geschichte des Ortes durch sein Durchwandern erschließen.

2 Vgl. für die Nachzeichnung der zunehmend negativen Konnotierung des Begriffs im Laufe des 19. Jahrhunderts Buzard, Beaten Track, S. 1. Spitzwegs Gemälde stellte eine vergleichsweise frühe zeitgenössische Kritik an dem Verhalten von Touristinnen und Touristen dar, die sich im weiteren Verlauf des 19. Jahrhunderts in zahlreichen künstlerischen und literarischen Werken manifestierte. Zu den bekanntesten dieser Kritiken zählte zu Beginn des 20. Jahrhunderts Edward Morgan Forsters Roman „A Room with a View“. Insbesondere im Kapitel „In Santa Croce with no Baedeker“ karikiert Forster explizit die Unfähigkeit der Reisenden, auch nur ein sehenswertes Detail ohne Reiseführer erkennen zu können. Vgl. Forster, Room, S. 29 f.

Abb. 1: Carl Spitzweg: Engländer in der Campagna. Öl auf Papier, auf Karton kaschiert, ca. 1835. In: Staatliche Museen zu Berlin, Preußischer Kulturbesitz (Hg.): Alte Nationalgalerie. Ident. Nr. A II 505. URL: https://id.smb.museum/object/966408/ (15.02.2023). © Foto: Staatliche Museen zu Berlin, Nationalgalerie / Jörg P. Anders. Veröffentlicht unter der CC BY-NC-SA 4.0 Lizenz (URL: https://creativecommons.org/licenses/by-nc-sa/4.0/).

Doch wie wird dieser Ort als touristische Attraktion, in diesem Fall konkret als historische Stätte markiert, so dass er überhaupt erst als solche erkannt werden kann? Woher weiß der Tourist, weiß die Touristin, was wie zu betrachten ist? Wie wird das touristische Erlebnis möglich, werden aus Mauerresten Ruinen, die vorgeben, ihre Betrachterinnen und Betrachter in eine längst vergangene Zeit eintauchen zu lassen? Der zentrale Mechanismus, der in solchen Fällen wirkt, wird in der Forschung als *Tourist Gaze*[3] bezeichnet. Damit ist der Blick auf Settings gemeint, die

3 Vgl. Urry, Tourist Gaze, S. 1–15.

als bewusste touristische Arrangements geschaffen wurden. Er rückt das Inszenierte in den Vordergrund, während der Charakter des jeweiligen Schauplatzes an sich oder seine ursprüngliche Bestimmung in den Hintergrund gerät. Der touristische Blick ist dabei nicht nur eine physische Sinnes-, sondern ebenso eine geistige Interpretationsleistung, die in einem performativen Akt gewöhnliche Orte in touristische Räume verwandelt. Er beinhaltet somit das Wissen, was die Touristin bzw. der Tourist sehen soll und wie er oder sie es zu bewerten hat.

Für die Wahrnehmung historischer Sachverhalte lässt sich ein vergleichbares Phänomen ausmachen: der „historisierende Blick“[4]. Er entsteht beim Betrachten von alten Dingen, von Überresten der Vergangenheit und kreiert dabei eine überzeugende Atmosphäre von Geschichtlichkeit.[5] An einem als historisch konnotierten Reiseziel treffen touristischer und historisierender Blick aufeinander und vereinigen sich zu einem geschichtstouristischen.[6] Diese Konstruktion eines geschichtstouristischen Blicks lässt sich auch bei den Touristinnen und Touristen in der Campagna in Spitzwegs Bild erkennen. Es sind vor allem zwei Elemente, die dabei hervorragen: einmal der Mann ganz links, der offenbar als eine Art Reiseführer fungiert und den anderen Mitgliedern seiner Gruppe durch seine Zeigegesten den Blick weist, wohin sie zu schauen, auf was sie zu achten haben. Das andere Element ist das gut erkennbare handliche Büchlein, auf das sich vor allem der Blick der zweiten Person von links noch viel eher richtet als auf den Ort in der Natur direkt vor ihren Augen. Der gedruckte Reiseführer, denn um diese in den 1830er Jahren verstärkt aufkommende Literaturgattung handelt es sich, wies den Reisenden vor Ort nicht nur den Weg, sondern auch den Blick auf ein Gebäude bzw. dessen Überreste und ließ diese damit erst zur Sehenswürdigkeit werden. Aus den Ruinen eines alten Bauwerkes am Wegesrand, das möglicherweise unbeachtet geblieben wäre, wurde eine historische Stätte. Der geschichtstouristische Blick ist somit medial konstruiert und vermittelt. Er bedarf eines Mediums,

4 Das Konzept des *Historical Gaze* wurde im angelsächsischen Sprachraum geprägt. Vgl. dazu vor allem de Groot, Remaking History, S. 174.

5 Vgl. Schwarz, Pastness, S. 40 f.

6 Vgl. zu der für die nachfolgenden Ausführungen grundlegenden Konzeption von Geschichtstourismus die Definition von Angela Schwarz in diesem Band. Vgl. ebenso Schwarz / Mysliwietz-Fleiß, Von der Reise, S. 24.

ganz gleich, ob es sich dabei um einen menschlichen, einen gedruckten oder heute einen digitalen Reiseführer handelt, mit dessen Hilfe die Touristinnen und Touristen vorgegeben bekommen, was sie im Verlauf einer Reise wie zu betrachten haben, welche Wissensbestände sie aufnehmen sollen und welches bereits vorhandene Wissen bestätigt werden soll. Die Rolle, die den Medien in der Schaffung solcher geschichtstouristischer Orte und Räume zukommt, ist daher von zentraler Bedeutung für die Definition und das Verständnis von Geschichtstourismus. Eine Vielzahl von Medienprodukten begleitet nicht nur das Erlebnis vor Ort, sondern konstituiert schon im Vorfeld des Besuchs touristische Blicke, hilft dabei, touristisches Verhalten einzuüben, oder kann sogar die tatsächliche Reise durch eine „Sesselreise", also durch die Lektüre touristisierender Medienprodukte im heimischen Lesesessel, ersetzen.[7]

Zahlreiche unterschiedliche Medien erzeugten in den vergangenen gut 150 Jahren unzählige Texte und Bilder[8], anhand derer sich veranschaulichen lässt, wie Geschichte konkret in touristischer Form popularisiert wurde, und wie sie sich in unterschiedlichen Präsentationsformen ausgebreitet und weiterentwickelt hat. Ihnen gemein ist, dass sie ihre Inhalte zumeist aus bereits bestehenden Popularisierungen von Geschichte übernommen haben. Dies entspricht dem Wesen des touristischen Blicks, der seine Vorstellungen zunächst selbst schafft und sie anschließend rezipieren lässt.[9] Vorhandene Wissensbestände über historische Orte oder Ereignisse

7 Die Vorstellung, eine Reise durch die Lektüre eines Buchs aus dem heimischen Wohnzimmersessel heraus durchführen zu können, ist bereits für das mittlere 19. Jahrhundert belegbar. Exemplarisch sei auf die „Kaminreisen" Léon Forsters verwiesen, der in seinem Vorwort ausdrücklich diese Art des Reisens thematisiert. Vgl. Forster, Voyages, S. xif. Vgl. auch zum Begriff des „Sesselreisenden" (engl.: „armchair-traveller") Lehni, Never the Twain Shall Meet, S. 59. Vgl. zur Ausweitung des Konzepts auf historische Kontexte Scheidt, Spots, S. 100.

8 Ebenso gehören Töne und Bewegtbilder dazu. Diese bilden aber nicht den Untersuchungsgegenstand dieses Beitrags.

9 Vgl. Urry, Tourist Gaze, S. 12. Die Übernahme von älteren Bildmotiven vor allem aus der Malerei in einen touristischen Kontext ist in der Forschung gut belegt. Dies gilt für die Konstruktion des touristischen Blicks generell und geht über die Wiedergaben historischer Motive hinaus. Vor allem die Darstellung von romantisch verklärter oder als erhaben wahrgenommener Natur spielt hier eine wichtige Rolle. Vgl. Löfgren, Wish you were here, S. 96.

werden so „touristifiziert". Einmal als (geschichts-)touristische Medien etabliert, wirken diese in einer engen Wechselbeziehung auf andere touristische Medien ein und lassen ein komplexes Gefüge sich permanent gegenseitig beeinflussender Angebote entstehen, die die Vorstellungen von Touristinnen und Touristen maßgeblich prägen.

Der Beitrag geht von der These aus, dass Geschichtstourismus bereits in einem frühen Stadium seiner Entwicklung im 19. Jahrhundert über die reine Reise an einen historischen Ort hinausreichte und in der Folge zahlreiche unterschiedliche mediale Aufbereitungsformen hervorbrachte, die ein touristisches Verhalten nicht nur lehrten und unterstützten, sondern es darüber hinaus sogar imitierten, da sie mit geschichtstouristischen Erzähl- und Blickpraktiken sowie Deutungsmustern aufgeladen waren, die das Gefühl einer Reise in die eigenen vier Wände trugen.

Besonders anschaulich lässt sich dieser medial inszenierte Geschichtstourismus an Orten mit einer frühen und bis heute andauernden Aufladung als geschichtstouristischer Hot Spot zeigen, so wie es beispielsweise bei der Stadt Venedig der Fall ist. Sie stellt nicht nur ein Reiseziel ersten Ranges dar, sondern besitzt eine geschichtstouristische Verklärung, deren Wurzeln bereits deutlich vor dem in der Mitte des 19. Jahrhunderts aufkommenden modernen Massentourismus lagen.[10] Zudem wurde Venedig spätestens bis zur Mitte des 19. Jahrhunderts massentauglich in verschiedenen Medien aufbereitet, so dass neben der tatsächlichen Reise in die Lagunenstadt an der Adria ebenso eine Entdeckung ihrer historischen Attraktionen von der heimischen Wohnung aus allein durch den Konsum geeigneter Texte und Bilder möglich war.

Der Analyse des Beispiels vorangestellt wird eine Aufteilung des Geschichtstourismus in vier unterschiedliche Kategorien, in denen dieser medial transportiert werden kann, und anhand derer sich die verschiedenen Strategien der historischen Aufladung und der Touristifizierung von Orten, Objekten und Ereignissen demonstrieren lassen.

10 Vgl. Ackroyd, Venice, S. 234 f.

2. Kategorien des medial vermittelten Geschichtstourismus

Einleitend war bereits die Rede von den vielfältigen Medien, die ein geschichtstouristisches Erleben erst ermöglichen. Um diese identifizieren und analysieren zu können, müssen jene Elemente herausgearbeitet werden, mit denen ein touristisches Erleben von Vergangenheit konstruiert wird. Dafür wird im Folgenden eine Reduktion auf fünf zentrale touristische Handlungsformen vorgeschlagen: Anregen, Planen, Anleiten, Erfahren und Erinnern sind die Schlagworte, die mit einer typischen touristischen Erfahrung verbunden werden können. Sie können von Touristinnen und Touristen auf der zeitlichen Ebene *vor*, *während* oder *nach* einer Reise durchgeführt werden, wobei mit dem Begriff der „Reise" gleichermaßen die tatsächlich unternommene Fahrt an einen konkreten Ort und der rein mediale Nachvollzug von Reiseerlebnissen durch den Konsum geeigneter Medien gemeint ist. Kombiniert man die fünf handlungsorientierten und drei zeitlichen Aspekte miteinander, lassen sich daraus vier Kategorien herausfiltern, mit denen sich Medien des Geschichtstourismus klassifizieren lassen: Reiseanregung, Reiseanleitung, Reiseerfahrung und Reiseerinnerung. Ihre Benennung ist das Ergebnis einer umfassenden Betrachtung verschiedener historisch konnotierter, touristisch-medialer Angebote, die nachfolgend anhand musterhafter Beispiele eingehender vorgestellt werden. Dabei lassen sich einzelne Medien durchaus verschiedenen Kategorien zuweisen, abhängig davon, welchen konkreten Zweck sie unter der Perspektive der sie betrachtenden Reisenden erfüllten. Es lässt sich annehmen, dass sich dabei eine Wechselwirkung der Medien untereinander ergab, durch die gleichermaßen die verwendeten Motive als auch deren geschichtstouristische Aufladungen von einem Medium ins nächste übertragen wurden. Das führte wiederum insgesamt zu einem harmonischen und geschlossenen Bild historisch-touristischer Orte bei den Rezipientinnen und Rezipienten. Dabei würde es sich dann um jene Mischung aus dem touristischen und dem historisierenden Blick handeln, die für das populäre Verständnis einer vorgeblich wahren und authentischen Geschichte so unerlässlich ist.

Ausschließlich vor der Reise genutzte Medien gehören zur Gruppe der *Reiseanregung*. Sie machen neugierig auf fremde Orte, regen den tatsächlichen Besuch oder zumindest die weitere mediale Auseinandersetzung mit ihnen an. Dabei wecken sie Sehnsüchte und animieren die potenziellen Touristinnen und Touristen zur Teilnahme an touristischen Angeboten, ersetzen aber nicht die tatsächliche physische oder mentale Reise. Gleichzeitig vermitteln sie Wissen darüber, was im Sinne des (geschichts-)touristischen Blicks als (historischer) Ort zu gelten hat, was ihn auszeichnet und woran er zu erkennen ist. Zur Reiseanregung zählen alle Arten von Reisewerbung, von der textlichen Zeitungswerbung über das Bild auf der Plakatwand bis hin zum Fernsehwerbespot. Ebenso dazu zu rechnen sind Kataloge von Reiseanbietern und jegliche Formen touristischer Angebote auf den einschlägigen Onlineplattformen vom kleinen Reisebüro bis zum global agierenden Reiseportal. Darüber hinaus gehören noch weitere Medienarten in diese Kategorie, die direkt oder indirekt Interesse an einem geschichtstouristischen Ort wecken können. Hierzu zählt vor allem die Bildpostkarte, sofern diese über die gezeigten Abbildungen mit dem jeweiligen historischen Ort verbunden ist. Denn indem sie von Touristinnen und Touristen vor Ort in die Welt versendet wird, ist sie ein Werbeträger für die auf ihr abgebildeten Orte oder Sehenswürdigkeiten und kann bei Empfängerinnen und Empfängern Interesse an touristischen Orten wecken, so wie es auch private Urlaubsfotos aus dem Freundeskreis vermögen, die – in dieser Präsentationsform verwendet – noch eine weitere Variante der Reiseanregung darstellen.

Als *Reiseanleitung* können alle Medienprodukte gelten, die vor oder während einer Reise genutzt werden, und deren Aufgabe es ist, den Reisenden bei der Planung und der Durchführung der Reise eine Hilfestellung zu geben. Aspekte wie das Festlegen der Reiseroute oder die Auswahl der zu besichtigenden Sehenswürdigkeiten gehören in den Bereich der Vorbereitungen, während das Anleiten der Besucherinnen und Besucher mit konkreten Anweisungen, wohin man gehen und blicken soll, was von dem, was man sieht, wie wichtig ist und wie dies sich in den Kontext der Besichtigung einfügt, nur im Wechselspiel mit dem jeweiligen Ort möglich wird. In beiden Fällen leisten Reiseanleitungen über ihre Vorgaben und Empfehlungen eine Lenkung der jeweiligen touristischen Erfahrung. Sie prägen die Reisenden vor und erzeugen eine bestimmte Erwartungshaltung. Allerdings können sie die eigentliche Reise ebenso wenig ersetzen wie die Reiseanregung. Sie sollen aber auch nicht wie diese nur neugierig machen, sondern dienen als konkrete Anleitung dafür, dass die Touristinnen und

Touristen vor Ort die zu besichtigenden Objekte als geschichtstouristische Sehenswürdigkeiten wahrnehmen. Die ohne Zweifel bekannteste Form solcher Anleitungen ist der Reiseführer, sei es nun die klassische Version als gedrucktes Buch, wie etwa der „Baedeker", oder eine andere Ausprägungsform, von der von einem Menschen geführten Tour über den Audio-Guide bis hin zur *Augmented Reality*-Erfahrung über das eigene Smartphone. Kennzeichnend für die Reiseanleitung ist, dass sie vor allem vor einer Reise zur Vorbereitung auf dieselbe oder während der Reise als unmittelbare Handlungsanleitung für das geschichtstouristische Agieren vor Ort genutzt wird. Formal besitzt die Anleitung einen stark dokumentarisch anmutenden Charakter und gibt vor, exakt definierte und unumstößlich gültige geschichtstouristische Wissensbestände zu vermitteln.

Mediale Angebote, die als Ersatz für das Reiseerlebnis vor Ort genutzt werden, können zur Kategorie der *Reiseerfahrung* gerechnet werden.[11] Da sie anstelle der eigentlichen Reise konsumiert werden, liegt ihr Gebrauch zeitlich *während* der Reise. Im Unterschied zur Reiseanleitung, die assistierend wirkt und daher nicht ohne Anwesenheit vor Ort funktioniert, können die Medien aus dieser Gruppe die Suggestion erwecken, die Reise als Ganzes ersetzen zu können.[12] Sie machen auch nicht nur neugierig wie die Reiseanregung, sondern ermöglichen es den Rezipientinnen und Rezipienten, die geschichtstouristische Erfahrung in den eigenen vier Wänden zu erleben.[13] Zu den Medien, die solche „Sesselreisen" ermöglichen, gehören beispielsweise die klassische textliche Reisereportage, die in

11 Die Reise selbst und ihr Erleben würden ebenfalls als Reiseerfahrung gelten. Da diese allerdings rein persönlich sind, spielen sie in diesem Kontext, in dem es um medial vermittelten Geschichtstourismus geht, keine Rolle.

12 Wie vollständig eine solche Erfahrung sein kann, hängt immer vom Umfang und der Intensität ab, mit denen die jeweiligen Medien ihren Stoff vermitteln. Das gilt aber ebenso für eine tatsächliche Reise, denn auch deren Vollständigkeit hängt stark von der Reisedauer und dem Umfang bzw. der Intensität des Reiseprogramms ab.

13 Ausgeklammert bleibt an dieser Stelle die Reise an einen Ort, an dem dann ein gänzlich anderer Ort besichtigt wird. Ein typisches Beispiel dafür wären Reisen zu Weltausstellungen, auf denen dann unterschiedliche Inszenierungen aus allen Teilen der Welt betrachtet werden konnten. Damit ließe sich das touristische Erleben noch um eine weitere Ebene ergänzen. Vgl. Schwarz, Destination, S. 48–54.

kurzer Form in Zeitschriften und als langer Bericht in Buchform existiert. Visuelle Reportagen sind ebenfalls dieser Kategorie zuzuordnen, ebenso multimodale Mischformen aus Texten und Bildern, wie sie etwas für die Berichte in illustrierten Zeitschriften weit verbreitet waren.[14] Bilder und speziell die Fotografie, die gegen Ende des 19. Jahrhunderts immer mehr die früheren Abbildungsformate ersetzte, besaßen schon damals einen wichtigen Stellenwert in der touristischen Erfahrung.[15] Im Unterschied dazu kann die Reiseanleitung viel leichter auf eine Bebilderung verzichten, weil in ihrem Fall die notwendigen Bilder durch die Anwesenheit der Touristinnen und Touristen vor Ort generiert werden können. Damit etabliert sich die Reiseerfahrung auf medialer Ebene als Gegenpol zur Reiseanleitung für den Konsum, der nicht vor Ort stattfindet, sondern klassischerweise als mentale Reise im heimischen Wohnzimmer.

Auch im Anschluss an eine tatsächliche oder imaginierte Reise lässt sich das durch sie transportierte Erlebnis von Geschichte noch medial erfassen und konsumieren. Diese Medien lassen sich dann der Kategorie der *Reiseerinnerung* zuschreiben und tragen wesentlich zur Verfestigung von (geschichts-)touristischen Erfahrungen bei, denn sie bilden die mediale Konservierung der Erfahrungswerte der jeweiligen Reise. Es sind jene Dinge, die Menschen sich während einer geschichtstouristischen Erfahrung bewusst oder unbewusst aneignen, stets mit der – wiederum bewussten oder unbewussten – Absicht verbunden, sich später über diese geschaffenen Medien an die Reise erinnern zu können. Neben Urlaubsfotos und -videos, die den wohl größten Anteil in dieser Kategorie ausmachen, gehören aber auch Reisetagebücher oder Souvenirs in diesen Bereich. Zu letzteren können dann auch die primär in anderen Kategorien beheimateten Reiseführer oder Bildpostkarten gehören, sofern diese nach der Reise als Erinnerung an dieselbe genutzt werden.

Geschichtstouristisch aufgeladene Medien lassen sich folglich in Abhängigkeit ihrer konkreten Nutzung unterschiedlichen Kategorien zurechnen und stehen in einer engen Wechselbeziehung zueinander. Die Kategorisierung erlaubt eine Konzentration auf die zeitlichen und

14 Vgl. Bucher, Mehr als Text mit Bild, S. 26–73.
15 Vgl. zur visuellen Kultur des 19. Jahrhunderts mit ihrer neuartigen Bilderflut Prinz, Praxis, S. 17 f.

handlungsorientierten Aspekte des medialen Geschichtstourismus, die eine Fokussierung auf ein einzelnes Medium aufgrund dessen mehrfacher Nutzbarkeit nicht leisten kann. Welche Strategien der Touristifizierung historisch konnotierter Orte sich aus diesen Kategorien ableiten lassen, wird nachfolgend anhand ausgewählter Muster zur geschichtstouristischen Aufladung der Stadt Venedig seit der Mitte des 19. Jahrhunderts untersucht. Damit offenbaren sich gleichermaßen die Funktionsweisen solcher Konstruktionen und die Art und Weise, wie der spezifische geschichtstouristische Blick auf die jeweilige historische Stätte bei den Touristinnen und Touristen eingeübt und verifiziert wird.

3. Strategien der Geschichtstouristifizierung

Die Stadt Venedig konnte bereits auf eine lange Geschichte als Reiseziel zurückblicken[16], bevor ihr Niedergang als See- und Handelsmacht einsetzte. Als die Stadtoberen der ehemaligen Adelsrepublik zunächst unter französischer und später dann österreichischer Herrschaft in der ersten Hälfte des 19. Jahrhunderts nach Möglichkeiten suchten, die städtischen Einkünfte zu verbessern und Alternativen zum Levante- und Überseehandel zu schaffen, ergriffen sie die Chance, die sich aus der steigenden Italienbegeisterung in den europäischen Mittelschichten ergab, die ihrerseits der schon in der Frühen Neuzeit etablierten adeligen Grand Tour nacheiferten. Dabei spielten sowohl konkrete Ereignisse und deren mediale Aufbereitung eine wichtige Rolle, so etwa für den deutschsprachigen Raum Goethes Italienreise, als auch die Erinnerungen französischer oder österreichischer Soldaten, die als Besatzungstruppen in der Stadt gewesen waren und deren Schilderungen über die Schönheit Venedigs und seine unzähligen historischen Bauten Einfluss darauf nahmen, dass die Stadt sich als ein interessantes Reiseziel in den Köpfen vieler Menschen festsetzen konnte.

Wie stellen sich diese Vorstellungen nun in den Kategorien der Reiseanregung, Reiseanleitung, Reiseerfahrung und Reiseerinnerung dar? Welchen jeweils spezifischen Anteil an den geschichtstouristischen Konstruktionen Venedigs offenbaren sie?

---

16 Vgl. Ackroyd, Venice, S. 234–236.

3.1 Reiseanregung: Venedig auf Bildpostkarten

Eine der frühesten Formen der Reiseanregung sind nicht etwa die direkten Medien der Reisewerbung wie etwa Reiseprospekte oder Werbeanzeigen in Zeitungen und Zeitschriften, sondern Bildpostkarten. Bereits im späten 19. Jahrhundert prägten und verbreiteten sie als visuelles Medium massenhaft Blicke und Ansichten von bestimmten geografischen Orten, von Landschaften oder Bauwerken. Ihrem Zweck gemäß wurden sie postalisch versandt und transportierten so ihre Bilder in alle Welt. Da sie günstig in Massen herzustellen waren, trugen sie wesentlich zur Popularisierung der auf ihnen gezeigten Motive bei. Zugleich konnten sie als wichtige Werbeträger gelten, weil sie zumeist privat versendet wurden. Entsprechend wurden sie so weniger als Marketing wahrgenommen, sondern galten mehr als vermeintlich authentische Empfehlungen der Absendenden. Somit etablierten sie sich als potenzielle Anregung zur Reise. Dass Bildpostkarten dennoch von denen, die sie erzeugten und vertrieben, mit einer klar werbenden Absicht in Umlauf gebracht wurden – abgesehen von der Tatsache, dass sie in touristischen Hochburgen ein wichtiger Wirtschaftsfaktor waren –, liegt auf der Hand. Seit private Verleger beispielsweise im deutschen Kaiserreich im Jahr 1885 erstmals Bildpostkarten herausgeben durften, begriffen Städte, Hotels, Restaurants und Firmen schnell die Werbewirkung einer solchen Ansichtskarte und begannen damit, diese für ihre Zwecke einzusetzen, wobei der werbende Charakter für den jeweiligen Ort eine nicht zu unterschätzende Rolle einnahm.[17] Die so mit einer Werbebotschaft aufgeladenen Bildpostkarten, die im Laufe einer Reise abgeschickt wurden, konstruierten die abgebildeten Motive als potenzielle touristische Ziele für Absendende und Daheimgebliebene gleichermaßen.[18] Sie taten dies umso effektiver, als sie recht schnell zu einem Objekt wurden, das bis in die Gegenwart umfangreiche Sammlungen hervorgebracht hat. Sammelalben mit Postkarten zu füllen, wurde direkt mit dem Aufkommen dieses Mediums zu

---

17 Vgl. Kaufmann, Postkarte, S. 399–437; Löfgren, Wish you were here.

18 Dass diese Medien gleichzeitig von Menschen als Erinnerung an die eigene Reise erworben und als Souvenir mit nach Hause genommen werden konnten, demonstriert lediglich, dass einzelne Medien durchaus in mehreren Kategorien wirksam sein konnten.

einer Möglichkeit, die weite Welt zu sich nach Hause zu holen, sie zu ordnen, narrativ zu verbinden, gar zu kontrollieren und sie auszustellen. Gleichzeitig war der Besitz einer Postkartensammlung ein Statussymbol des vor allem bildungsbürgerlichen Mittelstands, dass zu jeder möglichen Gelegenheit hervorgeholt und im Familien-, Freundes- und Bekanntenkreis gezeigt wurde. Dadurch erhielten die Motive auf Postkarten einen Einfluss, der weit über die ursprüngliche Käuferschaft hinausging und dabei länger und intensiver wirkte.[19]

Blickt man auf das, was es schon früh im 20. Jahrhundert von Venedig auf Bildpostkarten zu sehen gab, so findet man zahlreiche bekannte Perspektiven auf ebenso bekannte Sehenswürdigkeiten der Stadt. Der Markusdom und sein Campanile vom westlichen Ende des Markusplatzes aus betrachtet, gehören unzweifelhaft dazu, wie hier auf einer Postkarte zu sehen, die im Februar 1906 versandt wurde (vgl. Abb. 2).

19 Vgl. Kaufmann, Postkarte, S. 410.

Abb. 2: Sammlung Anon. 1: Venezia – Piazza e Basilica di S. Marco, Postkarte, gelaufen 26.02.1906. In: Dietrich Helms (Hg.): Historische Bildpostkarten. Sammlung Prof. Dr. Sabine Giesbrecht. ID: os_ub_0018573. URL: https://bildpostkarten.uni-osnabrueck.de/frontend/index.php/Detail/objects/os_ub_0018573 (15.02.2023). Abgedruckt mit freundlicher Genehmigung des Archivs „Historische Bildpostkarten – Universität Osnabrück“ (Sammlung Anon. 1), URL: https://bildpostkarten.uni-osnabrueck.de/ (15.02.2023).

Das Foto zeigt gut erkennbar die Hauptfassade von Venedigs größter Kirche mitsamt dem rechts im Bild freistehenden Glockenturm. Ebenso sind der deutlich kleinere Uhrenturm am linken Bildrand und ein Ausschnitt des Dogenpalastes links neben dem Campanile zu erkennen. Durch die erhöhte Perspektive, die die Fotokamera und mit ihr die Betrachterinnen und Betrachter einnahmen, stehen nicht die Menschen auf dem Platz, sondern seine Weite und die Gesamtschau der bekannten Bauten an seinen Rändern im Fokus. Dabei greift die Fotografie auf der Postkarte Sehgewohnheiten auf, die – ebenso wie das Motiv des Markusplatzes selbst – bereits auf Gemälden aus dem 18. Jahrhunderts[20] oder noch früher[21] zu finden waren.[22] Bewusst oder unbewusst wurden hier etablierte visuelle Vorstellungen eines historisch konnotierten Ortes aufgegriffen und weiter transportiert. Touristinnen und Touristen übten so den touristischen Blick ein, und schufen jene Erwartungshaltung, deren Bestätigung sie dann im Verlauf der Reise suchten. Für ein Medium der Reiseanregung ist diese Wahl eines Standpunktes mit besserem Überblick überdies sinnvoll, sollten die Betrachtenden doch einen möglichst überschaubaren Eindruck davon erhalten, was sie vor Ort erwartet, wenn sie sich für eine Reise nach Venedig entschieden.

Bemerkenswert ist darüber hinaus die Wahl des Mediums der Fotografie zur Illustration der Bildpostkarte. Während in vielen anderen Printmedien des späten 19. und frühen 20. Jahrhunderts vielfach noch Zeichnungen und Stiche abgedruckt wurden[23], verwendeten insbesondere lokale Fotofachgeschäfte als wesentliche Produzenten von Bildpostkarten bereits früh die Technik der Fotopostkarte[24] und nutzten damit die Möglichkeit, ein in Massen günstig herstellbares touristisches Artefakt

20 Verwiesen sei hier beispielhaft auf ein Gemälde von Giovanni Antonio Canal, das auf die späten 1720er Jahre datiert wird. Vgl. Canaletto, Piazza San Marco.

21 So etwa das Gemälde „Prozession auf dem Markusplatz" von Gentile Bellini aus dem Jahr 1496. Vgl. Bellini, Processione.

22 Auf die enge Verbindung zwischen Malerei und der touristisch genutzten Postkarte wird in der Forschung immer wieder hingewiesen. Vgl. Mandel, Wunschbilder, S. 79; Löfgren, Wish you were here, S. 96.

23 Vgl. für die Verwendung von Holzstichen statt Fotografien in illustrierten Zeitschriften Gebhardt, Illustrierte Zeitschriften, S. 52 f.

24 Vgl. Willoughby, Geschichte der Postkarte, S. 44.

zu schaffen[25], das ein standardisiertes, technisch perfektioniertes und dadurch vermeintlich authentisches Bild präsentierte. Gerade die Fotografie suggerierte in diesem Fall eine Echtheit wie kein anderes Medium des 19. Jahrhunderts[26] und trug wesentlich dazu bei, die Vorstellung einer allgemeingültigen Wirklichkeit eines touristischen Ortes zu schaffen, die von denjenigen, die die Bilder sahen, als verbindlich angesehen und akzeptiert wurde.[27] Genau so sieht es vor Ort aus, schien das Bild zu sagen und unterstrich damit den werbenden und zugleich anregenden Charakter, den die Postkarte besaß. Ihre Rolle als mitunter etwas unscheinbares, aber extrem wirkungsvolles Medium der Reiseanregung neben den offenkundigen Werbemedien einer jeden Zeit kann also keinesfalls hoch genug eingeschätzt werden.

3.2 Reiseanleitung: Venedig mit dem „Baedeker"

Reiseführer und hier vor allen Dingen die standardisierten und vermeintlich objektiven Reisehandbücher, von denen die „Baedeker"-Reihe die prominenteste war, machten es selbst ohne große Vorkenntnisse möglich, die Bedeutung der einzelnen Sehenswürdigkeiten schnell zu erfassen. Ein System von Sternchen zeichnete besondere Attraktionen aus. Routenvorschläge erleichterten die Reiseplanung zusätzlich. Karl Baedeker erschuf so einen scheinbar gänzlich objektiven und damit absolut verlässlichen Führer, in dem jeder subjektiv anmutende Kommentar ausgeblendet schien. Dazu bediente er sich einer speziellen Sprache, eines sparsamen Stils, wie etwa der Aneinanderreihung von Halbsätzen. Auf diese Weise eröffnete sich der Leserschaft eine Möglichkeit, sich allein mit der Lektüre scheinbar durch das beschriebene Gelände zu bewegen, wobei der Handlungsablauf lediglich eine Konstruktion der Autorinnen und Autoren des Reiseführers war, um dem Publikum das Nachvollziehen ebendieser Handlungen zu ermöglichen. Damit schuf der Reiseführer ein Idealbild einer Stadt, einer Landschaft, eines Gebäudes. Der Nutzen des Reiseführers war so nicht nur ein praktischer als Gebrauchsanweisung, sondern vielmehr ein ideeller, indem er half, das Nicht-Bekannte und

---

25 Vgl. Mandel, Wunschbilder, S. 79.
26 Vgl. Jäger, Fotografie und Geschichte, S. 55 f.
27 Vgl. Mandel, Wunschbilder, S. 79.

Nicht-Vertraute „zum Gebrauch“ herzurichten und es so spätestens während der Reise, bestenfalls aber schon in ihrer Vorbereitung, in die Wissensbestände seiner Nutzerinnen und Nutzern einzuschreiben.[28] Auf diese Weise wurde durch die Texte des Reiseführers – analog zu den Postkartenbildern der Reiseanregung – der touristische Blick erzeugt und damit jene Erwartungshaltung geschaffen, die sich dann im Verlauf der Reise bestätigen sollte. Die Touristinnen und Touristen erhielten so ein vorgefertigtes Erlebnis, bei dem sie nur noch die ihnen zugedachten und genau definierten Rollen ausfüllen mussten und bei dem es nicht um die subjektive Erfahrung ging, sondern um den Nachvollzug einer standardisierten Form einer kanonisierten und vermeintlich objektiven Betrachtung einer touristischen Stätte.[29] Der „Baedeker“ als Synonym für die gesamte Gattung entwickelte sich auf diese Weise zum Massenphänomen, leitete er doch die Blicke von Millionen von Reisenden im 19. und 20. Jahrhundert.

Für die Stadt Venedig lassen sich diese Entwicklungen sehr genau belegen. So bezeichnete noch die sechste Auflage des „Baedekers“ über Deutschland und die angrenzenden Länder[30] aus dem Jahr 1855 die ortsansässigen Fremdenführer als „in Venedig ganz unentbehrlich“[31]. Zwei Jahre und eine Auflage später fehlte diese Aussage vollständig. Stattdessen hieß es nun am Ende der Ausführungen über die Fremdenführer mit Blick auf die Schilderungen im „Baedeker“: „Das Bemerkenswertheste ist in den nachfolgenden Zeilen so genau beschrieben, dass eine weitere Führer-Erklärung überflüssig ist.“[32] Dazu bedürfte es lediglich grundlegender

---

28 Vgl. zur Geschichte und zu den Charakteristika des modernen Reiseführers und insbesondere des „Baedekers“ Pretzel, Literaturform Reiseführer, S. 21 f., 59, 64, 75–78; Gorsemann, Bildungsgut, S. 85; Müller, Welt des Baedeker; Koshar, German Travel.

29 Vgl. Mysliwietz-Fleiß, Fabrik, S. 66.

30 Die Titel der „Baedeker“-Ausgaben konnten von Auflage zu Auflage variieren. Mit Deutschland war Mitte des 19. Jahrhunderts vor allem der Raum des Deutschen Bundes gemeint, zu dem auch der deutschsprachige Teil Österreichs gehörte. Entsprechend war die Region um Venedig damals ein daran angrenzender Landstrich, zumal Venedig selbst noch bis 1866 unter österreichischer Herrschaft stand.

31 Baedeker, Handbuch für Reisende, S. 159.

32 Baedeker, Deutschland und das oesterreichische Ober-Italien, S. 155.

Sprachkenntnisse des Italienischen und der Einhaltung einer vorher festgelegten Besichtigungsreihenfolge.[33]

Im Anschluss an diese klaren Vorgaben für die Abfolge fuhr der Reiseführer dann mit den inhaltlichen Informationen zur Stadt Venedig fort. Dabei trug der Baedeker-Verlag der wachsenden Popularität von Geschichte Rechnung, wenn spätestens Mitte der 1860er Jahre der Beschreibung der Stadt eine mehrseitige historische Einführung voran gestellt wurde.[34] Erst danach folgte die konkrete Beschreibung der einzelnen Sehenswürdigkeiten, beginnend mit dem Markusplatz, seiner Beschaffenheit, den ihn flankierenden Gebäuden, den Lokalitäten und Aktivitäten mit konkreten Zeitangaben, insbesondere für das mittägliche Taubenfüttern, das schon damals zu den Attraktionen der Stadt gehörte.[35]

Dem schloss sich ein detailliert geschilderter Rundgang durch den Markusdom an, der ab der siebten Ausgabe von 1857 zwei Seiten erhielt und die wichtigsten Mosaiken und andere Kunstwerke am und im Gebäude vorstellte.[36] Darauf folgte die Skizze der Aussicht vom Campanile, die in mehrfacher Hinsicht bemerkenswert ist:

> „S. Marco s.w. gegenüber erhebt sich 304' h. der viereckige Glockenthurm (Campanile di S. Marco), ganz freistehend, stets geöffnet (der Pförtnerin 3 kr.), hell und bequem, auf Schneckenwindungen (36), an den Ecken jedesmal 2 Stufen, zuletzt auf 12 Stufen zu ersteigen. Oben ist ein Feuerwächter mit Fernrohr. *Aussicht auf Stadt, Lagunen (vgl. S. 146), Alpen und einen Theil des Adriat. Meers; w. aus den Lagunen aufsteigend die Euganeischen Berge bei Padua (S. 169), ö. bei heller Luft die Gebirge Istriens über dem Adriatischen Meer, ein prächtiger Anblick bei Sonnen-Untergang und klarer Luft, auch zur Orientierung zu empfehlen, sowohl vor Antritt der Wanderung als nach dem Schluss."[37]

33 Vgl. ebd. S. 154 f.

34 Vgl. Baedeker, Italien, S. 200–202. Venedig als touristischer Ort wechselte mit der Veröffentlichung des ersten auf die italische Halbinsel konzentrierten Reiseführers im Jahr 1861 in diese Ausgabe des „Baedekers". In den auf den deutschen Raum bezogenen Ausgaben nach 1860 war Venedig nicht mehr vertreten. Im Kontext dieses Wechsels fügte der Verlag dann den historischen Abriss hinzu.

35 Vgl. Baedeker, Deutschland und das oesterreichische Ober-Italien, S. 157 f.

36 Vgl. ebd., S. 158 f.

37 Baedeker, Deutschland nebst Theilen, S. 149.

Zunächst fällt die Detailverliebtheit ins Auge. Gerade der „Baedeker" war bekannt für diese Form exakter Angaben, wenn es sich um zähl- oder messbare Dinge handelte. Dabei waren die Details immer auf einen vermeintlich praktischen Nutzen für die Reisenden hin ausgerichtet. So wurden etwa Eintrittspreise genannt, die für die Planung vorab und das Management der Reisekasse bedeutsam sein konnten, oder die Zahl der Stufen, die relevant wurde, wenn es um die Frage ging, wie anspruchsvoll sich der Aufstieg gestalten würde.

Die Beschreibung der Aussicht vom Campanile ist allerdings trotz der mit Zahlen, Abkürzungen und Querverweisen gespickten Form des Textes in ihren Formulierungen geradezu überschwänglich im Vergleich mit der sonst viel nüchterneren Sprache des Reiseführers. Solche Artefakte romantischen Gedankenguts fanden sich in älteren Auflagen noch eher, wenn etwa 1855 der Markusplatz bei Nacht als „wundervolle Märchenwelt"[38] tituliert wurde.

Doch der „Baedeker" vergaß nicht, was er eigentlich sein wollte. Entsprechend wurde selbst der „prächtige[] Anblick" zu etwas Nützlichem umfunktioniert. Der Ausblick vom Glockenturm böte den Reisenden einen guten Überblick über und Orientierung in der Stadt sowie der Region Venedig, hieß es, ein Eindruck, der mit Querverweisen auf andere Teile des Buchs weiter untermauert wurde.[39] In Verbindung mit dem Stadtplan, der zum Reiseführer gehörte, wurde den Reisenden plausibel suggeriert, dass sie sich frei von der Beeinflussung durch dritte Personen durch die Stadt bewegen könnten.

Auch im weiteren Verlauf der Darstellung Venedigs fokussierte sich der Baedeker vor allem auf historische Bau- und Kunstwerke. Nach dem Blick auf den Campanile folgte die Beschreibung des Uhrenturms[40] sowie über mehrere Seiten hinweg die des Inneren und Äußeren des Dogenpalasts mit all seinen Kunstwerken und architektonischen Eigenheiten[41], bevor sich das Buch den weiteren Sehenswürdigkeiten jenseits des Ensembles am Markusplatz widmete: zunächst die Profanbauten wie das Arsenal

---

38 Baedeker, Handbuch für Reisende, S. 162.

39 Vgl. Baedeker, Deutschland nebst Theilen, S. 149.

40 Vgl. Baedeker, Deutschland und das oesterreichische Ober-Italien, S. 159 f.

41 Vgl. ebd., S. 160–162.

oder die Academie[42] und anschließend die wichtigsten der zahlreichen venezianischen Kirchen.[43] Erst zum Abschluss der Informationen zu Venedig erschien mit der Darstellung einer Fahrt auf dem Canal Grande eine stärker ästhetisierte Form der Besichtigung.[44] Hier zeigt sich wiederum im Vergleich mit den älteren Ausgaben, dass der Verlag gegen Ende der 1850er Jahre deutlich mehr Inhalte zur Stadt Venedig in seine Reiseführer aufgenommen hatte, wobei sich das Gros der neuen Informationen auf eindeutig historische Aspekte bezog.[45]

3.3 Reiseerfahrung: Venedig in „Die Gartenlaube"

Venedig spielte auch als Reiseerfahrung eine prominente Rolle, weckte die Lagunenstadt an der Adria doch nicht nur bei den Reisenden großes Interesse, sondern ebenso bei jenem lesefreudigen Teil der Bevölkerung, der sich die Stadt schon im 19. Jahrhundert vom heimischen Lesesessel aus erschloss. Dabei spielte das Medium der (Reise-)Reportage eine wesentliche Rolle. Es zeichnet sich vor allem dadurch aus, dass es Erlebnisse in einer Erzählung inszeniert, die das Fremde dem Vertrauten gegenüberstellt. Die (Reise-)Reportage erschließt das Unbekannte und bringt es der Leserschaft durch präzise Beobachtungen und nachvollziehbare Schilderungen näher. Ihre Autorin oder ihr Autor muss dem inhaltlich Fremden seine Fremdheit nehmen, indem sie oder er Beobachtungen genau beschreibt und das Beschriebene erklärt und deutet, damit es Eingang in die Wissensbestände der Leserinnen und Leser finden kann. Dabei darf die Faszination des Fremden jedoch nicht verloren gehen, sondern muss durch die Unmittelbarkeit der Sprache und die Sinnlichkeit der Schilderungen gegenwärtig bleiben.[46] Auf diese Weise lässt sich den Daheimgebliebenen das Gefühl einer touristischen Reise nahebringen. Zugleich trägt die Verwendung der gleichen Motive in Text und Bild, die aus anderen touristischen Medien bereits bekannt sein kann, dazu bei, den touristischen Blick einzuüben und zu verfestigen.

42 Vgl. ebd., S. 162–164.
43 Vgl. ebd., S. 164–170.
44 Vgl. ebd., S. 170–172.
45 Vgl. für die älteren Ausgaben Baedeker, Handbuch für Reisende, S. 163–167.
46 Vgl. Haller, Reportage, S. 16–71.

Die Reportage „Ein Mittag auf dem Marcusthurm in Venedig“, die etwa Ende Mai oder Anfang Juni 1866 in einer Ausgabe der illustrierten Familienzeitschrift „Die Gartenlaube“[47] zu lesen war, demonstriert mustergültig, wie die Reportage eine ganz eigene Reiseerfahrung generieren konnte. Sie nahm die Leserinnen und Leser durch entsprechende Formulierungen sozusagen an die Hand, schloss sie in einem „Wir“ mit dem Autor zu einer Gruppe zusammen und gab durch detaillierte Schilderungen der möglichen Erlebnisse und Gefühle dieses Fühlen und Erleben vor. Hier ein anschauliches Beispiel:

> „Gerade ein Jahr nach Aufhebung jenes Belagerungszustandes, am 1. Mai 1855, stand ich in der Glockenhalle des Marcusthurms, versunken im Anblick der unbeschreiblichen Herrlichkeit der Natur und der Menschenwerke, die dort das Auge fesselt, ja von Punkt zu Punkt, von Fenster zu Fenster, von Himmelsgegend zu Himmelsgegend fortreißt und das Herz mit Begeisterungsfeuer bis zu heiliger Andacht und bis zu tiefster Rührung erfüllt. Erst wenn das Ueberwältigende der ersten Eindrücke verwunden ist, kommt das dann überaus wohlthuende Behagen ruhiger Beschauung über uns, ob wir nun den Blick sich in dem Gewirre der fünfzehntausend Häuser, Paläste und Kirchen verirren oder auf dem weiten grünen Spiegel der Lagunen ausruhen lassen, oder [...] bei den euganeischen Hügeln in classischen Erinnerungen schwärmen, oder ob wir endlich ganz in die Ferne schweifend an den weit, weit am Nordwestrand des Himmels aufragenden [...] Alpen uns erquicken oder [...] im Südosten die blauschimmernde Adria begrüßen.“[48]

Die hier geschilderte Situation ist identisch mit der im „Baedeker“ beschriebenen Szenerie. In beiden Fällen gaben die Autoren vor, am selben Ort zu stehen und auf dieselbe Stadt und ihr Umland zu blicken. Entsprechend glichen sich die verwendeten geografischen Marker wie die euganeischen Berge oder das adriatische Meer. Jedoch ging es dem Autor in der „Gartenlaube“ nicht um die Orientierungsmöglichkeiten, die der „Baedeker“ anzupreisen wusste. Zwar gab auch er bestimmte Blickrichtungen vor, diese aber unter rein ästhetischen Aspekten ausgeführt, so beispielsweise das offenbar etwas chaotisch anmutende Geflecht der venezianischen Häuser oder der farbliche Kontrast der die Stadt umgebenden

47 Vgl. zur Bedeutung der Zeitschrift im deutschsprachigen Raum des 19. Jahrhunderts Barth, Familienblatt, Sp. 121–316, hier Sp. 165–215; Gebhardt, Illustrierte Zeitschriften, S. 43.

48 [Hofmann], Mittag, S. 342.

Gewässer. Der Unterschied zwischen der Reiseanleitung und dem Reiseerlebnis wird dabei deutlich. Es ging nicht darum, Fakten zu den vermeintlich besten Besichtigungstouren zu vermitteln, sondern darum, das Gefühl nachzuvollziehen, das einen Menschen beim Blick vom Campanile erfüllen konnte. Die Unterschiede in Stil und Sprache sind offensichtlich. Die Beschreibung in dem Zeitschriftenartikel erzeugte Sehnsüchte und sprach Wunschvorstellungen an, etwa jene, nur einmal im Leben die Alpen oder das Meer sehen zu wollen.[49]

Die Lesenden wurden in diese Situation unmittelbar einbezogen, in dem der Autor den Ausblick aus einer Wir-Perspektive schilderte. Das suggerierte eine gemeinsame Sinneserfahrung, die an die Stelle der hilfreichen Informationen des „Baedekers" trat. So wurde zumindest der Versuch unternommen, Personenkreisen, die Venedig nicht selbst besuchen konnten, das Gefühl einer derartigen Reise zu geben. Gleichzeitig blieben die Vorgaben ebenso dominant wie im Reiseführer, denn die persönlichen Empfindungen des Autors wurden zum Allgemeingut erhoben, und nur sie wurden an die Leserinnen und Leser weitergegeben. Im Gegensatz zum „Baedeker", der vorwiegend festlegte, *was* zu sehen war, gab die Reisereportage vor, *wie* etwas zu sehen, zu erleben und zu bewerten war.

Das spezifisch Historische sah der Autor, ähnlich wie der „Baedeker" mit seiner detaillierten Auflistung, insbesondere in den Kunstwerken Venedigs. Diese nahmen im Text eine wichtige Funktion ein, denn der Rückblick auf den eigenen Venedigbesuch elf Jahre früher war vor allem ein Appell gegen den zum Zeitpunkt seiner Veröffentlichung sich abzeichnenden Krieg Italiens gegen Österreich, in dem Italien schließlich die Herrschaft über Venedig und die umgebenden Landstriche erringen sollte. Die kostbaren Bilder und Bauten, die Paläste und Kirchen, diese „von der Geschichte geweihten Reste edelster Geistesblüthenpracht"[50] der glorreichen venezianischen Vergangenheit, waren aus Sicht des Autors den Schutz vor kriegerischen Einflüssen unbedingt wert. Damit erklärte er zugleich Venedig zu einer Stadt von historischer Bedeutung, die genau deswegen einen Besuch wert sei, und setzte der potenziellen Zerstörung durch den sich ankündigenden Krieg sein Bild eines Venedigbesuchs in

49 Vgl. ebd.
50 Ebd., S. 340.

Friedenszeiten entgegen. Dass er sich dabei stets auf die ästhetische und damit architektur- bzw. kunsthistorische Seite schlug, tat der historischen Aufladung keinen Abbruch, so lange Geschichte in einem weiten Kontext verstanden und nicht allein auf konkrete historische Ereignisse reduziert wahrgenommen wurde.

Neben den Kunstwerken wies der Autor ebenso den Traditionen der Lagunenstadt als Trägerinnen von Geschichte eine wichtige Bedeutung zu, beispielsweise der täglichen Taubenfütterung auf dem Markusplatz, die er detailliert schilderte[51], und die bereits in den „Baedeker"-Reiseführern explizit thematisiert worden war[52]. In der „Gartenlaube" war sie darüber hinaus in Form einer ganzseitigen Abbildung zu sehen, die die Reportage illustrierte (vgl. Abb. 3).

Abb. 3: Paul Thumann: Die allmittägliche Taubenfütterung auf dem Marcusplatz in Venedig. In: Die Gartenlaube 22 (1866), S. 341. © Scan: Nutzer GerWsUpload. File: Die Gartenlaube (1866) 341.jpg. In: Wikimedia Commons. 20.03.2011. URL: https://commons.wikimedia.org/wiki/File:Die_Gartenlaube_(1866)_341.jpg (15.02.2023).

51 Vgl. ebd. S. 342.
52 Vgl. Baedeker, Deutschland und das oesterreichische Ober-Italien, S. 157 f.

Das Bild ergänzte die schon vom Text vorgenommene Einbeziehung der Lesenden um eine weitere Nuance. Die Leserinnen und Leser der Reportage nahmen genau den Platz des Zeichners ein, standen somit fast unmittelbar im Geschehen und beobachteten das touristische Treiben auf Augenhöhe und im Detail. Darin unterscheidet sich diese Darstellung von den Bildern des Markusplatzes, die eine Perspektive der Übersicht gewählt hatten. Die Reiseerfahrung, die das Bild nachhaltig unterstützt, bedarf eben dieser Unmittelbarkeit und der Nähe der Betrachtenden zum Ort des Geschehens. Dabei sahen sie nicht nur eine Szenerie mitten auf dem Markusplatz in Venedig, dessen Anziehungskraft als touristischer Hot Spot bis heute ungebrochen ist, mit dem Markusdom, seinem Campanile und dem Uhrenturm als den drei wichtigsten Wahrzeichen unmittelbar am Platz selbst, sondern zugleich Menschen, die touristisch agierten. Die Kleidung weist sie als Angehörige der bürgerlichen Mittelschichten aus, die in der Mitte des 19. Jahrhunderts die wesentliche Triebkraft des aufkommenden (Massen-)Tourismus darstellten.

Das Besondere an dieser Szene liegt also darin, dass nicht nur das Flair einer räumlich entfernten italienischen Stadt – Venedig – aufgegriffen, sondern dass gleichzeitig auf Geschichte als zeitlich entfernte Attraktion in Form der markanten historischen Gebäude verwiesen wird. Das Bild zeigt letztlich eine touristische Szene vor einer historischen Kulisse. Diese lässt sich als geschichtstouristisch verstehen, weil der Markusplatz als solcher schon in der Mitte des 19. Jahrhunderts durch mediale Vermittlung geschichtstouristischer Praktiken entsprechend aufgeladen, inszeniert und im kollektiven Gedächtnis in Wort und Bild etabliert war. Das hatten die im etwa gleichen Zeitrahmen entstandenen Beschreibungen aus dem „Baedeker" ebenso wie ältere Darstellungen bewirkt, die bereits im 18. Jahrhundert oder noch früher die Perspektiven etabliert und gefestigt hatten, die für die Ansicht der Gebäudeensembles am Markusplatz stilgebend werden sollten.

3.4 Reiseerinnerung: Venedig auf Urlaubsfotos

Das, was das Erinnern an eine absolvierte Reise neben schriftlichen Aufzeichnungen sicherlich am meisten medial prägt, sind die eigenen Urlaubsfotos, visuelle Speicher, anhand derer man sich seiner Erinnerung immer wieder selbst vergewissern kann.[53] In der Forschung werden solche privat erstellten Fotografien auch als „Knipserbilder“ bezeichnet, denn sie entstanden meist aus dem Moment heraus mit einer Amateurausrüstung und ohne technische oder ästhetische Vorbildung.[54]

Trotz – oder vielleicht gerade wegen – ihrer amateurhaften Machart entfalteten sie insbesondere in der Zeit ihres verstärkten Aufkommens eine große Wirkung. In den fünfziger Jahren des 20. Jahrhunderts fiel die Möglichkeit des Reisens für nahezu alle Bevölkerungsschichten mit der massenhaften Verbreitung der Technik der Fotografie zusammen. Nicht nur waren nun Touristinnen und Touristen der mittleren und unteren Einkommensklassen in der Lage, längere und weiter entfernte Reisen zu unternehmen, sondern sie konnten ihre Erlebnisse auch mit kostengünstigen, leicht zu transportierenden und einfach zu bedienenden Fotoapparaten festhalten.[55] Die so entstandenen Urlaubsfotos waren ein kostbares Gut, das nicht nur half, sich selbst immer wieder an das Erlebte zu erinnern, sondern auch eine große Inszenierung vor einem – wenn auch privaten – Publikum rechtfertigte.[56] Sie wanderten in aufwändig gestaltete Fotoalben, die das Reiseerlebnis nicht nur konservierten, sondern für die Präsentation herrichteten[57], oder wurden als Dias in abendfüllenden

53 Gleiches gilt für Urlaubsvideos. Im Folgenden erfolgt aber eine Fokussierung auf das unbewegte Bild, das Urlaubsfoto.

54 Vgl. zur Definition Starl, Eine kleine Geschichte, S. 7.

55 Vgl. Prahl, Entwicklungsstadien, S. 102; Mandel, Wunschbilder, S. 15, 24 f., 83; Starl, Knipser, S. 129, 131; Haus der Geschichte der Bundesrepublik Deutschland, Endlich Urlaub. In der Forschung wird auf die synchrone Ausbreitung und Fortentwicklung der Konsumgüter Fotoapparat und Urlaub ab den 1950er Jahren verwiesen. Kameras für den Privatgebrauch waren zwar bereits in den Jahren vor dem Zweiten Weltkrieg erhältlich, aufgrund der Kosten für Geräte, Materialien und Entwicklung der Bilder kann man aber noch nicht von einem solchen Massenphänomen wie ab der Zeit des wirtschaftlichen Aufschwungs nach 1945 sprechen. Vgl. Starl, Knipser, S. 93–98.

56 Vgl. Mandel, Wunschbilder, S. 80.

57 Vgl. Starl, Knipser, S. 129. Für Postkartensammlungen lässt sich Vergleichbares beobachten. Diese hätten aber nur dann eine Bedeutung als Reiseerinnerung, wenn sie etwa als Souvenir im Rahmen einer Reise erworben worden wären. Andernfalls sind sie anderen Kategorien zuzuordnen, zumeist der Reiseanregung.

Präsentationen auf Familienfeiern oder beim Treffen mit Freundinnen und Freunden gezeigt.

Eine Möglichkeit, tatsächlich Öffentlichkeit für private Urlaubsfotos zu erzeugen, stand erst im frühen 21. Jahrhundert mit dem Aufkommen privater Webseiten und leicht zugänglichen Publikationsmöglichkeiten im World Wide Web oder in den Sozialen Medien zur Verfügung. Neben den direkt digital produzierten Fotos wurden auch nachträglich Fotos in öffentlich zugänglichen Sammlungen als Digitalisate veröffentlicht, wie es beispielsweise beim „Archiv des analogen Alltags“[58] der Fall ist. Unter den knapp 100.000 Fotografien[59] der Sammlung sind etliche Bilder zu finden, die als Urlaubfotos entstanden sind, und einige davon zeigen eindeutige geschichtstouristische Szenerien. Dazu zählt auch das Foto aus den 1960er Jahren (vgl. Abb. 4), das wiederum den Markusdom mit dem unteren Teil seines Campanile zeigt, also jene Ansicht, die schon seit Jahrhunderten zum festen Kanon der Ansichten Venedigs gehört.

58 Im „Archiv des analogen Alltags“ sammelten der Westdeutsche Rundfunk (seit 2012) und der Südwestrundfunk (seit 2017) bis Ende 2022 Digitalisierungen analoger Fotos und Filme und präsentieren sie der Öffentlichkeit. Vgl. Graben – Retten – Teilen.

59 Die Zahl liegt exakt bei 99.911 Fotografien nach Beendigung des Projekts zum Jahresende 2022. Das Archiv steht für den Abruf der Fotos und Filme aber weiterhin online zur Verfügung. Vgl. Über DigIt.

Abb. 4: Nutzer ‚scharlih bo': Tauben und Touristen. Schwarz-Weiß-Fotografie, ca. 1960er Jahre. In: Westdeutscher Rundfunk Köln (Hg.): DigIt. Das Archiv des analogen Alltags. URL: https://digit.wdr.de/entries/157731 (15.02.2023). Abgedruckt mit freundlicher Genehmigung des Westdeutschen Rundfunks.

Das Bildmotiv steht dabei in einer klaren touristischen Tradition und kopiert genau die Blickwinkel, die schon in älteren Medien zu sehen waren. Mit dem Bild aus der „Gartenlaube" teilt es sich sogar die Perspektive auf Augenhöhe sowie einen sehr ähnlichen Standort der Betrachterin oder des Betrachters. Der Fotograf oder die Fotografin wählte dieselbe Zentralperspektive, begab sich also auf Augenhöhe mit späteren Betrachterinnen und Betrachtern wie schon der Zeichner in der illustrierten Zeitschrift. Damit versetzte er oder sie ein etwaiges Publikum – vorrangig sich selbst und seine Begleitung – durch das Auge der Kamera mitten in der Szenerie hinein. Ob bewusst oder unbewusst, wurde hierbei das aus den anderen touristischen Medien bekannte Muster der Bildkomposition kopiert. Das galt ebenso für die Motive, die auf dem Foto zu erkennen sind. Im Mittelgrund werden die schon ikonischen Tauben von Touristinnen und Touristen aller Altersklassen gefüttert. Im Hintergrund ist neben dem unteren Abschnitt des Campanile die Front der Kirche von San Marco mit einer

Menschenmenge vor dem Eingang zu sehen, die wahrscheinlich auf Einlass wartet. Im Vordergrund steht eine Frau – möglicherweise die Begleiterin des Fotografen oder der Fotografin, mit Sicherheit aber ebenfalls eine Touristin – mit dem Rücken zum Betrachter in die Szenerie vertieft. Die Fotografie zeigt somit verschiedene touristische Handlungen auf, die der Fotograf oder die Fotografin als nächste unternehmen könnte: sich der Taubenfütterung anschließen, das Panorama der Basilika in der Totale betrachten oder sich in die Schlange für den Eintritt in das historische und kunstgeschichtlich wertvolle Gebäude einreihen. Zwei der drei Optionen zeigen klar geschichtstouristische Handlungen, und selbst die dritte kann aufgrund der Tradition der Taubenfütterung als historisch aufgeladen empfunden werden.

Der Blick auf die Fotografie verdeutlicht, dass die Touristinnen und Touristen, anstatt sich eigene Aussichten neu zu erschließen und auf den Fotos festzuhalten, absichtlich oder unabsichtlich die Ansicht zu wiederholen suchten, die sie aus Reiseanleitungen oder Reiseberichten bereits kannten. Mit der eigenen Kamera dokumentierten sie ihren Nachweis für die durchgeführte Reise und schufen so zugleich mit dem Nachvollzug des Vorgefertigten die Suggestion einer persönlichen Erinnerung. Das Zusammenspiel der verschiedenen Formen, in denen Medien eine Reise begleiten können, greift hier mustergültig ineinander. Der Ort des Markusplatzes mit dem Dom und dessen Turm wurde schon im Vorfeld der Reise medial als absolute Sehenswürdigkeit herausgestellt, wie die Beispiele der Postkarten als Reiseanregung und der Reiseführer als Reiseanleitung verdeutlichten. Die Anleitung vor Ort oder die heimische Reiseerfahrung bestätigten diesen Eindruck noch. Gemeinsam gaben die Medien so den Ort vor, an dem man einen möglichst guten Blick auf die Szenerie erhalten könnte.[60] Mit diesen Bildern im Kopf suchten die Menschen dann genau diesen Ort auf, um ihre Erinnerungsfotos zu erstellen.[61] Gleichzeitig gaben

60 Das hier gezeigte Muster stellt nicht den einzigen Ort dar, der für ein gutes Bild geeignet war. Ähnliche „Bildwanderungen“ von Motiven zwischen den Medien und über die Zeiten hinweg, lassen sich beispielsweise ebenso für den Ausblick vom Campanile nachweisen.

61 Dieser Vorgang wird in der Forschung als hermeneutischer Zirkel bezeichnet. Vgl. Albers / James, Travel Photography, S. 136. Die Foto-Industrie unterstützte

sie auf diese Weise erneut eine (geschichts-)touristische Anleitung für weitere Betrachterinnen und Betrachter des Fotos, denen die Bilder nicht nur Werbung für eine Reise nach Venedig sein konnten, sondern ebenso demonstrierten, wo man dort am besten Fotografien machen konnte, ja machen sollte.

In einer Wechselwirkung mit den über die sprachlichen und visuellen Darstellungen auf Postkarten, in Reiseführern, illustrierten Zeitschriften und auf Urlaubsfotografien ins kulturelle Gedächtnis übergegangenen Bildern wurde einem stetig wachsenden Kreis von Rezipientinnen und Rezipienten vermittelt, welches historische Setting sie auf dem Markusplatz von Venedig erwartete. Im Kontext der verschiedenen Medien in den unterschiedlichen Kategorien von Tourismus war die parallel verwandte Motivik eine Einladung eines wahrhaft historischen Ortes, welche die Möglichkeit einer Reise in die Vergangenheit zu suggerieren schien.

4. Fazit: Touristische Medien und Geschichte

Der Blick auf die vier Kategorien mit ihren unterschiedlichen Wahrnehmungsweisen geschichtstouristischer Medien hat gezeigt, dass vielleicht mehr als jede andere Form des klassischen Tourismus der Geschichtstourismus medialer Aufbereitung bedarf: Regionen, Städte und bauliche Strukturen können zwar als alt identifiziert werden, der Umgang mit Vergangenheit erfordert jedoch einen Vermittler, um konkret als „Geschichte" von Besucherinnen und Besucher rezipiert und vergegenwärtigt werden zu können. Die Beispiele haben gezeigt, dass dieselben Medien je nach der Kategorie, der sie in Abhängigkeit ihres Gebrauchs durch die Nutzerinnen und Nutzer zugeordnet werden, in jeweils

dieses Verhalten noch zusätzlich. Beispielhaft sei auf das Unternehmen Agfa verwiesen, das Broschüren zu ausgewählten touristischen Regionen herausgab, die nicht nur die schönsten Fotomotive benannten, sondern auch detaillierte Anweisungen gaben, wie diese aufzunehmen seien. Vgl. Mandel, Wunschbilder, S. 85. Dass diese Handlungsweise von den Fotografierenden mitunter durchaus beabsichtigt ist, zeigt der Beitrag „Venedig in Postkarten" im Online-Blog „Blickgewinkelt". Dort wurden ganz bewusst aktuelle Urlaubsfotos aus der Mitte der 2010er Jahre mit den gleichartigen Motiven auf alten Postkarten buchstäblich ins Bild gesetzt. Vgl. Venedig in Postkarten.

unterschiedlicher Weise auf das touristische Erleben einwirken können. Entgegen der landläufigen Vorstellung vieler Menschen, sich auf Reisen einem Ort unvoreingenommen nähern zu können, ihn während des Besuchs erst zu entdecken, lässt sich ein stark durch verschiedene Medien (vor-)geprägter Geschichtstourismus erkennen, der sich mitunter sogar ganz vom touristischen Ort lösen und allein über den Konsum bestimmter Medien stattfinden kann. Die Medien fungieren sozusagen als „Schulen" der touristischen Geschichtskonstruktion, indem sie touristische Praktiken, das touristische Sehen, einüben und so geschichtstouristische Bildikonen erschaffen, sie identifizieren und dafür sorgen, dass sie sich im kollektiven Gedächtnis einer Gesellschaft einschreiben.[62] Ebenso tragen sie zu einer transmedialen Zirkulation von Motiven in Bild und Text bei, die sich intertextuell und interpiktoral immer wieder neu verfestigen und dabei über Jahrzehnte hinweg stabil bleiben können. Entscheidend ist die Erkenntnis, dass in diesen Fällen die Motive konstant bleiben. Dies gilt erstens über verschiedene Medien hinweg, zweitens durch die Jahrzehnte und Jahrhunderte hindurch und drittens in den unterschiedlichen Nutzungsformen, in denen geschichtstouristische Konstruktionen auftreten. Das kann so weit gehen, dass selbst Medien, die man vorrangig nicht als Medien des Geschichtstourismus einordnen würde, solche Eindrücke aufgreifen, sich auf sie beziehen und dann selbst unter Beibehaltung der geschichtstouristischen Praktiken fortschreiben, wie etwa das Computerspiel, das Geschichte nicht nur als populäre Kulisse nutzen, sondern sie unter bestimmten Voraussetzungen mit touristischen Praktiken erfahrbar machen kann.[63] Darin zeigt sich, dass Geschichtstourismus auf vielen Feldern auftritt und zu den wirkmächtigsten Formen der Popularisierung historischer Stoffe überhaupt zählt.

---

62 In der Forschung wurde die Wechselwirkung von Bildproduktion und -rezeption unter dem Einfluss bestehender Weltbilder auf Seiten von Produktion und Konsum bereits herausgearbeitet. Vgl. Albers / James, Travel Photography, S. 140.

63 Vgl. zur Rolle digitaler Spiele als geschichtstouristische Medien Schwarz, Discovering; Mysliwietz-Fleiß / Pasternak, Geschichtstourismus im Computerspiel.

Abbildungsverzeichnis

Abb. 1: Carl Spitzweg: Engländer in der Campagna. Öl auf Papier, auf Karton kaschiert, ca. 1835. In: Staatliche Museen zu Berlin, Preußischer Kulturbesitz (Hg.): Alte Nationalgalerie. Ident. Nr. A II 505. URL: https://id.smb.museum/object/966408/ (15.02.2023). © Foto: Staatliche Museen zu Berlin, Nationalgalerie / Jörg P. Anders. Veröffentlicht unter der CC BY-NC-SA 4.0 Lizenz (URL: https://creativecommons.org/licenses/by-nc-sa/4.0/).

Abb. 2: Sammlung Anon. 1: Venezia – Piazza e Basilica di S. Marco, Postkarte, gelaufen 26.02.1906. In: Dietrich Helms (Hg.): Historische Bildpostkarten. Sammlung Prof. Dr. Sabine Giesbrecht. ID: os_ub_0018573. URL: https://bildpostkarten.uni-osnabrueck.de/frontend/index.php/Detail/objects/os_ub_0018573 (15.02.2023). Abgedruckt mit freundlicher Genehmigung des Archivs „Historische Bildpostkarten – Universität Osnabrück" (Sammlung Anon. 1), URL: https://bildpostkarten.uni-osnabrueck.de/ (15.02.2023).

Abb. 3: Paul Thumann: Die allmittägliche Taubenfütterung auf dem Marcusplatz in Venedig. In: Die Gartenlaube 22 (1866), S. 341. © Scan: Nutzer GerWsUpload. File: Die Gartenlaube (1866) 341.jpg. In: Wikimedia Commons. 20.03.2011. URL: https://commons.wikimedia.org/wiki/File:Die_Gartenlaube_(1866)_341.jpg (15.02.2023).

Abb. 4: Nutzer ‚scharlih bo': Tauben und Touristen. Schwarz-Weiß-Fotografie, ca. 1960er Jahre. In: Westdeutscher Rundfunk Köln (Hg.): DigIt. Das Archiv des analogen Alltags. URL: https://digit.wdr.de/entries/157731 (15.02.2023). Abgedruckt mit freundlicher Genehmigung des Westdeutschen Rundfunks.

Quellenverzeichnis

Baedeker, Karl: Deutschland nebst Theilen der angrenzenden Länder bis Strassburg, Luxemburg, Kopenhagen, Krakau, Lemberg, Ofen-Pesth, Venedig, Mailand. Handbuch für Reisende. Erster Theil: Oesterreich, Süd- und West-Deutschland, Ober-Italien. 9., verb. Aufl., Koblenz 1860.

Baedeker, Karl: Deutschland und das oesterreichische Ober-Italien. Handbuch für Reisende. Erster Theil. Oesterreich, Süd- und Westdeutschland, Venedig und Lombardei. 7., umgearb. u. vermehrte Aufl., Koblenz 1857.

Baedeker, Karl: Handbuch für Reisende in Deutschland und dem Oesterreichischen Kaiserstaate. Nach eigener Anschauung und den besten Hülfquellen. Erster Theil. Oesterreich, Süd- und West-Deutschland. 6., umgearb. Aufl., Koblenz 1855.

Baedeker, Karl: Italien. Handbuch für Reisende. Erster Theil: Ober-Italien bis Livorno, Florenz, Ancona und die Insel Corsica, nebst Reise-Routen durch Frankreich, die Schweiz und Oesterreich. Mit 6 Karten und 24 Plänen. 4., umgearb. u. vermehrte Aufl., Koblenz 1868.

Bellini, Gentile: Processione in piazza San Marco, Tempera auf Leinwand, 1496. In: Gallerie dell'Accademia di Venezia. Rubrik: On-Line Collections. URL: https://www.gallerieaccademia.it/en/procession-saint-marks-square (15.02.2023).

Canaletto (Giovanni Antonio Canal): Piazza San Marco, Öl auf Leinwand, Ende der 1720er. In: The Metropolitan Museum of Art (Hg.): The MET, Rubrik: The Collection, Unterrubrik: European Paintings, Akzession Nr.: 1988.162. URL: https://www.metmuseum.org/de/art/collection/search/435839 (15.02.2023).

Forster, Edward Morgan: A Room with a View. London 1908.

Forster, Léon: Voyages au coin du feu. Scènes récréative et amusantes. Tours 1845.

Hofmann, Friedrich: Ein Mittag auf dem Marcusthurm in Venedig. In: Die Gartenlaube 22 (1866), S. 340–343.

Literaturverzeichnis

Ackroyd, Peter: Venice. Pure City. London 2009.

Albers, Patricia C. / James, William R.: Travel Photography. A Methodological Approach. In: Annals of Tourism Research 15 (1988), H. 1, S. 134–158.

Barth, Dieter: Das Familienblatt – ein Phänomen der Unterhaltungspresse des 19. Jahrhunderts. Beispiele zur Gründungs- und Verlagsgeschichte. In: Archiv für Geschichte des Buchwesens 15 (1975), Sp. 121–316.

Bucher, Hans-Jürgen: Mehr als Text mit Bild. Zur Multimodalität der illustrierten Zeitungen und Zeitschriften im 19. Jahrhundert. In: Natascha Igl / Julia Menzel (Hg.): Illustrierte Zeitschriften um 1900. Multimodalität und Metaisierung. Bielefeld 2016, S. 26–73.

Buzard, James: The Beaten Track. European Tourism, Literature, and the Ways to Culture, 1800–1918. 2. Aufl., New York, NY 1993.

Gebhardt, Hartwig: Illustrierte Zeitschriften in Deutschland am Ende des 19. Jahrhunderts. Zur Geschichte einer wenig erforschten Pressegattung. In: Buchhandelsgeschichte (Beilage zum Börsenblatt für den Deutschen Buchhandel) 10 (1983), H. 2, S. 41–65.

Gorsemann, Sabine: Bildungsgut und touristische Gebrauchsanweisung. Produktion, Aufbau und Funktion von Reiseführern. Münster 1996.

Graben – Retten – Teilen. In: Westdeutscher Rundfunk Köln (Hg.): DigIt. Das Archiv des analogen Alltags. https://digit.wdr.de/info (Seite offline). Archiviert in: Internet Archive. Wayback Machine. 15.06.2022. URL: https://web.archive.org/web/20220615111334/https://digit.wdr.de/info (15.02.2023).

Groot, Jerome de: Remaking History. The Past in Contemporary Historical Fictions. Milton Park / New York, NY 2016.

Haller, Michael: Die Reportage. 7. Aufl., Konstanz 2020.

Haus der Geschichte der Bundesrepublik Deutschland (Hg.): Endlich Urlaub! Die Deutschen reisen. Begleitbuch zur Ausstellung im Haus der Geschichte der Bundesrepublik Deutschland, Bonn, 6. Juni bis 13. Oktober 1996. Köln 1996.

Jäger, Jens: Fotografie und Geschichte. Frankfurt am Main / New York, NY 2009.

Kaufmann, Gerhard: Die Postkarte im Spiegel der Kultur und Gesellschaft. In: Robert Lebeck / Gerhard Kaufmann (Hg.): Viele Grüße... Eine Kulturgeschichte der Postkarte. Dortmund 1985, S. 399–437.

Koshar, Rudy: German Travel Cultures. Oxford / New York, NY 2000.

Lehni, Caroline: „Never the Twain Shall Meet“: The Impossible Encounter of Self and Other in the Illustrations of Nineteenth-Century British Travel Books on Egypt. In: Vanessa Alayrac-Fielding / Claire Dubois (Hg.): The Foreignness of Foreigners. Cultural Representations of the Other in the British Isles (17th-20th Centuries). Cambridge 2015, S. 52–73.

Löfgren, Orvar: Wish you were here! Holiday Images and Picture Postcards. In: Ethnologia Scandinavica. A Journal for Nordic Ethnology 15 (1985), S. 90–107.

Mandel, Birgit: Wunschbilder werden wahrgemacht. Aneignung von Urlaubswelt durch Fotosouvenirs am Beispiel deutscher Italientouristen der 50er und 60er Jahre. Frankfurt a. M. 1996.

Müller, Susanne: Die Welt des Baedeker. Eine Medienkulturgeschichte des Reiseführers 1830–1945. Frankfurt a. M. / New York, NY 2012.

Mysliwietz-Fleiß, Daniela / Pasternak, Jan: Geschichtstourismus im Computerspiel – Computerspiele als Geschichtstourismus. In: Daniela Mysliwietz-Fleiß / Jan Pasternak / Heiner Stahl (Hg.): „Geschichte ist unsere Spielwiese". Populäre Geschichtsbilder in Computerspielen. Bielefeld (erscheint voraussichtlich 2023).

Mysliwietz-Fleiß, Daniela: Die Fabrik als touristische Attraktion. Wien / Köln / Weimar 2020.

Opaschowski, Horst W.: Tourismus. Systematische Einführung – Analysen und Prognosen. 2., völlig neu bearb. Auflage. Opladen 1996.

Prahl, Hans-Werner: Entwicklungsstadien des deutschen Tourismus seit 1945. In: Hasso Spode (Hg.): Zur Sonne, zur Freiheit! Beiträge zur Tourismusgeschichte. Berlin 1991, S. 95–108.

Pretzel, Ulrike: Die Literaturform Reiseführer im 19. und 20. Jahrhundert. Untersuchung am Beispiel des Rheins. Frankfurt a. M. 1995.

Prinz, Sophia: Die Praxis des Sehens. Bielefeld 2014.

Scheidt, Tobias: „Spots in which the past is most at home". Populäre Zeitschriften als Medien des Geschichtstourismus in der Mitte des 19. Jahrhunderts. In: Angela Schwarz / Daniela Mysliwietz-Fleiß (Hg.): Reisen in die Vergangenheit. Geschichtstourismus im 19. und 20. Jahrhundert. Wien / Köln / Weimar 2019, S. 99–136.

Schwarz, Angela / Mysliwietz-Fleiß, Daniela: Von der Reise zur touristischen Praxis. Geschichte als touristisches Reiseziel im 19. und 20. Jahrhundert – eine Einführung. In: Angela Schwarz / Daniela Mysliwietz-Fleiß (Hg.): Reisen in die Vergangenheit. Geschichtstourismus im 19. und 20. Jahrhundert. Wien / Köln / Weimar 2019, S. 15–24.

Schwarz, Angela: Discovering the Past as a Virtual Foreign Country: Assassin's Creed as Historical Tourism. In: Erik Champion / Juan

Hiriart (Hg.): Assassin's Creed in the Classroom, Museum and Gallery. Berlin / Boston, MA (erscheint voraussichtlich 2023).

Schwarz, Angela: Pastness in the making. Von der Touristifizierung der verräumlichten Zeit in der Vergangenheit. In: Angela Schwarz / Daniela Mysliwietz-Fleiß (Hg.): Reisen in die Vergangenheit. Geschichtstourismus im 19. und 20. Jahrhundert, Wien / Köln / Weimar 2019, S. 25–44.

Starl, Timm: Eine kleine Geschichte der Knipserfotografie. In: Joachim Schmid (Hg.): ‚Knipsen'. Private Fotografie in Deutschland von 1900 bis heute. Stuttgart 1993, S. 5–13.

Starl, Timm: Knipser. Die Bildgeschichte der privaten Fotografie in Deutschland und Österreich von 1880 bis 1980. München 1995.

Über DigIt. In: Westdeutscher Rundfunk Köln (Hg.): DigIt. Das Archiv des analogen Alltags. URL: https://digit.wdr.de/howto (15.02.2023).

Urry, John: The Tourist Gaze. Leisure and Travel in Contemporary Societies. London 1990.

Venedig in Postkarten. In: Inka Chall (Hg.): Blickgewinkelt. Reise. Sehen. Fotografieren, Schreiben. Rubrik: Fotografie. Unterrubrik: Fotolocations. 19.05.2015. URL: https://blickgewinkelt.de/venedig-in-postkarten/ (15.02.2023).

Willoughby, Martin: Die Geschichte der Postkarte. Ein illustrierter Bericht von der Jahrhundertwende bis in die Gegenwart. Erlangen 1993.

Kim Meyer-Cech

Vom Wert historischer Themenstraßen – In-Wert-Setzen und Wertschöpfung durch touristische Kooperationen am Beispiel der Eisenstraße

Abstract: Using the Lower Austrian Iron Trail as an example this article discusses the different ways in which a historical theme trail might be useful to a region: its contribution a) to the preservation of cultural heritage, b) to the tourism industry, and c) to regional development by means of stakeholder networks.

1. Einleitung

In diesem Artikel wird der Wert historischer Themenstraßen anhand des Beispiels der niederösterreichischen Eisenstraße auf verschiedenen Betrachtungsebenen beleuchtet: a) für den Erhalt von wertvollem baulichen sowie immateriellem Kulturgut (Wertschätzung), b) zur touristischen Nutzung des kulturellen Erbes (Wertschöpfung) und c) als Beitrag zur Regionalentwicklung durch intersektorale Netzwerke aus Museen, Gemeinden, Vereinen etc. (historische Themenstraßen als Kooperationen). Die Autorin greift einerseits auf Ergebnisse ihrer Dissertation über Themenstraßen[1] zurück, in der die niederösterreichische Eisenstraße analysiert wurde (Regionsbeschreibung, problemzentrierte Interviews mit im Management tätigen Personen und Mitgliedern), andererseits erfolgten im Sommer 2021 ein mehrtägiger Lokalaugenschein in der Region, Interviews mit Betreibern thementouristischer Attraktionen und eine Recherche zur aktuellen Situation der Eisenstraße.

1 Meyer-Cech, Themenstraßen.

Nach einer einleitenden Erörterung des Begriffs „Themenstraße" und einer Vorstellung der zugrundeliegenden theoretischen Konzepte der eigenständigen Regionalentwicklung und der Lernenden Region wird das Fallbeispiel der niederösterreichischen Eisenstraße beleuchtet. Konkret wird die in der historischen Themenstraße angelegte Wertschätzung des kulturellen Erbes herausgearbeitet und die mit ihrer Hilfe erzielte Wertschöpfung betrachtet. Dabei wird auf die Kooperationen und Netzwerke eingegangen, die der Eisenstraße zugrunde liegen, und es werden Erfolgsfaktoren beim Management dieser Netzwerke herausgestellt, um abschließend mit Hilfe der exemplarisch gewonnenen Einsichten die Bedeutung historischer Themenstraßen für die von ihnen durchlaufenden Regionen aufzuzeigen.

1.1 Was ist eine Themenstraße?

Themenstraßen sind – kurz beschrieben – regionale Kooperationen mit touristischer Ausrichtung. Rund 60 davon gibt es in Österreich, die sich thematisch zwei großen Gruppen zuordnen lassen: Fast zwei Drittel haben einen kulinarischen Schwerpunkt, der Großteil davon wiederum sind Weinstraßen. Das restliche Drittel kann als kulturelle oder kulturhistorische Themenstraßen bezeichnet werden, viele haben mit Schlössern und Burgen zu tun, andere mit industriehistorischen Themen wie Eisen-, Holz- oder Textilverarbeitung.

Der Anspruch von Themenstraßen geht über denjenigen von Routen, an deren Verlauf touristische Aktivitäten erhöht werden sollen, hinaus. Themenstraßen dienen auch nicht allein der Kreation eines regionalen Markenzeichens. Vielmehr stellen sie einen roten Faden dar, mit dessen Hilfe eine Region sowohl an die Menschen, die dort leben und arbeiten, als auch an die Menschen, die sie besuchen, kommuniziert werden kann. Sie sind regionale Initiativen, denen Netzwerke unter einem gemeinsamen Namen zugrunde liegen. Ihr Ziel liegt darin, das vorhandene Potenzial einer Region zu erhalten, weiterzuentwickeln und touristisch zu vermarkten. Die „Straße" im engeren Sinn stellt das Bindeglied dar, um ein Regionsbewusstsein für die dort lebenden Menschen und ein regionales Image für die Gäste zu schaffen.

1.2 Eigenständige Regionalentwicklung und Lernende Region

Als *eigenständige Regionalentwicklung* (auch endogene Regionalentwicklung) wird eine sektorenübergreifende Verbesserung der wirtschaftlichen, sozialen und kulturellen Lebensbedingungen durch selbstbestimmte Hilfe – unter Berücksichtigung ökologischer Aspekte – verstanden.[2] Dieses Konzept ist gekennzeichnet durch die Aktivierung sogenannter endogener Ressourcen wie die Landschaft, Rohstoffe, kulturelle Güter oder Fähigkeiten der Bevölkerung. Laut Kern sind diese Ressourcen regional bereits vorhanden, aber sie sind „verwickelt" und müssen also „entwickelt" werden bzw. sich entwickeln.[3] Bei Themenstraßen sind derartige Ressourcen vor Ort etwa Produkte der Region oder auch kultur- bzw. industriehistorisches Erbe, die durch die Einrichtung einer Themenstraße aktiviert werden.

Bei Betrachtung der Charakteristika einer *Lernenden Region* fallen einerseits viele Parallelen zur eigenständigen Regionalentwicklung auf, wie etwa die Konzentration auf endogene Entwicklungspotenziale, die Vernetzung von Akteuren und der Aufbau von Partnerschaften und Netzwerken. Andererseits liegt der Fokus stärker auf der Prozessebene, sowohl bei der Entwicklung von Regionen, Netzwerken und Unternehmen als auch mit Blick auf Veränderung und Lernvorgänge. Regionen sind Systeme, die einer ständigen Veränderung unterliegen. Eine „proaktive Auseinandersetzung mit Veränderungsprozessen, um im Wettbewerb der Regionen bestehen zu können"[4], ist ein grundlegendes Ziel einer Lernenden Region. Das Lernen geht in einer Lernenden Region über individuellen Kenntnis- und Kompetenzerwerb hinaus. Senge spricht in diesem Zusammenhang etwa von Team-Lernen[5]; Thierstein und Walser zählen dazu u.a. den „Erfahrungsaustausch zwischen verschiedenen Gruppen oder das Lernen von anderen Regionen und ihren innovativen Projekten. Kollektives Lernen umfasst aber auch Lernprozesse in Richtung einer gemeinsamen regionalen Identität. Das daraus gewonnene Selbstvertrauen ist eine zusätzliche Quelle für Innovation"[6]. Historische Themenstraßen

2 Heintel, Regionalentwicklung; Weber, Entwicklungspolitik.
3 Kern, Kommunikation, S. 67.
4 Scheff, Regionen, S. 49.
5 Senge, Disziplin.
6 Thierstein/Walser, Region, S. 189.

haben das Potenzial, Veränderungsprozesse proaktiv mitzugestalten und zur regionalen Identität beizutragen.

2. Die niederösterreichische Eisenstraße

Die niederösterreichische Eisenstraße (NÖ Eisenstraße) liegt inmitten des historischen Gebietes der Eisenwurzen, eines über Jahrhunderte gewachsenen Wirtschaftsraumes im Dreiländereck Niederösterreich, Oberösterreich und Steiermark, der zu seiner Hochblüte im 16. Jahrhundert Österreich und große Teile Europas mit Eisenwaren aller Art versorgte.

2.1 Abriss zur Geschichte der Eisenverarbeitung in der Region Eisenwurzen

Seit dem 8. Jahrhundert wurde am steirischen Erzberg Eisenerz gewonnen.[7] Von dort breitete sich seit dem 14. Jh. die Eisenverarbeitung über die steirischen, niederösterreichischen und oberösterreichischen Eisenwurzen aus, und es erfolgte eine Spezialisierung der Eisenverarbeitung: Es gab die Radmeister in Eisenerz[8], die Bergbau betrieben und in der Nähe des Berges das Eisen schmolzen und Roheisen erzeugten. Weiter entfernt in den wasser- und waldreichen Gegenden fertigten die Hammerherren aus dem Rauheisen marktgängige Waren. In den Tälern der ober- und niederösterreichischen Eisenwurzen gab es viele Hammerwerke und Schmieden, die sogenannten Gewerke. Die Besitzer dieser Betriebe wurden wegen ihres

7 Vgl. Roth, Eisenwurzen; Schuller / Schuller, Steiermark; Fahrengruber, Erlebnis.

8 Um Missverständnissen vorzubeugen: Bei Eisenerz handelt es sich um eine kleine steirische Stadt, die neben drei weiteren Kastralgemeinden auch eine mit demselben Namen umfasst. Der Name des Ortes war ursprünglich Innerberg (nicht zu verwechseln mit zwei gleichnamigen Gemeinden ebenfalls in der Steiermark sowie in Vorarlberg); die Umbenennung (die mit der ersten urkundlichen Erwähnung 1230 des Gebietsnamens „Aerze" korrespondiert) ist mit den seit dem Mittelalter bekannten Erzvorkommen und deren Abbau verbunden, 1443 ist noch die Formulierung „inner dem Berge" (= Innerberg) belegt. Der heutige Name setzte sich vermutlich ab dem 17. Jahrhundert (Mitte des Jahrhunderts ist die Beschreibung des „weyt berümpten Marktes Eysenärtz" nachweisbar) durch. Vgl. Günther, Eisenerz, S. 7–8; vgl. auch Randig, Revitalisierung, S. 5, der allerdings inkorrekte Schreibweisen widergibt, und zur Stadtgeschichte allgemein Loehr, Ortsgeschichte von Eisenerz.

Wohlstandes als „Schwarze Grafen“ bezeichnet. In den Eisenwurzen wurde „Kleineisenindustrie“ betrieben, dazu gehört etwa die Herstellung von Sensen, Sicheln, Pfannen, Messern und Maultrommeln. Die wichtigste Bauform der niederösterreichischen Eisenwurzen sind die Hammerherrenhäuser, meist mit aufwändigem, vorwiegend grau-weißem Sgraffito geschmückt. Köhler erzeugten die sowohl für die Verhüttung als auch für die Verarbeitung des Eisens benötigte Holzkohle. Die städtischen Händler sorgten für den Vertrieb der Eisenerzeugnisse und stellten Kapital zur Verfügung. Neben Fuhrwerken wurde auch der Wasserweg via Enns und Donau benützt, um Eisen, sogar bis nach Wien, zu transportieren.

Von großer Bedeutung war auch der Provianthandel zwischen Eisenerz und dem Erlauftal, der durch den Bau der Straße über den Mendlingpass enorm erleichtert wurde. Die Provianthändler lieferten Lebensmittel nach Eisenerz und brachten Eisen zurück, mit dem sie die Schmieden versorgten.

Die Art der Sehenswürdigkeiten der Eisenstraßen in den drei Bundesländern folgt obigem Schema: es beginnt mit dem Erzberg, dann folgen Reste von Stucköfen und Hochöfen, Hammerwerke und Herrenhäuser der „Schwarzen Grafen“, ehemalige Proviant- und Eisenspeicher und in der Stadt Steyr gediegene Bürgerhäuser.

2.2 Region der Eisenstraße Niederösterreich

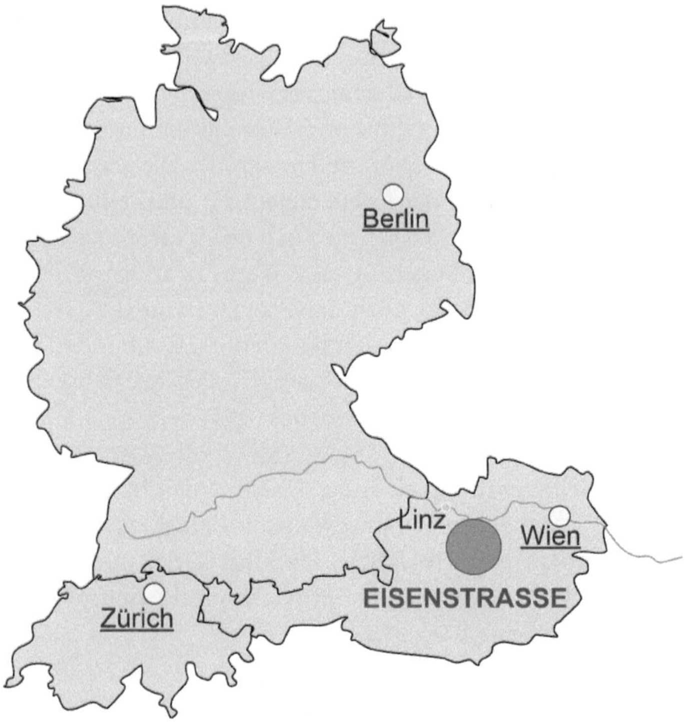

Abb. 1: Lage der NÖ Eisenstraße. Eigene Bearbeitung.

Historisch ist die Region der NÖ Eisenstraße durch die gemeinsame Industrie- und Kulturgeschichte mit ihrem arbeitsteiligen System der Provianterzeugung im Norden (Bauern) und der Metallverarbeitung im Süden (Hammerherren) geprägt. Topographisch gesehen ist die Region im Norden dem niederösterreichischem Alpenvorland und im Süden den Kalkalpen zuzuordnen, sie hat Anteil an drei Naturparken. Heute (2022) umfasst die Region der NÖ Eisenstraße 24 Gemeinden mit 63.468 EinwohnerInnen auf einer Gesamtfläche von 1.421,83 Quadratkilometern.[9]

9 Statistik Austria, Blick.

Die südlichen Gemeinden in den waldreichen Gebieten der Kalkalpen sind dünner besiedelt als die vergleichbaren Gemeinden im nördlichen Teil der Region. Insgesamt ist die Bevölkerungsentwicklung seit 2001 leicht rückläufig; der PendlerInnenanteil beträgt mehr als 50 %, d. h. es handelt sich um einen eher strukturschwachen ländlichen Raum.

Zusammenfassend können folgende Faktoren als regionale Voraussetzungen für die Entstehung der NÖ Eisenstraße genannt werden:

- viele Bauwerke aus der Zeit der Eisenverarbeitung: Hammerwerke, Schmieden, Triftanlagen, Hammerherrenhäuser;
- mehr als die Hälfte der Beschäftigten sind PendlerInnen;
- großer Waldreichtum, viele Tallagen – dadurch sind die Entwicklungsmöglichkeiten im ersten und zweiten Wirtschaftssektor beschränkt;
- der Tourismus war zu Zeiten der Sommerfrische bis in die 1970er Jahre ein wichtiges ökonomisches Standbein in der Region;
- die Eisenverarbeitung prägt auch heute noch diesen Raum.

3. Wertschätzung des kulturellen Erbes: In-Wert-Setzen

Mit der Industrialisierung verlor die Region an Standortvorteilen, nämlich Holz und Wasser als Energieträger, denn Kohle und Dampf konnten standortunabhängig eingesetzt werden. Ein Großteil der Kleineisenindustrie, wie sie in den Eisenwurzen vorherrschte, brach zusammen. Mit dem Niederbruch ging viel Wissen um die Zusammenhänge der Erzgewinnung und Eisenverarbeitung verloren. „Das Thema ‚Eisenwurzen' war negativ besetzt und aus dem Bewusstsein der Bevölkerung fast verschwunden"[10], schildert ein Interviewpartner die Situation.

In Niederösterreich waren die Bemühungen von Heimatforschern, einem Hobby-Historiker und Gemeinderäten ausschlaggebend für die Gründung des Vereins NÖ Eisenstraße. Diese befassten sich mit der Geschichte der Region und setzten sich für die Erhaltung der noch vorhandenen montanhistorischen Denkmäler, die von sukzessivem Verfall, von Umnutzung oder Abbruch bedroht waren, ein. „Da geht Wertvolles verloren [...], und die Menschen wissen nicht Bescheid darum, wissen das

10 Meyer-Cech, Themenstraßen, S. 160.

nicht zu schätzen, da muss man etwas tun“[11], ist eine Auffassung in den dort erhobenen Interviews. Die Initialzündung zur Gründung des Vereines NÖ Eisenstraße war ein Straßenbauprojekt in Ybbsitz, im Zuge dessen einige Hammerwerke abgerissen hätten werden sollten. Der Fahrngruber Hammer (Abb. 2) spielte eine wichtige Rolle bei der Gründung der NÖ Eisenstraße, auch er sollte abgerissen werden.

Abb. 2: Fahrengruber Hammer in Ybbsitz. Foto: A. Cech.

11 Ebd., S. 163.

Die Landesregierung von Niederösterreich und andere Förderstellen wollten die eingereichten Anträge zur Erhaltung alter Hämmer nur positiv beurteilen, wenn es sich um ein regionales Gesamtprojekt handelte und der Förderempfänger ein Verein war, der aus mehreren Gemeinden bestand. Die Heimatforscher konnten schließlich 13 Gemeinden von der Notwendigkeit der Revitalisierung der Hämmer überzeugen. Am 28. September 1990 wurde der Verein Niederösterreichische Eisenstraße gegründet. Behilflich bei der Vereinsgründung war, dass der Verein Steirische Eisenstraße zu diesem Zeitpunkt bereits existierte. Es gab gebürtige Niederösterreicher, die in Leoben an der Montanuniversität studiert hatten, und dann „als *Wanderprediger* zurückgekommen sind“[12].

In der ersten Phase setzte die NÖ Eisenstraße ihren Schwerpunkt auf immaterielle Aspekte der Regionalentwicklung, wirtschaftliche Aspekte kamen erst später dazu:

- gesteigerte Wertschätzung des baulichen und immateriellen kulturellen Erbes und dessen entsprechender Schutz;
- identitätsstiftende Funktion im Sinne von Plitzka, der unter kultureller Identität die aktive kulturelle Auseinandersetzung und Mitverantwortung der einheimischen Bevölkerung, die darin Anregungen für ihr Selbstverständnis sucht, versteht[13];
- Erzeugung einer Aufbruchsstimmung und Stärkung des Selbstvertrauens.

Ab Beginn der 1990er Jahre wurden viele Hämmer und Schmieden renoviert, Museen neu gestaltet oder errichtet; Themenwege und Präsentationspunkte entstanden; Prospekte und Reiseführer in Buchform wurden aufgelegt.[14] In diese Zeit fällt die Ernennung des Vereinsgebietes der NÖ Eisenstraße zum „Kulturpark Eisenstraße“ durch die Niederösterreichische Landesregierung (bis 2014 wurde die NÖ Eisenstraße so bezeichnet). Ähnlich den österreichischen Naturparks, die neben dem Erhalt von besonderen Naturlandschaften v. a. der Erholung der Bevölkerung dienen, ist der Hauptzweck eines Kulturparks die Erhaltung des kulturellen

12 Meyer-Cech, Themenstraßen, S. 164.
13 Plitzka, Qualität, S. 8.
14 Mauler, Aufbruch, S. 24 f.

Erbes, das Bildungs- und Erholungsfunktionen für die Bevölkerung erfüllen soll.

Weitere Beispiele für die In-Wert-Setzung des kulturellen Erbes der Eisenstraße sind:

- Museen:
  - Das „FeRRUM – welt des eisens“ in Ybbsitz (ehemals Kremayr-Haus), ein multimediales Museum über die Geschichte des Metalls Eisen als Dauerausstellung mit interaktiven Elementen. Nach umfangreicher Restaurierung und Neuadaptierung des Gebäudes wurde das Museum 2006 neu eröffnet.
  - Das 5-Elemente Museum in Waidhofen, das sich u. a. der Geschichte des Eisens widmet.
  - Das Proviant-Eisen-Museum Gresten, in dem die Geschichte des Marktes Gresten, die Eisenverarbeitung, die Proviantversorgung sowie das soziale, religiöse und wirtschaftliche Umfeld präsentiert wird.
  - Das Hammerherrenmuseum im Ammonhaus in Lunz am See, das sich der Geschichte der „schwarzen Grafen“ widmet. Das Haus hat eine kunstvolle Sgrafitto-Fassade und wird als eines der schönsten Renaissance-Bauten Österreichs bezeichnet.[15] Der Arkadenhof wird zudem für Ausstellungen und Konzerte genutzt.
- Die Renovierung und Zugänglichmachung von Schmieden, Hammerwerken u. Ä.:
  - Die Schmiedemeile in Ybbsitz als Themenweg, auf dem acht Meilensteine Monumente aus der Blütezeit der Eisenverarbeitung zeigen. Renovierte Hammerwerke öffnen für BesucherInnen ihre Pforten, etwa bei Schmiedevorführungen und diversen anderen Veranstaltungen. Eine der Attraktionen ist der Eyblhammer (s. Abb. 3), eine Werkzeugschmiede, in der Sepp Eybl als freischaffender Künstler arbeitet und Schmiedekurse abhält. Auch das erwähnte „FeRRUM – welt des eisens“-Museum ist Teil der Schmiedemeile.

15 Bilek-Czerny (Red.): Most- und Eisenstraße, S. 24.

Abb. 3: Eyblhammer. Foto: A. Cech.

- o Der Grabner-Hammer in Gaming.
- o Der Treffenguthammer in Hollenstein an der Ybbs: Auch hier finden Schauschmiedevorführungen statt (im Sommer und zur Weihnachtszeit).

- o Die Holztriftanlage in Göstling an der Ybbs – „Erlebniswelt Mendlingtal“: In der an der niederösterreichisch-steiermärkischen Grenze gelegenen Ortschaft Mendling wurde ein rund drei Kilometer langer Themenweg entlang der letzten funktionierenden Holztriftanlage Mitteleuropas angelegt. Ein Schmiedegesellenhaus, eine Venezianer-Brettersäge, eine Schmiede, eine Mühle und die Mendlingbachklause samt Triftsee sind einige der Attraktionen. An bestimmten Tagen finden Schautriftvorführungen statt.
- Die Aufnahme der „Schmieden in Ybbsitz“ in das Nationale Verzeichnis des Immateriellen Kulturerbes der UNESCO (2010).
- Die Teilnahme am EU-Projekt „Cultural Capital Counts“ mit neun weiteren europäischen Partnern: Das Credo dieses Projektes lautet „Von der Tradition zur Innovation“, d. h. das Einbeziehen kultureller Ressourcen in die regionale Wirtschaft soll einerseits ein Beitrag zur Wirtschaft sein und andererseits einen Beitrag zur Stärkung der regionalen Identität leisten. Dies geschieht durch das Inwertsetzen von Talenten, Fähigkeiten und Traditionen (z.B. Volkskultur, Feste, Entwickeln einer Eisenstraßentracht).

4. Wertschöpfung – Touristische Nutzung und Regionalentwicklung

In der ersten Phase der NÖ Eisenstraße, die mit der Vereinsgründung 1990 begann, standen Kultur, die Pflege des montanhistorischen Erbes und das Wirken nach innen – wie die Kommunikation mit der Bevölkerung und identitätsstiftende Maßnahmen – im Mittelpunkt. Mit der Anerkennung der Eisenstraßenregion als LEADER-Region im Jahr 1996 – LEADER[16] ist ein EU-Programm zur Entwicklung ländlicher Räume – kam auch der Zugang zu EU-Fördermitteln, und viele der geplanten Revitalisierungsprojekte konnten finanziert werden. Außerdem begann auch eine touristische Nutzung und Vermarktung des kulturellen Erbes. Es entstand auch eine Außenwirkung; potenzielle Gäste sollten die Region besuchen, um so Wertschöpfung zu erzielen. Das thematische Angebot der Themenstraße

16 Liason entre actions de développement de l’économie rurale (LEADER) – Verbindung zwischen Aktionen zur Entwicklung der ländlichen Wirtschaft.

induziert Besucherströme und sorgt für tourismuswirtschaftliche Primäreffekte durch Nächtigungen und Verpflegung sowie tourismuswirtschaftliche Sekundäreffekte durch Souvenirs, Schmiedekurse und landwirtschaftliche Produkte. Themenstraßen ziehen vor allem Tages- und Exkursionstouristen an, hauptsächlich in der Sommersaison. Auch Kurzurlaubsgäste werden angelockt, daher können Themenstraßen auch positive Auswirkungen auf die Zahl der Nächtigungen haben.

Die touristische Wertschöpfung kann dabei durch zwei Brillen betrachtet werden: einerseits gibt es, betriebswirtschaftlich betrachtet, einen Nutzen für die einzelnen Betriebe (etwa durch direkte Ausgaben oder Investitionen im Beherbergungs- oder Gastronomiebetrieb), und andererseits gibt es volkswirtschaftliche Effekte durch die wirtschaftlichen Verflechtungsbeziehungen mit tourismusfremden Wirtschaftsbereichen in der Region (z. B. durch Vorleistungen Dritter wie Zulieferbetriebe oder Nahrungsmittelerzeugung) sowie dadurch, dass das erzielte Einkommen erneut in der Region ausgegeben wird. Diese Multiplikatoreffekte sind umso größer, je mehr Vorleistungen in der Region selbst erbracht werden und bewirken eine Streuung des Nutzens in der Region – die Themenstraße fungiert als Motor der Regionalentwicklung.

Ein zusätzlicher touristischer Schwerpunkt wurde im Jahr 2000 gesetzt, durch den Zusammenschluss des Vereins NÖ Eisenstraße mit dem Tourismusverband Ötscherland. Dadurch wurde der Verein zum größten Gesellschafter der Mostviertel Tourismus GmbH, die sich um die touristische Vermarktung der übergeordneten Region des Mostviertels kümmert.

In der jüngsten LEADER-Förderperiode (ab 2014) kam zum Tourismusmarketing noch eine modernere Interpretation der Geschichte der Eisenverarbeitung hinzu, indem sich die Region selbstbewusst als Zentrum der Metallverarbeitung (in Ausbildung, Unternehmertum und Forschung) positioniert.

4.1 Das touristische Produkt

Eine Besonderheit im Tourismus ist, dass das touristische Angebot am Reiseziel aus einer Vielzahl an unterschiedlichen Angebotselementen besteht. Viele verschiedene Personen, Betriebe und Institutionen leisten dazu einen Beitrag. Hierzu zählen beispielsweise die Beherbergungsanbieter (große und kleine Hotels, Parahotellerie), die Gastronomiebetriebe sowie die Freizeit- und Kulturunternehmen. Auch administrative und politische Instanzen wie die Gemeinden, Verbände oder auch das Gewerbe zählen dazu. Man spricht in diesem Zusammenhang vom „touristischen Produkt“[17]. Das touristische Produkt ist ein Leistungsbündel, dessen einzelne Bestandteile sich gegenseitig ergänzen und voneinander abhängig sind. Die touristische Dienstleistung wird also nicht nur durch einen, sondern durch eine große Anzahl rechtlich selbstständiger DienstleistungsanbieterInnen, die sogenannten touristischen LeistungsträgerInnen, erbracht. Aus Sicht des Touristen handelt es sich bei dem Leistungsbündel des Zielgebietes um ein Produkt, welches sich zwar aus verschiedenen Teilleistungen zusammengesetzt, vom Nachfrager jedoch in seiner Gesamtheit als Ganzes wahrgenommen wird. In Bezug auf Angebotsgestaltung und Vermarktung ergibt sich daraus ein Koordinationsbedarf der Einzelbestandteile, der an späterer Stelle des Beitrags noch thematisiert wird. Die sogenannten „touristischen Kernaktivitäten“ sind „essen, trinken, schlafen“, d. h. Beherbergung und Gastronomie. Die Eisenstraße mit ihren Museen und Ausstellungen, Wanderwegen und Hammerwerken bietet ein wichtiges Ergänzungsangebot und ist somit ein bedeutender Bestandteil des touristischen Produkts. Sie trägt mit ihren Angeboten dazu bei, die Aufenthaltsdauer der Gäste und damit die Wertschöpfung zu erhöhen.

4.2 Wertschöpfung durch Nächtigungstourismus

In Bezug auf die Nächtigungen sind Winter- und Sommertourismus in der Eisenstraßenregion annähernd ausgeglichen; der Sommertourismus dominiert im Durchschnitt leicht gegenüber dem Wintertourismus (im Bezirk Scheibbs entfielen in der Saison 2018/19, also vor Corona, 46 % der Nächtigungen auf den Winter und 54 % der Nächtigungen auf den Sommer; im Bezirk Amstetten 40 % auf den Winter, 60 % auf den Sommer)[18]. Es gibt ein paar kleinere, regional bedeutsame Skigebiete in der Region, dort ist das Verhältnis umgekehrt (z.B. im Tourismusjahr 2018/19 in der

17 Vgl. Eisenstein, Grundlagen.
18 Statistik Austria, Tourismus.

Gemeinde Göstling, Skigebiet Hochkar: Winter 56 %, Sommer 44 % der Nächtigungen).

Haupttätigkeiten der Sommergäste sind Formen der landschaftsgebundenen Erholung wie Wandern und Radfahren. Ein dichtes Netz von Wanderwegen durchzieht das Gebiet. Acht Gemeinden, die sich im Raum Ybbsitz unter dem Namen „Ybbstaler Alpen" zusammengeschossen haben und eng mit dem regionalen Tourismusverband und der Eisenstraße zusammenarbeiten, entwickeln ein Netz an gemeindeübergreifenden Radwegen. Des Weiteren bieten Salza, Ybbs und Enns gute Möglichkeiten, Wassersport zu betreiben, z.B. Rafting und Paddeln. Auch Paragleiten ist in der Region möglich.

Die absoluten Nächtigungszahlen in der Eisenstraßenregion hatten 2012 mit insgesamt knapp 352.000 Nächtigungen ihren Tiefpunkt erreicht.[19] Im Rekordjahr 2019 (dieses Jahr war in ganz Österreich das erfolgreichste Tourismusjahr seit langem) konnten über 400.000 Nächtigungen verzeichnet werden (ähnliche Zahlen gab es zuletzt im Jahr 2001). Die Auswirkungen der Corona-Maßnahmen brachten vorübergehend starke Einbußen (etwas über 290.000 Nächtigungen im Jahr 2020).

Die Eisenstraßenregion ist eine Destination für Tages-, Wochenend- und Kurzurlaubstourismus. Zwei Drittel der Gäste kommen aus dem Inland und davon wiederum zwei Drittel aus dem Ballungsraum Wien und aus Niederösterreich. Unter den ausländischen Gästen befinden sich vor allem Deutsche, die sich auf der Durchreise befinden. Die Erreichbarkeit mit dem Auto aus den städtischen Ballungsräumen Ostösterreichs ist gut; einen Schwachpunkt stellt allerdings der öffentliche Verkehr dar.

In der Region gibt es eine geringe Dichte an touristischen Leitbetrieben, weshalb die Bettenkapazität und -qualität mangelhaft ist. Qualitätsbetriebe in ausreichender Zahl gibt es nur in den zweisaisonalen Tourismusgemeinden im Skigebiet um Ötscher und Hochkar sowie in der Stadt Waidhofen, die ein wichtiges regionales Zentrum darstellt. In den übrigen Gemeinden spielte der Tourismus bisher nur eine marginale Rolle, weshalb in diesen auch 2- bis 3-Sterne-Betriebe und Privatzimmervermietung überwiegen.

19 Eisenstraße Niederösterreich, Wege.

Das Schloss an der Eisenstraße: Das Schloss an der Eisenstraße (ehemals Schloss Zell) ist ein Hotel mit fast 92 Zimmern, das 2002 zu einem 4-Sterne-Hotel sowie zu einem Seminar- und Kongresszentrum mit großem Veranstaltungssaal ausgebaut wurde. Die wirtschaftlichen Effekte dieses touristischen Leitbetriebs sind vielfältig und wurden ein Jahr nach dem Umbau an der WU Wien quantifiziert[20]: Neben Beschäftigungseffekten sind auch Auswirkungen auf den Gemeindehaushalt durch vermehrte Steuereinnahmen zu verzeichnen. Von der jährlichen Investitionssumme von € 1.430.000,-, die für den Schlossbetrieb notwendig ist (Arbeitskräfte, Wareneinkauf, Dienstleistungen), werden rund 90 % in Waidhofen und in den umliegenden Gemeinden getätigt. Der Betrieb des Hotels und des Veranstaltungszentrums führt allein durch die Beschäftigungseffekte zu einem vermehrten Kommunalsteueraufkommen; dazu kommen noch weitere gemeindeeigene Steuern und Sekundäreffekte. Ein weiterer Vorteil für die Gemeinde ist das Veranstaltungszentrum des Hotels mit seinem Saal für 600 Gäste, ohne das ein neuer Stadtsaal hätte errichtet werden müssen.

4.3 Wertschöpfung durch Projekte und kulturelle Events

Die Umsetzung von Projekten (Renovierung von kulturhistorischen Objekten, Um- und Neubauten von Museen u. a.) und Veranstaltungen (Schmiedefest, Messermarkt usw.) führen zu direkten und indirekten Beschäftigungs- und Wertschöpfungseffekten in der Region. Zu den relevanten Projekten und Events in der Region der NÖ Eisenstraße und Events zählen etwa:

Schloss Rothschild in Waidhofen a. d. Ybbs – Museum, Gastronomie, Landesausstellung: Das Schloss Rothschild ist eine ursprünglich

20 Cuncel / Kulhanek, Themenstraßen, S. 149 f.

mittelalterliche Burg. Unter dem berühmtesten namensgebenden Besitzer des Schlosses, Albert Salomon Anselm von Rothschild, fand ein tiefgreifender neugotischer Umbau statt. Heute befindet sich das Schloss im Besitz der Stadt. Bis 2007 wurde es einer grundlegenden Renovierung unterzogen, in deren Rahmen durch den Architekten Hans Hollein neue architektonische Akzente gesetzt wurden. Abb. 4 zeigt den Glaskubus, der als Wahrzeichen der Landesausstellung 2007 „Feuer & Erde"[21] gebaut wurde und vom Schlosswirt bewirtschaftet wird. Neben dem Schlosswirt beherbergt das Schloss auch das bereits erwähnte 5-Elemente Museum.

Abb. 4: Schloss Rothschild in Waidhofen mit Glaskubus. Foto: A. Cech.

Historischer Schmiedehammer Schwarze Kuchl – Erlebnisgastronomie: Am Schwarzbach nahe dem Schloss Rothschild befinden sich ein

21 Das Schloss Rothschild war neben dem Schloss Sankt Peter in der Au Schauplatz der niederösterreichischen Landesausstellung 2007.

historischer Schmiedehammer und eine alte Bauernküche, die bereits in der Vergangenheit für kleinere Veranstaltungen genutzt wurden, allerdings gab es zu wenig Sitzmöglichkeiten, und Getränke und Speisen konnten nicht gekühlt werden. Im Rahmen eines LEADER-Projektes in Kooperation mit der Eisenstraße wurde das alte Schmiedegebäude zum „Genussraum Schmiede“ ausgebaut, wodurch eine verbesserte Nutzung und somit höhere Wertschöpfung ermöglicht wurde.

„FeRRUM – welt des eisens“ – Erlebnismuseum: Zu den bereits ausgeführten Informationen sei noch ergänzt, dass das Haus auch das Tourismusbüro beherbergt, das sich um die Betreuung aller Angebote rund um das Schmieden und Ausflüge in die Region kümmert. Außerdem gibt es einen Shop-Bereich, wo Kunst- und Handwerksprodukte erhältlich sind. Merchandising, also die Vermarktung bestimmter, mit einer Destination, einem Film, dem Sport o. ä. in Zusammenhang stehender Produkte, ist ein wichtiger Faktor für die Wertschöpfung, denn es bietet zum einen zusätzliche Werbepräsenz und stellt zum anderen eine – oft bedeutende – Einnahmequelle dar. Es gibt zahlreiche kleine Museen, die einen Großteil des Umsatzes über ihren Shop generieren[22].

Ferraculum – internationales Schmiedefest: Das Ferraculum ist ein seit 1998 alle zwei Jahre stattfindendes internationales Schmiedefest in Ybbsitz mit Schauschmieden, Workshops, Vorträgen, offenen Werkstätten und Ausstellungen. Vor der Corona-Pandemie nahmen jeweils ca. 250 Fachleute aus der Welt der Schmiede und Metallgestalter, darunter auch viele KünstlerInnen, aus 13 Nationen bzw. 100 Regionen daran teil. Nach jedem Ferraculum bleibt eine Skulptur als Andenken im öffentlichen Raum zurück. In Gedenken an den 2008 verstorbenen „Schmiedepapst“ Professor Habermann wurden im Jahr 2018 50 Arbeiten von Schmieden mitgebracht und zu einem gemeinsamen Denkmal zusammengestellt.

---

22 Die Amethystwelt in Maissau, Niederösterreich, erwirtschaftet sogar 70 % des Umsatzes über den Amethystshop (Angaben im Vortrag von Michael Zacek, damaliger Geschäftsführer der Amesthystwelt, zu „Entwicklung und Vermarktung touristischer Attraktionen“ am 20.03.2019 im Rahmen der Veranstaltung „Touristische Raumplanung“ an der BOKU Wien).

Abb. 5: Epitaph zum Gedenken an Prof. Alfred Habermann. Foto: A. Cech.

Schmiedeweihnacht: Die „Schmiedeweihnacht“ ist ein jährlich stattfindender Adventmarkt, bei dem Schmiede und Handwerker am Marktplatz, entlang der Schmiedemeile, in den Verkaufs- und Schauräumen im FeRRUM sowie im Werk Sonneck ihre Kunstwerke präsentieren und regionale Kunsthandwerker ihr Handwerk zeigen. In den Jahren vor der Corona-Pandemie war dieser Markt die größte und publikumsstärkste Veranstaltung in Ybbsitz. Im Jahr 2018 kamen 12.000 Gäste, im Jahr 2019 insgesamt sogar 14.000 Gäste in den knapp 3.400-Seelen-Ort. Bis zu 100 Schmiede waren in manchen Jahren zu Gast.[23]

Messermarkt: Im Ybbstal gab es neben Werkzeug- und Pfannenschmieden auch Messerschmiede. 2010 fand der erste Ybbsitzer Messermarkt statt, der sich mittlerweile als anerkannte Fachmesse für Messerliebhaber – Fachpublikum, Jägerschaft, Sammler wertvoller Messer, interessierte Laien – etablieren konnte. Mit ca. dreißig bis vierzig Ausstellern aus acht Ländern ist der Markt der größte Europas.

23 Vgl. Flammende Schmiedeweihnacht.

In der Anfangszeit der Eisenstraße gab es viele Skeptiker, die unter anderem darauf verwiesen, dass es in der Region wenig Gastronomie und fast keine Beherbergungsbetriebe gebe. Einer dieser Skeptiker der frühen Stunde, wurde der Autorin in einem Gespräch mit einem Einheimischen erzählt, macht nun selbst Messer und stellt beim Messermarkt aus (seine Frau ist im FeRRUM angestellt), und als er zu einer einschlägigen Veranstaltung in Frankreich rund um das Thema Damaszener Stahl[24] fuhr, wurde er freudig und ehrfürchtig als „der Experte aus Ybbsitz" willkommen geheißen.

Historische Holztriftanlage – Erlebniswelt Mendligtal: Aufzeichnungen über BesucherInnen von touristischen Attraktionen gibt es in der NÖ Eisenstraße nur dort, wo Eintrittspreise verlangt werden, so zum Beispiel bei der Holztriftanlage in Göstling a. d. Ybbs, die bereits vorgestellt wurde. Im Eröffnungsjahr 1998 wurden 17.519 BesucherInnen gezählt, 2019 (vor Corona) lag der Wert bei ca. 27.000 Gästen.[25] In der Umgebung der Attraktion konnte ein leichter Anstieg der Nächtigungen verzeichnet werden, zehn Arbeitsplätze wurden geschaffen.[26] Wertschöpfung wird darüber hinaus durch den Verkauf von Eintrittskarten und Souvenirs sowie durch die Umsätze der Gastronomie generiert. Das Hammerherrenhaus fungiert als Jausenstation, und es besteht eine Kooperation mit einem Eisenstraßenwirt.

Die Geschichte des Eisens prägte in der Region nicht nur die Identität der Bevölkerung und das touristische Image, sondern wirkt sich auch auf das wirtschaftliche Selbstverständnis in Hinblick auf die zeitgenössische metallverarbeitende Industrie in der Region aus.

4.4 Wertschöpfung durch metallverarbeitende Industrie

Mit dem Niedergang der Eisenindustrie Mitte des 19. Jahrhunderts geriet die gesamte Eisenwurzen in eine wirtschaftlich schwierige Situation. Vor

24 Stahl mit einer teilweise gut sichtbaren Maserung auf Grund gehärteter und weicher Stahlschichten.

25 An zweiter Stelle punkto Besucherzahlen liegt in der Region die Burgarena Reinsberg mit rd. 20.000 BesucherInnen und das Braumuseum der Brauerei Wieselburg mit etwa 7.000 Gästen.

26 Cuncel / Kulhanek, Themenstraßen, S. 129.

Gründung der Eisenstraße (1990) war nur die Firma Welser (Stahlprofile) erfolgreich, die Firma Sonneck (Werkzeuge) importierte Eisenwaren aus Tschechien, die Firma Riess (Emaille) war nahe am Konkurs, es gab keine Hammerwerke mehr, die in Betrieb waren. Doch anders als in den Nachbarregionen in Oberösterreich und der Steiermark konnten nach dem Niedergang der Kleineisenindustrie einige eisenverarbeitende Betriebe erfolgreich weitergeführt und zu Großbetrieben ausgebaut werden. Heute ist die Firma Welser mit knapp 1.700 Arbeitsplätzen der größte Arbeitgeber der Region. Metallverarbeitende Betriebe bilden speziell in Ybbsitz das Rückgrat der Gemeinde und erobern den Markt mit innovativen Produkten wie Spezialblechen, Stahlprofilen, landwirtschaftlichen Geräten und Emailgeschirr – auch die Emailschilder für die Eisenstraßen-Erlebniswege werden in Ybbsitz produziert. Diese Entwicklung zeigt, dass die Region heute ein neues, positiveres Selbstverständnis besitzt und ein innovationsfreudiges Klima vorherrscht. Fürst und Schubert beschreiben, auf welche Weise nicht-ökonomische Bindungen wie regionale Regelsysteme, Normen und Werte eine Lernende Region begünstigen, indem sie als Bindemittel für Innovationsbereitschaft fungieren.[27] Im Fall der NÖ Eisenstraße stellt die Überprägung der Region durch die Eisenverarbeitung ein derartiges regionsspezifisches Bindemittel dar.

5. Sektorübergreifende Kooperationen

Ein Merkmal eigenständiger Regionalentwicklung ist die sektorenübergreifende Ausrichtung, z. B. die Förderung von Kooperationen zwischen Landwirtschaft, Gewerbe und Tourismus. Das kooperative Element, der Aufbau von Netzwerken, findet sich in der Regionalentwicklung neben dieser Zusammenarbeit verschiedener Branchen auch bei Gemeinden und kulturellen Institutionen. „Kooperation oder Nichtkooperation vor Ort ist ein Gradmesser für das Funktionieren oder Nichtfunktionieren regionaler Entwicklungsarbeit.“[28]

27 Fürst / Schubert, Akteursnetzwerke.
28 Heintel, Perspektive, S. 10.

Kooperation wird als „das Zusammenspiel autonomer Wirkkräfte zur Erzielung eines optimalen Gesamteffektes bei gleichzeitiger Bildung optimaler Existenzbedingungen für jede Komponente"[29] definiert. Im Folgenden wird ein Überblick über wichtige Kooperationen der NÖ Eisenstraße gegeben.

5.1 Kooperationen in der Eisenstraßenregion

Verein Eisenstraße Niederösterreich: Der Verein Eisenstraße Niederösterreich ist ein Gemeindeverband, der aus 24 Mitgliedsgemeinden, über 110 Mitgliedsbetrieben und über 360 Betrieben in Zweigvereinen besteht. Es gibt drei Vereinsgremien: die Vollversammlung, den Vereinsvorstand, der aus politischen EntscheidungsträgerInnen der Mitgliedsgemeinden besteht und die LEADER-Steuerungsgruppe. Neben dem Vereinsobmann (einem Bürgermeister aus der Region) gibt es seit 1993 einen hauptberuflich engagierten Geschäftsführer. Inhaltlich wird in sieben Themenfeldern (z. B. Handwerk und Kulturerbe, Tourismus oder Landwirtschaft) und neun Projektgruppen gearbeitet. Die Eigenmittel werden durch Mitgliedsbeiträge aufgebracht, nämlich 1,50 Euro pro Einwohner und Jahr, das sind bei über 60.000 EinwohnerInnen rund 95.000 Euro pro Jahr. Weitere Einnahmen kommen von den Gastronomiebetrieben, Sponsoren und aus dem Verkauf von Souvenir- und Geschenkartikeln.

Eisenstraßen-Museen: Das ist seit 1997 eine Kooperation von 20 Museen, die Vermittlungsorte für regionale Identität sind und einen gemeinschaftlichen Internetauftritt haben.

Eisenstraßen-Wirte: Die 1992 gegründete Marketingkooperation der Eisenstraßenwirte umfasst elf einheitlich gekennzeichnete Gastronomiebetriebe, die neben Werbemaßnahmen auch ihre Speisekarten aufeinander abstimmen.

Flammende Weihnacht: Das ist eine Kooperation von sechs Adventsmärkten.

Schmiedobstbauern: Diese bieten biologische Most- und Saftprodukte (seit 2007) an und fungieren als Botschafter der Mostkultur an der Eisenstraße Niederösterreich.

---

29 Österreichisches Institut für Tourismus und Umweltkultur, Kooperation 2000, S. 4.

Kooperation mit dem überregionalen Tourismusverband: Die Fusion des Eisenstraßenvereins mit dem regionalen Tourismusverband Ötscherland im Jahr 2000 wurde bereits erwähnt. Auf der übergeordneten Ebene gibt es im Land Niederösterreich sechs überregionale Tourismusmarketingorganisationen, eine davon ist der Tourismusverband Mostviertel Tourismus GmbH. Um die touristische Vermarktung effizienter zu gestalten, wurde 2005 das operative Marketing an Mostviertel Tourismus übergeben. Die Gemeinden heben Tourismusbeiträge ein, und 95 % davon gehen an die Mostviertel Tourismus GmbH für die Betreuung der Eisenstraße und die Umsetzung von tourismusrelevanten Projekten. Die von der Mostviertel Tourismus GmbH in Kooperation mit dem Verein Eisenstraße Niederösterreich herausgegebene „Schatzkarte Eisenstraße" bietet einen guten Überblick über das thematische Angebot der NÖ Eisenstraße. Mit Stand 2021 umfasst das Angebot mehr als 170 Ausflugsziele (2021), unter anderem: Schmieden und Hammer (einige mit Schauschmiedevorführungen), Museen, Gasthäuser und vieles mehr. In vielen Gemeinden der Region gibt es Setzkästen mit Infomaterial zu den Eisenstraßenattraktionen (s. Abb. 6).

Abb. 6: Gemeinsamer Auftritt der Eisenstraßenattraktionen. Foto: A. Cech.

5.2. Erfolgsfaktoren beim Management der Eisenstraße

Verschiedene Faktoren sind für das erfolgreiche Management der NÖ Eisenstraße relevant: Eine hauptamtlich besetzte Geschäftsstelle war ein wichtiger Schritt in Richtung Professionalisierung. Zu den weiteren Erfolgsfaktoren zählen klare „Spielregeln", gute persönliche Beziehungen, gegenseitiges Vertrauen, ein Koordinator, der unterschiedliche Erwartungshaltungen überblickt und koordiniert.

Die Abstimmung der Mitglieder untereinander passiert zu einem großen Teil auf der informellen Ebene, d. h. es ist sehr hilfreich, wenn sich die beteiligten Personen gut kennen und verstehen. Schlüsselpersonen aus der Region agieren als Triebfedern der Regionalentwicklung: sie initiieren, motivieren, führen Innovationen ein und tragen zum regionalen Zusammenhalt bei. Auch RegionalmanagerInnen oder GeschäftsführerInnen von Themenstraßen sind wesentlich für die Entwicklung von Themenstraßen, sie können auch von außerhalb der Region kommen.

Ein weiterer Erfolgsfaktor ist eine positiv besetzte Zukunftsvision (vgl. Bemühungen um Aufnahme als UNESCO-Weltkulturerbestätte oder die Workshopreihe zur Erarbeitung einer Eisentraßenstrategie 2030, s. Abb.5).

Eine Vision darf keine negativen Assoziationen hervorrufen und soll nicht fortschrittshemmend sein. In der NÖ Eisenstraße ist Eisen Teil der regionalen Vision. Dort wurde der Bogen von der Vergangenheit in die Gegenwart und Zukunft gespannt, indem mehr Augenmerk auf zeitgenössische künstlerische Ausdrucksformen gelegt wird bzw. jetzt auch auf die Metallverarbeitung als regionale Leitbranche (vgl. Slogan „Von der Eisenstraße zum Metall-Highway"[30]). Dass eine Vision verinnerlicht wird, dazu tragen charismatische LeiterInnen und Krisen bei, die alle Mitglieder vorübergehend aktivieren[31].

6. Resümee

Eingangs dieser kurzen Zusammenschau zur Frage, wie eine historische Themenstraße dazu beitragen kann, aus den Schätzen der Vergangenheit

30 LAG Eisenstraße, Lebensraum.
31 Senge, Disziplin, S. 371.

das Fundament für neue Perspektiven in Kultur und Kunst, Tourismus, Landwirtschaft, Gewerbe und Industrie zu legen, sei Anselm Grün zitiert: „Nur wer seine Wurzeln kennt, kann wachsen.“[32] Ein Erfolgsgeheimnis der Eisenstraße ist die gemeinsame Vergangenheit der Eisenstraßenregion, die die regionalen *Stakeholder* positiv beurteilen und wertschätzen, dass sie mit dieser Wahrnehmung eine positiv besetzte Zukunftsvision erarbeitet haben. Darüber hinaus gibt es weitere Indikatoren einer historischen Themenstraße, die sich gut etablieren konnte und zur Regionalentwicklung beiträgt:

- Themenstraßen weisen Elemente einer Lernenden Region auf.
- Themenstraßen entwickeln einerseits ein touristisches Produkt und stellen andererseits ein wichtiges Ergänzungsangebot zum regionalen touristischen Produkt dar. Durch den Zusammenschluss vieler kleiner Akteure wird die kritische Masse erreicht, um überregional wahrgenommen zu werden.
- Themenstraßen liegen intersektoral zusammengesetzte Kooperationen und Netzwerke zu Grunde.
- Schlüsselpersonen sind Triebfedern für den Erfolg.
- Ein professionelles Management (z. B. durch eine hauptamtlich besetzte Geschäftsstelle) ist wesentlich.

Zu guter Letzt ist das Zusammenspiel von externen Impulsen und internen Erkenntnissen als bedeutender Schlüssel für eine gedeihliche Entwicklung von historischen Themenstraßen zu nennen. Von außen kommende Impulse können sein: eine Krise (Niedergang eines Wirtschaftszweiges), ein Förderprogramm wie LEADER oder ein Straßenbauprojekt, das die Schutzwürdigkeit bestimmter Objekte ins Bewusstsein ruft. Erkenntnisse liegen in Bereichen wie der Einsicht in die Schutzwürdigkeit des kulturellen Erbes, einem gestärkten Regionalbewusstsein und auch in der Schaffung kreativer, neuer touristischer Angebote und Produkte.

32 Tenor der Publikation Grün, Wurzeln.

Abbildungsverzeichnis

Abb. 1: Lage der NÖ Eisenstraße. Eigene Bearbeitung.

Abb. 2: Fahrengruber Hammer in Ybbsitz. Foto: A. Cech.

Abb. 3: Eyblhammer. Foto: A. Cech.

Abb. 4: Schloss Rothschild in Waidhofen mit Glaskubus. Foto: A. Cech.

Abb. 5: Epitaph zum Gedenken an Prof. Alfred Habermann. Foto: A. Cech.

Abb. 6: Gemeinsamer Auftritt der Eisenstraßenattraktionen. Foto: A. Cech.

Literaturverzeichnis

Bilek-Czerny, Edith (Red.): Most- und Eisenstraße. Hg. v. der Niederösterreichischen Landesregierung. St. Pölten 2002 (= Denkmalpflege in Niederösterreich 28).

Cuncel, Michaela / Kulhanek, Nicole: Themenstraßen als Beitrag zur regionalen Entwicklung – Betrachtung von drei österreichischen Beispielen. Diplomarbeit, Wien 2003.

Eisenstein, Bernd: Grundlagen des Destinationsmanagements. In: Axel Schulz / Waldemar Berg / Marco A. Gardini / Torsten Kirstges / Bernd Eisenstein: Grundlagen des Tourismus. Lehrbuch in 5 Modulen. 2. Aufl., München 2014. URL: https://www.tourismus-grundlagen.de/tourismus-grundlagen/grundlagen-destinationsmanagement/ (01.07.2022).

Eisenstraße Niederösterreich: Wege ins morgen – Denken wir gemeinsam weiter. Workshopreihe zum Thema Resilienz. Modul Tourismus und Kultur vom 24.6.2021. URL: https://eisenstrasse.info/2022/02/03/wege-ins-morgen-denken-wir-gemeinsam-weiter/ (01.07.2022).

Fahrengruber, Reinhard: Erlebnis Eisenstraße – ein kulturhistorischer Reiseführer. Graz 2001.

Flammende Schmiedeweihnacht. Ybbsitz glüht. 23. Ybbsitzer Schmiedeweihnacht, 17. und 18. Dezember 2022. URL: https://schmieden-ybbsitz.at/ybbsitzer-schmiedeweihnacht (30.03.2023).

Fürst, Dietrich / Schubert, Herbert: Regionale Akteursnetzwerke – Zur Rolle von Netzwerken in regionalen Umstrukturierungsprozessen. In: Raumforschung und Raumordnung 56 (1998), H. 5–6, S. 352–361.

Grün, Anselm: Wurzeln. Festen Halt im Leben finden. Münsterschwarzach 2012.

Günther, Sigrid: Eisenerz. Bergstadt im Wandel. Erfurt 2006.

Heintel, Martin: Endogene Regionalentwicklung: eine wirtschaftspolitische Alternative – unter Berücksichtigung didaktischer Fragestellungen – für struktur- und entwicklungsschwache Regionen? Wien 1994 (= Mitteilungen des Arbeitskreises für Regionalforschung. Sonderband 5).

Heintel, Martin: Perspektive 2000: Von einer eigenständigen zu einer professionalisierten Regionalentwicklung. In: Pro Regio. Zeitschrift für Eigenständige Regionalentwicklung 24/25 (2000), S. 7–12.

Kern, Alexander: Regionale Kommunikation. Theorien, Konzepte und Beispiele aus der Regionalentwicklung. Wien 1999.

LAG Eisenstraße Niederösterreich (Hg.): Lebensraum Eisenstraße – Auf dem Weg zum Metal Highway Europas. Regionaler Entwicklungsplan der LAG Eisenstraße Niederösterreich. Scheibbs 2013.

Loehr, Maja: Beiträge zur Ortsgeschichte von Eisenerz. In Zeitschrift des Historischen Vereins für Steiermark 25 (1929), S. 129–250 (+ nachfolgende unpaginierter Abbildungen).

Meyer-Cech, Kim: Themenstraßen als regionale Kooperationen und Mittel zur touristischen Entwicklung. Diss., Wien 2003. URL: https://eisenstrasse.info/wp-content/uploads/2020/12/Diss-Meyer-Cech.pdf (29.03.2021).

Österreichisches Institut für Tourismus und Umweltkultur: Kooperation 2000. Hintergründe, Beispiele und neue Modelle. Leitfaden für die Zusammenarbeit im und mit dem modernen Tourismus. Wien 1998.

Plitzka, Richard: Kulturelle Qualität und touristischer Nutzen – ein Widerspruch? In: Kulturstraßen, Kulturparks – von der Aufbereitung unserer Kulturlandschaft. Wien 1994. (= Denkmalpflege in NÖ 13), S. 8–9.

Randig, Paul: Revitalisierung der historischen Schmiede *Zainhammerl* in Eisenerz. Diplomarbeit, Graz 2014. URL: https://diglib.tugraz.at/download.php?id=576a8a748f2bf&location=browse (22.02.2023)

Roth, Paul: Die Eisenwurzen: Eine Region in drei Ländern. In: Land der Hämmer – Heimat Eisenwurzen. Katalog zur gleichnamigen Landesausstellung 1998. Linz 1998, S. 36–39.

Scheff, Josef: Lernende Regionen – Regionale Netzwerke als Antwort auf globale Herausforderungen. Wien 1999.

Schuller, Anton / Schuller, Helga: Steiermark. Mein Heimatland. Graz 1997.

Senge, Peter: Die fünfte Disziplin. Kunst und Praxis der lernenden Organisation. Stuttgart 1996.

Statistik Austria: Ein Blick auf die Gemeinde 2022. URL: https://www.statistik.at/blickgem/gemList.do?bdl=3#ancE (28.11.2022).

Statistik Austria: Tourismus in Österreich 2019. Ergebnisse der Beherbergungsstatistik. Wien 2020. URL: https://www.statistik.at/fileadmin/publications/Tourismus_in_Oesterreich_2019.pdf (28.11.2022).

Thierstein, Alain / Walser, Manfred: Die nachhaltige Region. Ein Handlungsmodell. Bern 2000.

Weber, Gerlind: Entwicklungspolitik in strukturschwachen Berggebieten Österreichs: deutsches Manuskript zu: Gerlind Weber: Polityka Rozwoju w Slabych Stukturalnie Terenach Gorskich Austrii. In: Zeszyty Problemowe Postepòw Nauk Rolniczych 445 (1997), S. 115–124.

Steven Zurek

Geschichtstourismus in Grenzregionen. Das Beispiel der Grafschaft Bentheim

Abstract: The text discusses how findings of transdisciplinary border studies can be used to analyze particularities of border regions and aspects of heritage tourism there. This is exemplified by discussing tourist attractions in the German county Bentheim, which has been influenced for centuries by the nearby Dutch border until the present.

1. Einleitung

Grenzregionen weisen oftmals auf verschiedenen Seiten der Grenze ähnliche oder korrespondierende Spezifika auf, die nicht nur den gegenwärtigen Alltag prägen, sondern auch das historische Leben bestimmten und sich sowohl in materiellen Objektivationen wie auch immateriellen Gebräuchen und Gepflogenheiten widerspiegeln. Diese werden oftmals als geschichtstouristische Attraktionen präsentiert, die über Ansätze der interdisziplinären *Border Studies,* die Grenzen und Grenzregionen vornehmlich als Kontaktzonen untersuchen[1], besonders gut analysiert werden können. Während die *Border Studies* mit ihren Ansätzen die geschichtswissenschaftliche Untersuchung historischer Grenzen und der an ihnen beobachtbaren Handlungen und Entwicklungen bereichern können, können Historikerinnen und Historiker umgekehrt durch ihre

1 Diese Perspektive wird unter der Formulierung „Seeing across the border" als eine von mehreren beschrieben bei Gerst / Krämer, Border Methodology, S. 18–20 und hat Auswirkungen auf eine weitere Sichtweise in der Formulierung „Seeing into the Border" (ebd., S. 20–21). Henk von Houtum, Remapping Borders, S. 407 sieht diese Perspektive unter anderem in der Praxis des Tourismus begründet.

Beiträge wichtige Impulse für die interdisziplinäre Forschung der *Border Studies* liefern, indem sie Analysen zu Entwicklungen, Beziehungen und Akteuren an nationalen Grenzen und in Grenzregionen in einer Langzeitperspektive vorlegen. Dies ermöglicht Erklärungen dazu, warum in manchen Regionen grenzüberschreitende Kooperation durch positive Rückbesinnung auf Friedenszeiten und gute nachbarschaftliche Beziehungen vereinfacht und in anderen durch negative Erinnerungen an Konflikt und Krieg erschwert wird sowie warum selbst in Regionen mit langjähriger Kooperationserfahrung historische Ressentiments Widerstand und Misstrauen wiederbeleben können.[2] Ohne die historische Perspektive sind die gegenwärtigen Verhältnisse in Grenzregionen nicht vollends zu verstehen. So sind die Beziehungen der Nachbarinnen und Nachbarn im niederländisch-deutschen Grenzgebiet nicht zuletzt wegen des jahrhundertelang relativ konstanten Grenzverlaufs[3] historisch weniger stark belastet als dies etwa im polnisch-deutschen Grenzgebiet aufgrund der langandauernden expansionistischen Politik von deutscher Seite und entsprechender vielfältiger Konflikte der Fall ist[4].

Am Beispiel der in seiner Ausdehnung mit dem heutigen niedersächsischen Landkreis geographisch weitgehend übereinstimmenden Grafschaft Bentheim[5] im niederländisch-deutschen Grenzgebiet sollen die mit der Grenzlage zusammenhängenden historisch entstandenen und noch heute wirksame Prägungen, die – narrativ aufbereitet – zu „Leuchttürmen der Region“[6] und geschichtstouristischen Glanzlichtern stilisiert werden, herausgearbeitet werden. Dabei wird untersucht, welche Aspekte der Geschichte der Grafschaft Bentheim anhand der erhaltenen Objekte und der bereitgestellten geschichtstouristischen Angebote öffentlichkeitswirksam aufbereitet und präsentiert werden und welches Bild von der Region und ihrer Geschichte, insbesondere mit Blick auf die benachbarten Niederlande, damit vorangetrieben und popularisiert werden soll. Die

2 Vgl. Wassenberg, Approach, S. 121.
3 Die deutsch-niederländische Grenze ist sogar eine der dauerhaftesten in Europa – vgl. Demandt, Die Grenzen, S. 26.
4 Vgl. Zernack, Deutschlands Ostgrenze, S. 140, 151–158.
5 Vgl. Burkert, Nachbarschaft, S. 259–260.
6 Drews, Kulturtourismus, S. 257.

durch die geographische Lage, aber auch durch interne Entwicklungen bedingten vielfältigen intensiven Kontakte mit den Niederlanden prägten die Grafschaft Bentheim – so die grundlegende geschichtstouristische Narration – jahrhundertelang und beeinflussen sie noch immer.

2. Grenzregionen

Als Region wird in der Raumforschung ein „aufgrund bestimmter Merkmale abgrenzbare[r], zusammenhängende[r] Teilraum mittlerer Größenordnung in einem Gesamtraum“ verstanden, wobei der Begriff meist in Bezug auf Gegebenheiten oder Vorgänge verwendet wird, „die mehr als den örtlichen Zusammenhang betreffen, aber unterhalb der staatlichen Ebene angesiedelt sind“[7]. Regionen sind nach der sich im Zuge des *Spatial Turn* durchgesetzten Überzeugung wie alle Räume Produkte einer relationalen Anordnung von Lebewesen und sozialen Gütern an Orten, die im Wesentlichen auf der aktiven Wahrnehmungs- und Handlungspraxis der beteiligten Subjekte basieren. Ihre Existenz ist Ergebnis von zwei sich gegenseitig bedingenden Prozessen: dem *Spacing* als „Akt der Platzierung von sozialen Gütern und Menschen zu einem charakteristischen Ensemble an einem konkreten Ort“ und einer Syntheseleistung in Form von Wahrnehmungs-, Vorstellungs- und Erinnerungsprozessen, durch die Räume zusammengefasst werden.[8] Sie sind damit Konstrukte im doppelten Sinne: einerseits erkenntnistheoretisch, weil sie der analytischen Durchdringung und Ordnung der Realität dienen, andererseits historisch-sozial, weil sie von Menschen durch gesellschaftliches Handeln hervorgebracht werden.[9] Nach diesem sozialkonstitutiven Raumverständnis werden räumliche Verhältnisse erst durch die praktischen Handlungen und die dadurch aktivierten Sinnzuschreibungen und Deutungsprozesse hervorgebracht.[10]

Als Grenze wird zunächst ganz allgemein eine Linie verstanden, die mindestens zwei Bereiche bzw. zwei unterschiedliche Gebiete voneinander trennt.[11] In dem vom *Spatial Turn* inspirierten sozialkonstruktivistischen

7 Sinz, Region, S. 919.
8 Vgl. Schwerhoff, Historische Raumpflege, S. 16–18, Zitat S. 18.
9 Vgl. Schönemann, Region als Konstrukt, S. 153.
10 Vgl. Wille, Grenzgänger, S. 40.
11 Vgl. Schönwald / Spellerberg/Weber, Grenzen, S. 132.

Ansatz der interdisziplinären *Border Studies* werden Grenzen spätestens seit den 1990er Jahren stärker als soziale Konstrukte betrachtet.[12] Daher wird immer weniger nach der Beschaffenheit von räumlichen und sozialen Grenzen gefragt als vielmehr nach den sozialen, politischen, wirtschaftlichen und kulturellen Prozessen, die Grenzen einsetzen, hinterfragen, verschieben.[13] Von zentralem Interesse ist in den *Border Studies* die soziale Praxis des *Bordering*, also des Prozesses der Konstruktion von Grenzen durch die Erzeugung von Gedankenwelten (*Mindscapes*) und der Symbole, Zeichen, Repräsentationen, Narrative, Performanzen und Identifikationen, die dabei eine Rolle spielen. Damit einher geht die Überzeugung, dass alle Grenzen von Menschen konstruiert wurden bzw. werden und die bis in das 20. Jahrhundert geltende Unterscheidung von „natürlichen" und „künstlichen" Grenzen als überholt gilt.[14]

Mit der Untersuchung historischer Grenzen und geschichtlicher Grenzräume geht auch die Aufdeckung der Materialität einer Grenz*linie* als Fiktion einher. Stattdessen zeigt sich die Variabilität von Grenzen und ihr zonaler Charakter. Grenzregionen fungierten und fungieren als Kontakträume und Übergangszonen. Neben der Setzung einer Grenzlinie als zunächst herrschaftliche Entscheidung und als *top-down*-Akt kam es (und kommt es weiterhin) komplementär zu einer Grenz*um*setzung in *bottom-up*-Richtung, wobei die Grenzsetzung durch soziale Praktiken bestätigt oder verschoben wird.[15] Den in ihrer Nähe lebenden Individuen und Gemeinschaften eröffnen sich durch ihre Anwesenheit bestimmte Handlungsspielräume, sie bedingen aber auch als in besonderer Weise herrschaftlich kontrollierte Räume besondere Verhaltensweisen.[16]

Den Kern der Grenzziehung bildet der Akt der Differenzierung und die damit einhergehende Unterscheidungskraft und Konstitution von Bedeutung. Die durch die Grenze getrennten Einheiten werden unterschieden, kategorisiert und hierarchisiert[17], wodurch sie zentral für die Etablierung

12 Vgl. Doll / Gelberg, Einsetzung, S. 16.
13 Vgl. ebd., S. 15–16; van Houtum, Geopolitics, S. 674–675.
14 Vgl. van Houtum, Geopolitics, S, 675–676; Riedel, Wahrnehmung, S. 21.
15 Vgl. Doll / Gelberg, Einsetzung, S. 16–17; Riedel, Wahrnehmung, S. 24–25.
16 Medick, Grenzziehungen, S. 223.
17 Vgl. Audehm / Velten, Einleitung, S. 18.

symbolischer und sozialer Ordnungen sowie elementar im Kontext identitätsstiftender Subjektkonstitutionen werden. Aufgrund des performativen Aspekts der Grenz(um)setzung kommt der Überschreitung der Grenze, dem *Border Crossing*, eine wichtige stabilisierende Wirkung zu. Die Grenzsetzung ist als Prozess auf Bestätigung und Reproduktion angewiesen, was nur im Anschluss an eine vorübergehende Infragestellung in Form von Überschreitungen möglich ist.[18] Damit einher geht auch ein bestimmtes Grenzregime, das die Überschreitung kontrolliert und limitiert.[19] So besteht eine wechselseitige Abhängigkeit von Grenze und ihrer Überschreitung, denn eine Grenze, die absolut nicht überschritten werden könnte, wäre inexistent, während die Überschreitung einer nur scheinbaren oder „schattenhaften“[20] Grenze nichtig wäre. So wird die Grenze zum „Raum der Überschreitung“, einem „Dazwischen“[21], und Grenzregionen werden zu „Zonen des Übergangs“[22].

Diese Schwellenräume bieten in ganz besonderer Weise die Möglichkeit, das Verhältnis der beiden geschiedenen Einheiten zu untersuchen, etwa indem betrachtet wird, wie die Trennung vorgenommen wird. Die Schwellenräume können dabei ein zusätzliches, eigenständiges Element bilden, wenn es in ihnen zu Überlagerungen oder Schnittmengen der getrennten Bereiche kommt, oder sogar „buchstäblich einen Zwischenzustand darstell[en] und dabei als unscharfe Umrandung und durch nuancierte Überblendung verschiedener Bereiche generell undeutlich werden [lassen], wo ein Bereich endet und der nächste beginnt“[23]. Wenn sie ein eigenständiges Element bilden, gewinnen sie eine ganz eigene Qualität als „Ort der Passage“, der „notwendig zwei aneinandergrenzende separate Bereiche verbindet und zwischen ihnen vermittelt“[24]. Hier kann sich im Prozess des Übergangs „die Möglichkeit [...] eröffnen, den vorhandenen, gewohnten Elementen der Kultur sowohl neue hinzuzufügen als

18 Vgl. Kaufmann / Bröckling / Horn, Einleitung, S. 7.
19 Vgl. Doll / Gelberg, Einsetzung, S. 19.
20 Foucault, Vorrede, S. 325.
21 Ebd., S. 324.O
22 Benjamin, Passagenwerk, S. 1025.
23 Doll / Gelberg, Einsetzung, S. 20.
24 Ebd., S. 21.

auch diese frei und spielerisch neu und ungewöhnlich zu kombinieren“[25], wodurch sich für eine Gesellschaft die Möglichkeit zur Freisetzung kreativen Potentials nicht nur zur Selbstreflexion, sondern auch zur Innovation bietet. Die Eigenschaft des Schwellenraumes als Ort der Passage und der Überlagerungen und Schnittmengen ist eine Gemeinsamkeit der Teilregionen auf beiden Seiten der Grenze, deren Geschichte, sofern der Grenzverlauf bereits einen längeren Bestand hat, meist stark dadurch geprägt ist. Dies bietet Ansatzpunkte zur Konstruktion von grenzüberschreitenden Geschichtslandschaften[26], indem gerade diese Grenzprägung als historische Gemeinsamkeit ausgewiesen, plausibel gemacht sowie wahrgenommen wird und im Prozess des *doing territory* durch unterschiedliche, zentrale regionale und lokale Akteure fortwährend im Handeln reproduziert wird.[27] In Bezug auf grenzüberschreitende Geschichtslandschaften sind es verflechtungsgeschichtliche Aspekte der gegenseitigen Wahrnehmungen und der Wechselwirkungen zwischen den durch die Grenze getrennten Einheiten und nicht zuletzt der direkt an dieser vermeintlichen Trennlinie lebenden Menschen, die für eine gelungene Konstruktion eine entscheidende Rolle spielen.[28]

In einigen Modellen werden Schwellen explizit als Zonen wechselseitiger Überschneidung konzipiert, in denen es zu Übereinanderlegungen oder Ineinanderblendungen der im Grenzgebiet aufeinandertreffenden Bereiche kommt. Erstere resultieren in einer Schnittmenge oder Mehrfachzugehörigkeit der beteiligten Elemente, während letztere Mischungen oder Kreuzungen zur Folge haben. Diese Konzepte der *Overlaps* und *Fuzzy Sets* versuchen das Denken in Binärpositionen und einer Entweder-oder-Logik zu überwinden und rücken die „Beziehungs- und Verbindungsdimension von Grenzen“[29] gegenüber dem trennenden Aspekt in den Vordergrund. Während im Falle des *Overlap* „graue Zonen, in denen sich Felder überdecken“[30] entstehen, etwa indem in ihnen mehrere

25 Ebd., S. 21–22
26 Zum Begriff vgl. in jüngster Zeit Hucker / Kotte, Einleitung, S. 9–17.
27 Vgl. Weber, Eingeräumt, S. 38–39.
28 Zur Verflechtungsgeschichte vgl. Kotte, Multiperspektivität, insbes. S. 98.
29 Guldin, Ineinander, S. 45; vgl. Doll / Gelberg, Einsetzung, S. 22.
30 Flusser, Kommunikologie, S. 62.

Sprachen der angrenzenden Bereiche gleichzeitig gesprochen werden[31], sind *Fuzzy Sets* dadurch gekennzeichnet, dass „eine der Regionen tiefgreifend ins Zentrum der andern [eindringt] und umgekehrt“[32] und dass einzelne Elemente mehreren Bereichen in nicht scharf umrissenen Zugehörigkeitsgraden zugeordnet werden können[33] – wobei es allerdings nicht darum geht, Differenzen zu negieren, sondern „sie in ein multidimensionales Feld komplexer Relationen zu stellen“[34]. Ähnlich wie Konzepte der *Overlaps* und *Fuzzy Sets* zielen Theorien der Transdifferenz nicht darauf ab, Unterschiede zu nivellieren, sondern an ihnen komplementäre Betrachtungsweisen zu entwickeln, um so Momente der „Ungewissheit, der Unentscheidbarkeit und des Widerspruchs“[35] untersuchen zu können, die aufgrund einer binären Ordnungslogik ausgeblendet werden. In dieser Perspektive werden Grenzen nicht als Demarkationslinien, sondern als Zonen interkulturellen Dialogs wahrgenommen, in denen widerstreitende Selbst- und Fremdbilder der beteiligten Kulturen ausgehandelt werden.[36] So wird die Grenze zum Interaktionsraum, in dem Kulturen zum „Produkt der *Interaktion* von Systemen [werden], deren Grenzen freilich erst in diesem Austauschvorgang gezogen und beständig revidiert werden“[37].

Im Vordergrund dieser Betrachtungsweisen steht also weniger die trennende als vielmehr die verbindende Dimension von Grenzen[38], denn Grenzregionen auf beiden Seiten der Trennlinie zeichnen sich dadurch aus, dass die Grenzsituation den in ihnen lebenden Menschen ganz spezifische Handlungsoptionen und kulturübergreifende Interaktionsmöglichkeiten bietet, die die Alltagspraxis maßgeblich prägen[39]. Die in älteren Ansätzen oft im Zusammenhang mit modernen nationalen Grenzen implizierte gleichzeitige Kulturraumgrenze sowie die starke Fokussierung auf den trennenden Aspekt der Grenze, ist in der neueren Betrachtungsweise nicht

---

31 Vgl. ebd., S. 93.
32 Ebd.
33 Vgl. Guldin, Ineinander, S. 40–41.
34 Doll / Gelberg, Einsetzung, S. 22.
35 Lösch, Begriff, S. 27.
36 Vgl. Doll / Gelberg, Einsetzung, S. 23.
37 Lösch, Begriff, S. 33. Hervorhebungen im Original.
38 Vgl. Doll / Gelberg, Einsetzung, S. 22.
39 Vgl. Riedel, Wahrnehmung, S. 24–25.

länger aufrecht zu erhalten.[40] Stattdessen liegt der Fokus darauf, die in Grenzräumen stattfindenden Überlappungen, Ineinanderblendungen und Mischungen von Kulturräumen zu untersuchen, die die Entstehung ganz einzigartiger grenzüberschreitender, transnationaler Kulturräume zur Folge haben kann, deren Existenz maßgeblich von den Alltagspraktiken der in den Grenzregionen lebenden Menschen abhängt.[41]

3. Grenzüberschreitung als geschichtstouristisches Narrativ

Touristische Reisen im Allgemeinen zeichnen sich zunächst dadurch aus, dass die vornehmliche Erwartung das Vergnügen bzw. die Erholung und Zerstreuung ist.[42] Für den Geschichtstourismus kann hingegen konstatiert werden, dass das Unterhaltungsmotiv häufig um Neugier, Bildung, den Wunsch, in einen fremden Raum der Vergangenheit einzutauchen, und die Konstruktion von regionalen wie nationalen Identitäten erweitert wird, die den Vergnügungs- bzw. Unterhaltungsaspekt sogar überwiegen können.[43] Katja Drews weist in ihrer Untersuchung zum Kulturtourismus im ländlichen Raum außerdem darauf hin, wie sehr ein großes Besucherinteresse zur Prägung der Identität der Einwohner/innen in einer besuchten Region beiträgt.[44] Im Rahmen des Geschichtstourismus stehen oft die Besichtigung von historischen Gebäuden und Denkmälern sowie die Rezeption von Informationen zur Geschichte eines Ortes bzw. einer Region im Fokus der Aktivitäten. In den letzten Jahren spielen auch interaktivere Elemente eine Rolle, etwa durch die Bereisung von Themenstraßen, die Teilnahme an Mittelaltermärkten oder den Besuch von Restaurants, in denen historische Gerichte in entsprechendem Ambiente zubereitet werden.[45]

Gerade die Grenzregionen charakterisierende Eigenschaft als Schwellenräume und Zonen des Übergangs und die sich in ihr manifestierenden Überlappungen und Ineinanderblendungen, der *Overlaps* und *Fuzzy Sets*,

40 Vgl. Doll / Gelberg, Einsetzung, S. 22.
41 Vgl. ebd.; Wille, Räume, S. 56–57.
42 Vgl. Kolbe, Geschichtstourismus, S. 5.
43 Vgl. Ebd., S. 11; Schwarz / Mysliwietz-Fleiß, Reisen, S. 16, 21–23.
44 Vgl. Drews, Kulturtourismus, S. 51, 257.
45 Vgl. Kolbe, Geschichtstourismus, S. 12.

können diese für den Geschichtstourismus interessant machen, zumindest, wenn sie in touristischen Angeboten aufbereitet und präsentiert werden und so dem Wunsch der Touristen, in einen fremden Raum einzutauchen, in besonderer Weise entsprochen werden kann. Dies gilt vor allem dann, wenn es gelingt, den besonderen transnationalen Charakter der Grenzregion in Geschichte wie Gegenwart hervorzuheben und dadurch eine grenzüberschreitende Geschichtslandschaft zu konstruieren.[46]

Darüber hinaus regt Geschichtstourismus in Grenzregionen zu einer grundsätzlichen Reflexion der meist wechselvollen Geschichte der angrenzenden Staaten und Gesellschaften an, denn hier manifestiert sich das Verhältnis verschiedener früherer Herrschaftsbereiche und Gesellschaften in besonderer Weise, und Relikte vergangener politischer, wirtschaftlicher und sozial-kultureller Beziehungen lassen sich zur Veranschaulichung häufig finden. Standen sich zwei politische Einheiten konfrontativ oder offen feindselig gegenüber, sind an der gemeinsamen Grenze häufig Zeugnisse davon in Form historischer Befestigungsanlagen, Grenzsicherungsmittel und anderer militärisch relevanter Einrichtungen erhalten. Auch die Erinnerung an Stationierungen oder Durchmärsche von Truppen, Verwüstungen durch Kampfhandlungen und damit zusammenhängende Auswirkungen wird in der regionalen Geschichtskultur in der Regel wachgehalten und in Museen, Ausstellungen und anderen geschichtskulturellen Einrichtungen vermittelt.[47] Daneben können historische ökonomische und gesellschaftlich-kulturelle Verbindungen und Verflechtungen Spuren hinterlassen haben, z. B. in Form einer ausgebauten grenzüberschreitenden Infrastruktur. Eine aufgrund kooperativer politischer Verhältnisse und / oder staatlicher Handelsinteressen relativ durchlässige Grenze begünstigte oftmals die Ansiedlung von Menschen und Unternehmen aus dem Nachbarland. Eine Verschärfung des Grenzregimes und

46 Zur Konstruktion einer Geschichtslandschaft in der Grafschaft Bentheim vgl. Zurek, Geschichtslandschaft, S. 122–127.

47 Als Beispiele ließen sich etwa die Sonderausstellung „Bomben Bernd. Das Emsland, Fürstbischof Bernhard von Galen & der Zweite Niederländische Krieg 1672–1674" des Emslandmuseums in Lingen vom 16.10.2022 bis zum 26.02.2023 oder die Dauerausstellung im Museum der Festung Bourtange nennen, die in Grenznähe zum Schutz vor Einfällen des kriegerischen Fürstbischofs von Münster in niederländisches Gebiet errichtet wurde.

der Zollbestimmungen hingegen begünstigte nicht selten den informellen bzw. illegalen Austausch, etwa in Form von Schmuggel.

Gerade in historischer Perspektive ist die Wandelbarkeit von Grenzverläufen zu beachten, aufgrund derer heutige Grenzen gravierend von historischen abweichen können; europäische Geschichte kann gar als eine der „constantly shifting borders“[48] verstanden werden. Heutige Grenzregionen müssen nicht schon immer welche gewesen sein, und historische Grenzgebiete müssen nicht zwingend heute noch welche sein.[49] Mit Blick auf die Grenze zwischen Deutschland und den Niederlanden, an der die Grafschaft Bentheim liegt, ist hingegen festzustellen, dass sie zu den ältesten, seit hunderten von Jahren im Wesentlichen konstanten Grenzen Europas gehört[50], so dass Verschiebungen hier kaum eine Rolle spielen.

In Grenzräumen kommt es oft zu einer Verdichtung symbolischen Handelns, über die das Verhältnis der durch die Grenze getrennten Einheiten angezeigt werden soll. Dieses kann sowohl konfrontativ als auch versöhnlich und / oder zur Stärkung der Verbundenheit erfolgen. Es äußert sich etwa in der Errichtung von Denkmälern oder dem Erhalt historischer Grenzsicherungen. Andererseits kann die demonstrative Demontage von Grenzeinrichtungen auch die maßgebliche Verbesserung der zwischenstaatlichen Beziehungen anzeigen.[51]

Transnationale Verkehrsverbindungen in Grenzregionen in Form von Straßen, Brücken, Tunneln und Schienenverbindungen und insbesondere deren zeremonieller Baubeginn oder deren demonstrativ aufgeladene Einweihung bieten sich über den praktischen Nutzen hinaus auch für symbolische Gesten der Annäherung, Aussöhnung, Freundschaft und Kooperation an.[52] Dabei stellt die Erinnerung an schwierige und

48 Beck, Cross-border, S. 13.

49 Ein Paradebeispiel für den letzteren Fall ist die ehemalige Grenze zwischen der Bundesrepublik und der DDR, die zwar keine Staatsgrenze mehr darstellt, geschichtstouristisch aber höchstrelevant ist. Die zahlreichen erhaltenen bzw. rekonstruierten Grenzsicherungseinrichtungen und sich mit der Grenzsituation beschäftigende Museen, Gedenkstätten usw. zeugen davon.

50 Vgl. Demandt, Grenzen, S. 26.

51 Z. B. vielfach in Folge des europäischen Einigungsprozesses und des damit verbundenen Abbaus von Kontrollen an den nationalen Grenzen.

52 Genannt werden kann hier beispielsweise das zeremonielle Treffen des deutschen Außenministers Joschka Fischer mit seinem polnischen Amtskollegen

schmerzhafte Abschnitte zwischenstaatlicher Beziehungen in Grenzregionen in weiten Teilen Europas heute oftmals kein erhebliches Problem für den Geschichtstourismus dar, da ein problematisches historisches Erbe nicht unbedingt als Hindernis für eine positive Identitätsbildung angesehen, sondern im Gegenteil als Mahnung oft öffentlich thematisiert, memorialisiert und einem internationalen Publikum zugänglich gemacht wird.[53]

Für den Geschichtstourismus in Grenzregionen ist die Werbung von zentraler Bedeutung. Gezielte Fördermaßnahmen zur Steigerung der Wahrnehmung und zur Bewerbung von Grenzregionen als touristisch attraktive Gebiete, die über die Grenze in das benachbarte Ausland reichen, können durchschlagenden Erfolg haben. Dies gilt insbesondere, wenn Informations- und Werbematerialien wie Broschüren und Internetauftritte in der Sprache des Nachbarlandes erstellt und vor Ort Angebote in der jeweiligen Sprache angeboten werden.[54] Begünstigt und vereinfacht wird der Besuch des benachbarten Auslands in vielen europäischen Ländern zusätzlich durch die offenen Grenzen des Schengen-Raumes.[55] Verbunden mit dem Vorteil der geographischen Nähe können Grenzregionen so zu attraktiven Reisezielen für Besucherinnen und Besucher aus dem Nachbarland werden. So spielt beispielsweise für den Tourismus aus den Niederlanden die geographische Nähe bei der Wahl eines Reiseziels eine nicht unerhebliche Rolle[56], was den hohen Anteil niederländischer Besucherinnen und Besucher auch in der Grafschaft Bentheim erhellt.

4. Die Grafschaft Bentheim als historische Grenzregion

Der Bezug auf die historische Reichsgrafschaft Bentheim spielt im heutigen Landkreis Grafschaft Bentheim eine wichtige identitätsstiftende

---

Wlodzimierz Cimoszewicz auf der Oderbrücke zwischen den Grenzstädten Frankfurt/Oder und Słubice anlässlich des EU-Beitritts Polens am 01.05.2004.

53 Vgl. Stach, Geschichtstourismus.

54 Wie beispielsweise der Erfolg verschiedener EU-geförderter Projekte im deutsch-niederländisch-belgischen Raum zeigt. Vgl. Tyroller, Tourismusförderung; Tyroller, Niederländer.

55 Vgl. Sonntag, Grenzen überwinden, S. 19.

56 Vgl. Tyroller, Niederländer.

Rolle.[57] Für sie waren Kontakte und Beziehungen in die Niederlande jahrhundertelang von herausragender Bedeutung. Die ersten Grafen von Bentheim hatten enge dynastische Verbindungen zum holländischen Grafenhaus und waren in zahlreiche Konflikte in den Niederlanden bzw. mit niederländischen Herrschaftsträgern verwickelt. Eine Konsequenz dieser Konflikte war, dass der nördliche Teil der Grafschaft, die Niedergrafschaft, bis in das 19. Jahrhundert hinein zu großen Teilen unter direkten niederländischen Einfluss geriet, da die Grafen diesen Teil ihres Landes als Folge einer verlorenen Fehde als Utrechter Lehen nehmen mussten.[58] Niederländische Vertreter hatten so unter den Bentheimer Landständen jahrhundertelang eine führende Rolle inne, die sie nutzten, um Einfluss auf die inneren Angelegenheiten der Grafschaft auszuüben.[59] Als folgenreich erwies sich die Einführung der reformierten Konfession in der Grafschaft Bentheim durch Graf Arnold II. im Jahr 1588[60], wodurch die Verbundenheit mit den westlichen Nachbarn aus konfessionell-religiösen Gründen und mit den sich daraus auch ergebenden privaten Beziehungen, etwa durch Eheschließungen, nochmals stieg, während Kontakte zu den deutschen (nichtreformierten) Nachbarregionen eher gehemmt wurden.

Die Grafenfamilie residierte auf der Burg Bentheim, die bis heute auch im Geschichtstourismus als herausragendes Merkmal der gesamten Region stilisiert wird. Sie war aufgrund ihres guten Erhalts und ihrer für Gebiete nordwestlich des Teutoburger Waldes ungewöhnlichen Lage als Höhenburg bereits im 19. Jahrhundert eine der geschichtstouristischen Hauptattraktionen der Grafschaft Bentheim und vermittelte auch auswärtigen Besucherinnen und Besuchern die vergangene Eigenstaatlichkeit der Grafschaft.[61]

57 Vgl. Zurek, Geschichtslandschaft, S. 122–127.
58 Vgl. Veddeler, Aus dem Dunkel, S. 173.
59 Vgl. Finkemeyer, Verfassung, S. 14, 16–24.
60 Vgl. Schröder, Grafschaft Bentheim, S. 180–183.
61 Vgl. etwa te Lintum, Sommerkolonie, S. 286–287.

Abb. 1: Luftaufnahme der Burg Bentheim. Abdruck mit freundlicher Genehmigung der Touristinformation Bad Bentheim.

Die Burg Bentheim übte bereits im 17. Jahrhundert eine große Faszination auf Niederländer aus. Zeugnis davon legen die Gemälde des berühmten niederländischen Malers Jacob van Ruisdael ab, der die Grafschaft Bentheim zu Beginn der 1650er Jahre bereist hatte und in der Folge die Burg Bentheim als Motiv für zahlreiche seiner Landschaftsgemälde wählte.[62] Das Museum auf der Burg Bentheim verfügt über eines dieser Gemälde mit dem Titel „Ansicht der Burg Bentheim von Nordwesten" (um 1655) und stellt es für die Besucherinnen und Besucher exponiert aus; ein weiteres befindet sich im Museum am Herrenberg in Bad Bentheim.

62 Vgl. Büttner, Ruisdael, S. 17, 39–45.

Abb. 2: „Ansicht der Burg Bentheim von Nordwesten“ (um 1655) von Jacob van Ruisdael. Abdruck mit freundlicher Genehmigung der Niedersächsischen Sparkassenstiftung; Copyright: Niedersächsische Sparkassenstiftung, Hannover.

Die Burg wurde zum Sinnbild und Wahrzeichen für die Grafschaft Bentheim, wie etwa auch Giebelsteine von Häusern in Amsterdam aus dem 17. Jahrhundert belegen, deren Erbauer aus der Grafschaft Bentheim stammten und vermutlich in den Sandsteinhandel involviert waren.[63] Sie zeigten mit den Abbildungen der Bentheimer Burg auf den Giebelsteinen ihrer Häuser ihre Herkunft an und gingen wohl davon aus, dass sie erkannt wird. Ein weiteres Indiz für die Sinnbildlichkeit der Burg und der Stadt Bentheim für die gesamte Grafschaft Bentheim sind zahlreiche Kupferstiche, die Burg und Stadt zum Motiv hatten und zur Illustration von Texten über die Grafschaft Bentheim verwendet wurden, so beispielsweise auf dem Titelblatt des 1820 in niederländischer Sprache erschienenen Buches über die Geschichte der Grafschaft Bentheim, verfasst durch den reformierten Wilsumer Geistlichen Wessel Friedrich Visch.[64]

63 Vgl. ebd., S. 53–54.
64 Visch, Geschiedenis, Titelseite.

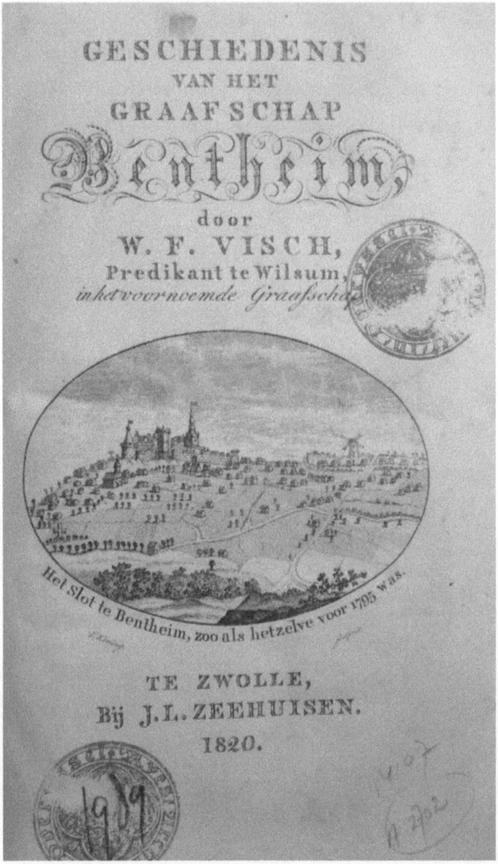

Abb. 3: Titelblatt von Wessel Friedrich Visch: Geschichte der Grafschaft Bentheim. Zwolle 1820 mit einem Kupferstich von der Burg Bentheim. Stadtarchiv Schüttorf; Foto: Steven Zurek.

Auf die historische Bedeutung der konfessionellen Prägung der Region verweisen die reformierten Kirchen der Region, die z. T. – ursprünglich katholisch – deutlich älter sind als die Gotteshäuser anderer Konfessionen und dokumentieren, dass es die reformierte Konfession war, die die Grafschaft Bentheim seit der Frühen Neuzeit maßgeblich prägte. Am Beispiel der evangelisch-reformierten Kirche zu Emlichheim, deren älteste Teile aus dem 12. Jahrhundert stammen und deren Kreuzgewölbe Ende des

15. Jahrhunderts (also noch vor der Reformation) errichtet wurde, kann überdies die ökonomische Verflechtung der Grafschaft Bentheim mit den Niederlanden auch auf der handwerklichen Ebene durch Hinweise auf einen Teil der zwischen 1484 und 1516 durch Gerhardus de Wou gegossenen Kirchenglocken demonstriert werden.[65]

Abb. 4: Reformierte Kirche von 1150 in Emlichheim / Gereformeerde kerk uit 1150 in Emlichheim. Foto: Onderwijsgek, lizensiert unter: Creative Commons Attribution-Share Alike 2.5 Netherlands [CC BY-SA 2.5 NL].

Da durch die Grafschaft Bentheim aufgrund der naturräumlichen Gegebenheiten vergleichsweise gute Verkehrswege in die Niederlande führten, war sie als Transitland nicht nur für den Warenverkehr wichtig, sondern auch von geostrategisch-militärischer Bedeutung. Dadurch geriet sie in der Frühen Neuzeit, insbesondere im Kontext der Konflikte

65 Vgl. de Wilde, Glocken, S. 113–116.

des Fürstbischofs von Münster mit den Niederlanden, in den Fokus des Interesses dieser beiden mächtigen Nachbarn.[66] Während es dem Fürstbischof von Münster gelang, den regierenden Grafen zum Übertritt vom reformierten Bekenntnis zum Katholizismus zu bewegen und die gräfliche Regierung zu dominieren, übten die Niederländer Einfluss auf die Landstände und die überwiegend reformierte Bevölkerung aus. Die ausbrechenden internen Konflikte, die auch innerhalb des Grafenhauses eine Spaltung in eine katholische und eine reformierte Linie zur Folge hatten, prägten die Grafschaft Bentheim nachhaltig. Diese Konflikte konnten erst durch zwei Vergleiche, einerseits zwischen den gräflichen Linien, andererseits zwischen dem Grafen und seinen reformierten Untertanen, die maßgeblich von den Niederlanden unterstützt wurden, weitgehend beigelegt werden.[67] Spuren dieser Auseinandersetzungen können noch heute an einigen Stellen in der Grafschaft Bentheim nachvollzogen werden. So zeigt ein Schlussstein des Chorgewölbes der reformierten Kirche in Gildehaus ein Bildnis von einem Schiff im Sturm mit der Unterschrift „Domine, serva nos, periums“[68]. Dieses Motiv ist auch auf dem Siegel zu sehen, welches die reformierte Geistlichkeit in der Zeit der Auseinandersetzungen mit den katholischen Grafen stechen ließ, um auf ihre Not aufmerksam zu machen.[69] Für den Geschichtstourismus denkbar wäre in dem Zusammenhang auch die Ausstellung der Kirchenordnung für die Grafschaft Bentheim aus dem Jahr 1709, die ganz demonstrativ in niederländischer Sprache verfasst wurde und in der auch der Vergleich zwischen dem Grafen mit seinen reformierten Untertanen, in dem er weitreichende Eingeständnisse machen musste, mitabgedruckt wurde.[70]

Die langfristige Bedeutung dieser Ereignisse und Entwicklungen war, dass sich große Teile der reformierten Bevölkerung demonstrativ sprachlich und kulturell in die Niederlande orientierten, die als Verfechter der Rechte der reformierten Bevölkerung wahrgenommen wurden. So verdrängte das Niederländische das bisher verwendete Niederdeutsche

66 Vgl. Veddeler, Politische Geschichte, S. 38, 47–52.
67 Vgl. ebd., S. 55–58.
68 „Herr, hilf uns, wir verderben.“
69 Vgl. Plasger, Haager Vergleich, S. 33.
70 Vgl. ebd., S. 40.

weitgehend als Kirchen- und Kultursprache. Das Hochdeutsche wurde im Wesentlichen nur noch von der gräflichen Verwaltung verwendet.[71] Diese sehr starke sprachliche und konfessionell-religiöse Anlehnung an die Niederlande war immer noch deutlich spürbar, als die Grafschaft Bentheim ab 1753 ihre Unabhängigkeit an das Kurfürstentum Braunschweig-Lüneburg bzw. ab 1815 das Königreich Hannover verlor. Versuche zunächst der hannoverschen und ab 1866 der preußischen Behörden, die hochdeutsche Sprache als Integrationsmaßnahme umfassend einzuführen, gestalteten sich lange Zeit schwierig. Neben der traditionellen, im Wesentlichen konfessionell motivierten Anlehnung an die Niederlande kam verstärkend hinzu, dass der regional gesprochene Dialekt des Niederdeutschen, das „Grafschafter Platt", als Alltagssprache eine größere Nähe zum Niederländischen, insbesondere zu den ostniederländischen Dialekten, aufwies als zum Hochdeutschen.[72] Außerdem wurde in zeitgenössischen Dokumenten wiederholt auf die Wichtigkeit der Beherrschung des Niederländischen im täglichen Umgang hingewiesen.[73] „Deutsch" wurde bis in das 19. Jahrhundert hinein von der Bevölkerung der Grafschaft Bentheim als Ausdruck für Fremde verwendet – „holländisch" jedoch auch.[74] Die in der Grafschaft Bentheim lebenden Menschen empfanden sich als etwas ganz Eigenes und bezeichneten sich selbst einfach als „Grafschafter"[75], deren „Vaterland"[76] die Grafschaft Bentheim war. Gerade in dieser Hinsicht sind in der Geschichte der Grafschaft Bentheim die für Schwellenräume und Zonen des Übergangs typischen Übereinanderlegungen und Ineinanderblendungen sowie die Herausbildung eines einzigartigen Kulturraums beobachtbar. So werden in der Grafschaft Bentheim bis heute Traditionen lebendig gehalten, die lange Zeit auf beiden Seiten Grenze gepflegt wurden. Dazu gehört etwa das sogenannte „Middewinterhornblasen", das in einigen Orten bis heute in der Zeit der Jahreswende praktiziert wird. In

71 Vgl. Baumann, Übergang, S. 65.
72 Vgl. Kremer, Das Niederländische, S. 209.
73 Vgl. Bericht des Amts Neuenhaus an die Landdrostei Osnabrück v. 12.03.1853. In: NLA HA Hann. 113, Nr. 9746.
74 Vgl. beispielsweise das Schreiben des Oberkirchenrats in Nordhorn an die Landdrostei in Osnabrück v. 05.03.1853, In: NLA HA Hann. 113, Nr. 9746.
75 Hehenkamp, Jugenderinnerungen, S. 4.
76 Visch, Geschichte, S. 7; Visch, Schulbuch, S. 3, 5, 9.

der Imagebroschüre der Gemeinde Uelsen wird explizit darauf hingewiesen, dass es sich dabei um einen Brauch handelt, der „sowohl in der Grafschaft Bentheim als auch in den Niederlanden betrieben wurde“[77]. Hier wird also explizit eine Gemeinsamkeit mit den niederländischen Nachbarregionen zur touristischen Vermarktung herangezogen. Die Erinnerung an die als einzigartig und besonders empfundene Geschichte wach zu halten, ist Zielsetzung auch der Bürgerstiftung Bad Bentheim, die auf ihrem Internetauftritt Scans und Transkriptionen, u. a. des „Schulbuchs über die Geschichte der Grafschaft Bentheim“ von Wessel Friedrich Visch aus dem Jahr 1821, zur Verfügung stellt.[78]

Die konfessionelle Gemeinsamkeit der überwiegenden Bevölkerungsmehrheit mit den niederländischen Nachbarn begünstigte auch persönliche Verbindungen, etwa durch Eheschließungen oder durch den Austausch bzw. die Ausbildung Geistlicher. Aufgrund grenzüberschreitender Ehen kam es häufig dazu, dass Bauern Eigentum auf beiden Seiten der Grenze besaßen und daher regelmäßig die Grenze überqueren mussten.

Die bereits angesprochenen, durch die Grafschaft Bentheim führenden Verkehrswege begünstigten den Handel und Verkehr mit den wohlhabenden Niederlanden.[79] Die Grafschaft Bentheim profitierte auch von dem in Nordwestdeutschland insbesondere vom 17. bis in das frühe 19. Jahrhundert hinein weit verbreiteten Phänomen der saisonalen Arbeitsmigration, der „Hollandgängerei“[80] und vom Handel mit im nordwestdeutschen Raum in Heimarbeit gefertigten Produkten in die Niederlande.[81] Für die Bevölkerung der Grafschaft Bentheim war die Praxis der Hollandgängerei auch deshalb von Bedeutung, weil die Wanderarbeiter und Wanderhändler, die aus der Grafschaft Bentheim in die Niederlande gingen, regelmäßig auch als Heiratsvermittler über die Grenze hinweg fungierten.[82] Die

77 Imagebroschüre der Samtgemeinde Uelsen, S. 16.
78 Vgl. Bibliothek. URL: https://buergerstiftung-badbentheim.de/regionale-geschichte/bibliothek/.
79 Vgl. Rohr, Arbeiterbewegung, S. 54–56.
80 Zur „Hollandgängerei“ allgemein und zur Bedeutung für die Grafschaft Bentheim vgl. Bölsker-Schlicht, Hollandgängerei. In Bezug auf die Bedeutung als Erinnerungsort vgl. Oltmer, Hollandgänger.
81 Vgl. hierzu Titz, Geschichte des Handels, S. 443.
82 Vgl. Wiarda, Grafschaft, S. 25.

Region diente den Hollandgängern aus dem nordwestdeutschen Raum sowie den vornehmlich aus der Grafschaft Lingen und dem Kirchspiel Hopsten stammenden, „Tödden“ genannten Kleinhändlern[83] aufgrund ihrer relativ guten Verkehrswege in die Niederlande als ein wichtiges Transitgebiet.

Erinnert wird an dieses bedeutsame Phänomen beispielsweise durch das 1997 in Uelsen errichtete Denkmal eines Hollandgängers („Pickmäijers“).[84] Von Uelsen aus führt auch eine Wanderroute, die „Pickmäijerroute“, bis in das niederländische Vasse und zurück und soll an den Weg erinnern, den zahlreiche Hollandgänger in der Vergangenheit auf sich genommen haben. Diese und ähnliche Maßnahmen sowie die museale Aufmerksamkeit, die dem Phänomen der Hollandgängerei seit den 1990er Jahren vermehrt geschenkt wird, machen sie zu einem für die nordwestdeutschen Grenzgebiete „bedeutsamen Kapitel europäischer Migrationsgeschichte“[85] mit Bezug zur wirtschaftlichen und sozialen Verflechtung mit den Niederlanden.

83 Vgl. Oltmer, Hollandgänger, S. 174.
84 Vgl. ebd., S. 175–177.
85 Ebd., S. 178.

Abb. 5: „Pickmäijers" – (Hollandgänger-)Denkmal in Uelsen. Foto: Steven Zurek.

An dem Denkmal ist eine Plakette mit knappen Informationen zur Hollandgängerei allgemein angebracht. Außerdem wird auf ihr auch darauf hingewiesen, dass die Hollandgänger „zu Hunderten durch Uelsen zogen und hier auch übernachteten". Die Skulptur stellt einen dieser Wanderarbeiter dar, der mit knappem Gepäck und einer Sense als Arbeitsgerät für eine typische Tätigkeit der Hollandgänger, das Grasmähen, ausgestattet ist.

Der in den gräflichen Steinbrüchen gewonnene Sandstein wurde seit dem Mittelalter überwiegend in die Niederlande abgesetzt. Eine besondere Rolle spielten dabei Händler aus der Hansestadt Zwolle, die dafür eine spezielle Steinhandelsgesellschaft gegründet hatten, die mit einer Dependence in der Grafschaft Bentheim ansässig war.[86] Gerade der Sandsteinhandel machte die Grafschaft Bentheim in den Niederlanden auch über die unmittelbaren Nachbarregionen hinaus bekannt. Dies hing vor allem damit zusammen, dass die Niederländer in ihrem „Goldenen Zeitalter" im 17. Jahrhundert einige Prestigebauten, wie etwa den Amsterdamer Stadtpalast[87], mit Bentheimer Sandstein errichteten und letzteren sogar bis in ihre Kolonien verschifften, wie das 1963 entdeckte Wrack des 1629 havarierten niederländischen Schiffs „Batavia" vor der Küste Australiens zeigt[88]. Befördert wurde die Bekanntheit dieser Zusammenhänge zusätzlich durch das Gedicht des bedeutenden niederländischen Dichters Joost van den Vondel[89] über den Amsterdamer Stadtpalast aus dem Jahr 1655. Hier pries er den „Rots van Benthem", der auf dem Wasser „tanzend" nach Amsterdam transportiert wurde:

> „Het Noortsche mastbosch neemt het Raethuis op den rugh.
> De rots van Benthem danst. de Wezerstroom wordt vlugh.
> De Wester marmerklip den maetzang volght van Kampen
> En Stalpaert, die bezweet noch arbeit vliên, noch rampen, [...]
> Men ziet den Bentemer en Bremer gront gesleten,
> En vratigh ingeslickt, om hier een rots te meeten."[90]

Die Gewinnung des Sandsteins und die Art des Abbaus übten offensichtlich über lange Zeit große Faszination auf die Niederländerinnen und Niederländer aus, und ihr Interesse daran ließ auch nach dieser Epoche nicht nach. So wurden ab dem späten 18. oder frühen 19. Jahrhundert zahlreiche bildliche Darstellungen der Sandsteingewinnung in der Grafschaft Bentheim angefertigt.[91] Und selbst im späten 19. Jahrhundert wurde die Bedeutung des Bentheimer Sandsteins für die Niederlande hervorgehoben. So weist der niederländische Historiker und Publizist Chris te Lintum in

---

86 Vgl. Voort, Reichsgrafschaft, S. 182.
87 Vgl. Unverfehrt, Berge, S. 72–74.
88 Vgl. Bentheimer Sandstein.
89 Zur Bedeutung von van den Vondel vgl. Korsten / Bloemendal, Preface, S. IX.
90 Van den Vondel, Inwydinge, S. S. 100–101. Sinngemäß beschreibt van den Vondel hier, wie Baumaterialien zum Bau des Rathauses, darunter Bentheimer Sandstein, herangeschafft und verarbeitet werden. Dazu seien der Bentheimer und der Bremer Boden ausgebeutet worden. Vgl. auch Unverfehrt, Berge, S. 74.
91 Vgl. Unverfehrt, Berge, S. 75.

seinem Bericht über seine Reise in die Grafschaft Bentheim im Jahr 1897 auf die Bedeutung der Stätten des Abbaus, aber auch auf die Opfer hin, die mit dem Abbau verbunden waren, und erwähnt ebenfalls das bereits von van den Vondel gepriesene Amsterdamer Rathaus:

> „Die ältesten Steinbrüche sind die von Gildehaus. [...] Jahrhundertelang haben viele Bentheimer da gearbeitet, zum Gefallen der Umgebung und besonders der Niederländer; sie haben u. a. die Bausteine für das Amsterdamer Rathaus auf dem Dam geliefert. Zum eigenen Vergnügen jedoch war das nicht: Die Steinbrüche sind ungesund und [...] es ist eine Tatsache, daß viele von ihnen [der Arbeiter] einen frühen Tod sterben mußten und daß es in Bentheim immer viele junge Witwen mit kleinen Kindern gegeben hat und noch gibt."[92]

Mit dem Verlust der Eigenständigkeit und der Verschärfung von Zollbestimmungen und des Grenzregimes durch die hannoversche Regierung im 19. Jahrhundert entwickelte sich die Grafschaft Bentheim zunehmend zum verkehrstoten Winkel, worunter die regionale Wirtschaft stark litt.[93] Dies bedeutete jedoch nicht, dass die Kontakte über die Grenze abbrachen. Der Austausch wurde nur zum Teil in den informellen bzw. illegalen Bereich verlegt, in Form von Schmuggel.[94] Für die Bauern mit Eigentum auf beiden Seiten der Grenze wurden spezielle Bestimmungen zur Überquerung der Grenze zur Bewirtschaftung ihrer Besitzungen erlassen.[95]

Von besonderer Bedeutung für die Grafschaft Bentheim wurde ab der zweiten Hälfte des 19. Jahrhunderts die Ansiedlung und Entwicklung der Textilindustrie. Vor allem Impulse aus den Niederlanden und niederländische Unternehmer trieben die Entwicklung der Textilindustrie, zunächst hauptsächlich in Schüttorf und Nordhorn, maßgeblich voran.[96] In der benachbarten niederländischen Region Twente hatten sich schon früh viele Textilunternehmen angesiedelt. Es war vor allem die große Armut weiter Teile der Bevölkerung und das geringe Lohnniveau, das die

---

92 Te Lintum, Sommerkolonie, S. 287.

93 Vgl. Eiynck, Emsland, S. 67–68.

94 Vgl. beispielsweise den Zeitungsartikel Wie schwunghaft in unserer guten Grafschaft. In: Zeitung und Anzeigenblatt v. 28.02.1888.

95 Sie wurden als „Traktatbauern" bezeichnet, aufgrund des Grenztraktats zwischen den Niederlanden und dem Königreich Hannover v. 02.07.1824. In: NLA HA Hann. 10, Nr. 1857/1.

96 Vgl. Schwabe, Textilindustrie, S. 11, 30–33.

Ansiedlung der Textilindustrie in der Grafschaft Bentheim vorantrieb. Für die Versorgung mit Rohstoffen für die Produktion, besonders Baumwolle, waren die Unternehmer in der Grafschaft Bentheim auf Lieferungen aus den Niederlanden angewiesen. Außerdem wurde der größte Teil der Produkte in die Niederlande abgesetzt. Deshalb gab es auf Unternehmerebene einen intensiven Kontakt über die Grenze hinweg. Allerdings existierten auch in der Textilarbeiterschaft vielfältige Kontakte zu Niederländern, da im Laufe des 19. Jahrhunderts vermehrt Arbeitsmigranten über die Grenze in die Grafschaft Bentheim kamen.[97] Die Stadt Nordhorn, einst beeindruckendes Zentrum der bentheimischen Textilindustrie, durch die der Ort einen rasanten Bevölkerungsanstieg erlebte, hat sich mit großer Sorgfalt dem Erhalt und der Umwidmung einstiger zentraler Gebäude der Textilindustrie angenommen. So wurde das Stadtmuseum Nordhorns in drei ehemaligen Industriebauten untergebracht: Eine Abteilung des Museums zum Thema „‚Menschen, Mode und Maschinen' – Textilkultur und Modegeschichte(n)" befindet sich im NINO-Hochbau, einem ehemaligen Spinnereihochbau der Firma Niehues & Dütting, der zwischen 1921 und 1923 errichtet wurde.[98] In dem „größten Industriedenkmal der Grafschaft Bentheim"[99] ist gegenwärtig überdies das Kompetenzzentrum Wirtschaft und ein Café für Besucherinnen und Besucher untergebracht. Ein weiterer Teil des Stadtmuseums, eine Museumsfabrik mit funktionstüchtigen Textilverarbeitungsmaschinen, befindet sich ebenfalls in einem ehemaligen Industriebau, der Alten Weberei, die nun ebenfalls das Kulturzentrum Nordhorn einschließlich des Grafschafter Brauhauses beherbergt. Der dritte Teil des Stadtmuseums ist im noch erhaltenen Turm der Spinnerei der Firma Povel & Co. Der Fokus liegt in diesem Teil auf der allgemeinen Stadtgeschichte und der „Entwicklung der Stadt als Grenzstadt in Nordwestdeutschland"[100]. Der 1906 von einem niederländischen Architekten erbaute Turm diente als Wasser- und Staubturm für

97 Vgl. Rohr, Arbeiterbewegung, S. 66.

98 Vgl. Bauordnungsamt-Denkmalpflege der Stadt Nordhorn, Broschüre NINO Spinnerei-Hochbau.

99 Masselink/Woltering, NINO Hochbau, S. 17.

100 Stadtmuseum im Povelturm. In: Stadtmuseum Nordhorn. URL: https://stadtmuseum-nordhorn.de/povelturm/.

das 1981–1982 abgerissene Spinnereigebäude der Firma, welche neben Niehues & Dütting und Rawe zu den größten Textilunternehmen Nordhorns gehörte. Er wurde in den Jahren 1994 bis 1996 zum Stadtmuseum umgebaut.[101] Heute können hier die unterschiedlichen Phasen der Stadtgeschichte im Treppenaufstieg anhand von bildlichen Darstellungen sowie Texterläuterungen nachvollzogen werden, bis die oben angelegte Cocktailbar mit einem Panoramablick auf die heutige Stadt Nordhorn erreicht wird. Betont wird die große wirtschaftliche und gesellschaftliche Bedeutung, die die Beziehungen zu den Niederlanden in der Geschichte der Stadt hatten:

> „Stadtrechte erhielt Nordhorn bereits 1379. In den folgenden Jahrhunderten galt die grenzüberschreitende Vechteschifffahrt in Richtung Ijsselmeer als wichtigster Erwerbszweig. Diese erlebte ihr Ende im 19. Jahrhundert. Über Jahrzehnte geriet Nordhorn in eine Strukturkrise, die erst mit dem Aufbau von ersten Textilfabriken 1839 endete. Aus der Handelsstadt an der Vechte wurde eine Industriestadt im Grenzgebiet."[102]

101 Vgl. Textilfabrik Povel (Povelturm). In: Denkmalatlas Niedersachsen. URL: https://denkmalatlas.niedersachsen.de/viewer/metadata/36075358/2/.

102 Stadtmuseum im Povelturm. In: Stadtmuseum Nordhorn. URL: https://stadtmuseum-nordhorn.de/povelturm/.

Abb. 6: Der Povelturm in Nordhorn. Foto: Steven Zurek.

5. Geschichtstourismus in der Grafschaft Bentheim

In seinem Touristischen Leitbild 2013, das der Bentheim Tourismus e. V. im Auftrag des Landkreises Grafschaft Bentheim erstellt hat, wird von einer „traditionsreiche[n] ‚Grenzregion'" gesprochen, die durch „enge Bindungen [...] zu den benachbarten Niederlanden"[103] ausgezeichnet ist. Entsprechend wird das sinnstiftende Narrativ, das dem geschichtstouristischen Konzept zugrunde liegt, maßgeblich aus der Grenzlage, die diese engen Verbindungen in das Nachbarland und umgekehrt dessen Einfluss auf die Grafschaft Bentheim auf unterschiedlichen Ebenen erst

103 Touristisches Leitbild, S. 6–7.

ermöglichte, abgeleitet. Auf dieser Basis wird für den Tourismus in der Grafschaft eine erfolgreiche Entwicklung prognostiziert.

Zurückgeblickt werden kann vor allem auf eine touristische Bewegung aus den Niederlanden. Dabei nahm das ab 1820 betriebene fürstliche Kurbad in der Stadt Bentheim eine wichtige Rolle ein, indem es schnell zahlreiche niederländische Gäste aus den höheren sozialen Schichten anzog, so dass schon zwischen 1845 und 1850 ein größeres Kurhaus erbaut wurde.[104] Die Zielgruppe für den Kurbetrieb waren hauptsächlich wohlhabende Niederländerinnen und Niederländer, weswegen stark auf deren Wünsche geachtet wurde. So beherrschte das gesamte Personal die niederländische Sprache, und spezielle Essgewohnheiten wurden berücksichtigt.[105] Die Anreise wurde ab 1865 durch die Inbetriebnahme der Eisenbahnstrecke Almelo-Salzbergen, die auch eine Haltestelle in Bentheim hatte, erheblich erleichtert. In der Saison brachten Sonderzüge die Gäste nach Bentheim, und 1896 erhielt das Bad sogar eine eigene Haltestelle. Besonderen Glanz verliehen dem Kurbad die engen Beziehungen des Fürsten zum europäischen Hochadel, insbesondere seine enge Verwandtschaft zum niederländischen Königshaus. So gehörten zu den prominenten Besucherinnen und Besuchern des Bades König Georg V. von Hannover, Kaiser Wilhelm I., Otto von Bismarck und – gleich mehrfach – die niederländische Königin Emma mit ihrer Tochter Wilhelmina.[106] Das Kurbad entwickelte sich auch für das Bürgertum und die Honoratioren der Grafschaft Bentheim zum gesellschaftlichen Treffpunkt mit der Möglichkeit zur Knüpfung von Geschäftskontakten zu niederländischen Unternehmern oder gar zur Eheanbahnung.[107] Dies bestätigt auch der niederländische Gast Chris te Lintum in seinem Reisebericht aus dem Jahr 1897:

> „Von da an [seit der Erbauung des Tanzsaales] sah man denn auch die Bentheimer und Umwohnenden, besonders Leute aus der Twente, getreuer und zahlreicher denn je an den Sonntagabenden im Sommer zu den weißen Häuschen

104 Vgl. Bitter, Kuren, S. 28.
105 Vgl. Pfau, Geschichte, S. 66.
106 Vgl. ebd., S. 67.
107 Vgl. Garbelmann, Geselliges leben, S. 63–64, te Lintum, Sommerkolonie, S. 283.

> gehen im Bentheimer Wald. [...] Noch heute wird – in den Augen vieler – der Ball zu Bentheim als eine Art Heiratsmarkt gesehen für die ganze Umgebung."[108]

Das fürstliche Bad wurde in den Niederlanden stark beworben, z. B. durch zahlreiche Zeitungsannoncen, die auch in regionalen und überregionalen Zeitungen des Nachbarlandes veröffentlicht wurden.[109] Darüber hinaus wurde das Kurbad auch durch Berichte von niederländischen Ärzten und durch Reiseberichte bekannt.[110] Die weiteste Verbreitung fand wohl der bereits zitierte Reisebericht te Lintums, in dem Bentheim als eine „niederländische Sommerkolonie"[111] bezeichnet wurde. Gemäß dem Bildungsideal des Bürgertums des 19. Jahrhunderts pries er aber nicht nur das Kurbad und die landschaftliche Schönheit der Grafschaft Bentheim, sondern wies auch auf die Geschichte der Region hin, die große kulturelle Nähe zu den Niederlanden sowie historische Sehenswürdigkeiten, zu denen er auch die Steinbrüche bei Gildehaus sowie die Stadt Bentheim und deren Burg zählte.[112] Für te Lintum trugen diese Relikte der Vergangenheit neben den Erholungsmöglichkeiten im Kurbad, dem Prestige durch prominente Besucherinnen und Besucher, der ansprechenden Landschaft und der leichten Anreise zur Attraktivität Bentheims als Reiseziel bei.

Diese touristische Tradition, die mit dem den heutigen geschichtstouristischen Bemühungen zugrundeliegenden Narrativ bestens in Einklang zu bringen ist, kann in historischer Perspektive als Nucleus der verstärkten touristischen Entwicklung in der Grafschaft Bentheim gesehen werden. In diesem Zusammenhang ist auch der vom Förderverein für das Museumswesen in der Obergrafschaft e. V. herausgegebene Buch über die Geschichte des Tourismus in Bad Bentheim aus dem Jahr 2007 zu sehen, der mit einem zweisprachigen Titel „Reiseziel Bad Bentheim. Geschichte des Tourismus in Bad Bentheim – Reisdoel Bad Bentheim. Geschiedenis

---

108 Te Lintum, Sommerkolonie, S. 283.
109 Beispielsweise in Provinciale Drenthsche en Asser Courant v. 28.04.1881; Leeuwarder Courant v. 11.04.1900; Het Nieuws van den Dag v. 08.06.1905
110 Vgl. Pfau, Geschichte, S. 64.
111 Te Lintum, Bad Bentheim, S. 280.
112 Vgl. ebd., S. 286.

van het tourisme in Bad Bentheim“ auch ein niederländisches Publikum ansprechen soll.[113]

Das Kurbad in Bad Bentheim ist bis heute in Betrieb. Auf dem Internetauftritt der Fachklinik Bad Bentheim wird nicht nur auf die therapeutischen Angebote, sondern auch auf die lange Tradition des Heilbades verwiesen, mit der gezielt geworben wird: „In Bad Bentheim basiert die historisch gewachsene Kompetenz der Heilbehandlung auf einer rund 300-jährigen Geschichte. Das Flair des traditionellen Kurbetriebs aus dem 19. Jahrhundert verbinden wir mit modernsten medizinischen Behandlungen.“[114] Auf derselben Seite wird zur Eigenwerbung auch gleich auf die Burg und die Nähe zu den Niederlanden verwiesen: „Die mittelalterliche Burg mitten im Ort oder die Märkte in den Niederlanden bieten sich für Ausflüge an.“[115]

Die Burg sowie die Stadt Bad Bentheim befinden sich auf einer Sandsteinerhebung, einem Ausläufer des Teutoburger Waldes. Die sehr gut erhaltene, größenmäßig imposante und weithin sichtbar über der Stadt thronende Burg ist für den Geschichtstourismus nicht nur wegen ihrer Bedeutung als historische Residenz der Landesherren und Symbol für die Geschichte der Reichsgrafschaft Bentheim interessant, sondern nicht zuletzt auch aufgrund ihrer ästhetischen Attraktivität. So wird auf dem Internetauftritt zur Burg Bentheim auch herausgestrichen, dass es sich bei ihr um „die größte Höhenburg Nordwestdeutschlands“[116] handelt. Für niederländische Besucherinnen und Besucher ist die Burg Bentheim und die am Fuße des Burgbergs angesiedelte Altstadt wohl auch deshalb interessant, weil Höhenburgen in den Niederlanden kaum vorhanden sind. Bereits im 17. Jahrhundert faszinierte Bentheim Besucherinnen und Besucher aus den Niederlanden, wie etwa den bereits genannten Maler Jacob van Ruisdael, der durch seine Bilder maßgeblichen Anteil daran hat, dass Burg und Stadt Bentheim seit Jahrhunderten in den Niederlanden und darüber hinaus bekannt sind.[117] Sie stellen also bereits traditionell geschichtstouristische Highlights der Grafschaft Bentheim dar, über die

113 Vgl. Förderverein für das Museumswesen in der Obergrafschaft e. V., Reiseziel Bad Bentheim.
114 Moderne Medizin im historischen Kurbad. In. www.fk-bentheim.de.
115 Ebd.
116 Ebd.
117 Vgl. Büttner, Ruisdael, S. 17.

eine Beschäftigung mit der allgemeinen Geschichte der Region angeregt werden kann. Ein Indikator für ihre nicht unerhebliche Zugkraft für den Tourismus in der Region ist, dass die weit überwiegende Zahl der touristischen Übernachtungen in der Stadt Bad Bentheim stattfindet.[118]

Die Burg, deren heutiges Erscheinungsbild durch Bauten des 14. und 18. Jahrhunderts sowie durch neugotische Umbauten aus den 1890er Jahren geprägt ist, befindet sich noch im Besitz der Fürstenfamilie von Bentheim-Steinfurt, die allerdings bereits seit dem 19. Jahrhundert ihren ständigen Wohnsitz im nahegelegenen Burgsteinfurter Schloss genommen hat. Auf der Bentheimer Burg weht noch heute die Flagge mit den Farben der alten Reichsgrafschaft rot und gelb, und sie wird von weiten Teilen der Bevölkerung wie der Besucherschaft der Region als sinnbildlich für die einstige Eigenständigkeit der Reichgrafschaft Bentheim sowie für die ehemalige Landesherrschaft des Hauses Bentheim wahrgenommen. Heute befindet sich ein Museum zur Geschichte des Fürstenhauses in Teilen der Burg. Neben dem bereits angesprochenen Gemälde Ruisdaels beherbergt es den sogenannten „Herrgott von Bentheim", ein aus Bentheimer Sandstein gefertigtes Kruzifix aus dem 11. Jahrhundert.[119]

Geschichtstouristische Wirksamkeit entfalten auch die Ritterfestspiele, die jährlich im Schlosspark abgehalten werden, sowie der gleichzeitige Mittelaltermarkt, welcher auch überregional beworben wird.

Auch an die lange Tradition der grenzüberschreitenden ökonomischen Verflechtungen sowie die Bekanntheit des Bentheimer Sandsteins und seine Bedeutung für die Niederlande sowie für die Bevölkerung der Grafschaft Bentheim wird mit geschichtstouristischen Angeboten angeknüpft und erinnert. So wurde für die Steinbrucharbeiter, die sogenannten Kuhlkerls 1996 in Bad Bentheim an prominenter Stelle ein Denkmal auf dem Herrenberg, direkt neben der Burg, errichtet. Dabei wird, wie das Denkmal bereits anzeigt, nicht nur der ökonomischen Bedeutung des „Bentheimer Goldes"[120] und des Ruhms, den es der Region einbrachte, gedacht, sondern auch der wahrhaft mörderischen Arbeitsbedingungen und der großen Opfer der Steinbrucharbeiter, die bereits te Lintum geschildert hatte.

118 Vgl. Touristisches Leitbild, S. 8.
119 Vgl. Veddeler, Steinerne Zeugen, S. 318.
120 Bentheimer Gold. In: www.sandsteinmuseumbadbentheim.de.

Abb. 7: Denkmal für die Kuhlkerls genannten Steinbrucharbeiter in Bad Bentheim. Foto: Steven Zurek.

Über die anstrengende und gefährliche Arbeit in den Steinbrüchen und die Bedeutung des Bentheimer Sandsteins informiert seit 1999 das Sandsteinmuseum in Bad Bentheim, dessen Broschüren und Internetauftritt durchgängig zweisprachig deutsch-niederländisch gestaltet sind.[121] Über eine Sandsteinroute bietet sich die Möglichkeit, im Rahmen einer Wandertour die Stätten des Abbaus und der Verarbeitung des Sandsteins nachzuvollziehen.[122] Darüber hinaus ist der Bau einer Replik des Portals aus

121 Vgl. www.sandsteinmuseumbadbentheim.de.
122 Vgl. die Broschüre „Sandsteinroute Bad Bentheim-Gildehaus“ des Fördervereins für das Museumswesen in der Obergrafschaft e. V.

Bentheimer Sandstein, das im Wrack des 1629 vor Australien havarierten niederländischen Schiffes „Batavia“ gefunden wurde, im Schlosspark von Bad Bentheim geplant.[123]

Ein weiterer Aspekt, der für den Geschichtstourismus in der Grafschaft Bentheim relevant ist, ist der Rekurs auf die Rolle der Grafschaft Bentheim als Transitland in die Niederlande insbesondere mit Blick auf die Arbeitsmigration. In diesem Zusammenhang wurde bereits das Pickmäijer-Denkmal in Uelsen erwähnt, das an die aus weiten Teilen Nordwestdeutschlands stammenden Wanderarbeiter erinnert, die regelmäßig die Grafschaft Bentheim durchzogen und denen sich auch viele Einwohner der Grafschaft Bentheim selbst zur Sicherung des Lebensunterhalts anschlossen. Den „Tödden“ genannten Kleinhändlern, die ebenfalls durch die Grafschaft Bentheim kamen, ist eine überregionale Wanderroute von Osnabrück bis Deventer gewidmet, die Teil des europäischen Wanderwegs E 11 ist und durch den südlichen Teil der Grafschaft Bentheim verläuft.

Viele der genannten Beispiele erinnern an die Bedeutung der Grenzsituation für den Alltag der breiten Masse der Bevölkerung, der von einer grenzübergreifenden Realität geprägt war. Andere geschichtstouristische Angebote beziehen sich direkter auf den konkreten Grenzverlauf, wie etwa die Grenzsteinroute Coevorden-Laar, auf der auf Wanderwegen der Grenzverlauf nachvollzogen und historische Grenzsteine entdeckt werden können.[124]

Um die Vermittlung der Geschichte der Textilindustrie, die – nach einer Vorgeschichte – in großem Maßstab im letzten Drittel des 19. Jahrhunderts die Obergrafschaft und dann etwas später sehr stark auch Nordhorn prägte[125], bemüht sich das Stadtmuseum Nordhorn an den drei erwähnten Standorten. Unter den nach Nordhorn zugewanderten Industriearbeitern waren auch viele Niederländer, die die Entwicklung der Stadt maßgeblich mitprägten, darunter auch niederländische Unternehmer, die sich hier niederließen und erfolgreiche Textilunternehmen gründeten.[126]

123 Vgl. Bauantrag. In: www.buergerstiftung-badbentheim.de.
124 Vgl. Die Grenzsteinroute.
125 Vgl. Schwabe, Textilindustrie, S. 12–13.
126 Vgl. Straukamp, Textilindustrie, S. 96.

Die große sprachliche und kulturelle Anlehnung an die Niederlande, die sich aufgrund der reformierten Konfession und der vielfältigen wirtschaftlichen wie verwandtschaftlichen Verflechtungen ergeben hatte, und die daraus erwachsene große Nähe des „Bentheimer Platt“ zur niederländischen Sprache erwiesen sich schon seit dem 19. Jahrhundert als Vorteil für den (Geschichts-)Tourismus aus den Niederlanden. So hob beispielsweise Chris te Lintum hervor:

> „War es doch schon zur Zeit unserer Großväter nicht chic, sein Reiseziel im eigenen Land zu suchen: über die Grenzen war es viel vornehmer und besser. Und wo konnte man da besser verbleiben als zu Bentheim? Es war nicht allzu weit entfernt, man konnte auch ohne deutsche Sprachkenntnisse durchkommen, und man brauchte nicht mitten im Sommer Sauerkraut mit Knackwurst zu essen, da auch für einigermaßen holländische Kost gesorgt wurde.“[127]

Dass dies auch noch für die Zeit seiner Reise galt, beschreibt er lobend an etwas späterer Stelle, mit Hinweis auf die zahlreichen Gäste aus den Niederlanden:

> „Noch immer sind fast alle Kurgäste in Bentheim Holländer: die deutsche Sprache hört man dort nur ausnahmsweise, deutsche Gewohnheiten findet man kaum, außer vielleicht ein wenig beim Essen, welches jedoch im Laufe der Zeit auch wohl völlig und ganz nach dem niederländischen Geschmack angerichtet werden wird.“[128]

Der Anteil der Übernachtungen von internationalen Besuchern, vornehmlich aus den Niederlanden, ist in jüngerer Zeit mit 50 % überdurchschnittlich hoch. Wirtschaftlich noch bedeutender als der Übernachtungstourismus ist aber mit 64 % der generierten touristischen Umsätze der Tagesausflugstourismus.[129] Offensichtlich ist es besonders gelungen, niederländische Gäste anzusprechen und zu gewinnen, was auch an der „gut erreichbaren Nähe“ liegt, so dass laut Bentheim Tourismus e. V. sich die Niederlande als „Quellmarkt für die Grafschaft Bentheim“[130] anbieten.

127 Te Lintum, Sommerkolonie, S. 282.
128 Ebd. S. 283.
129 Vgl. Touristisches Leitbild, S. 10–11.
130 Ebd., S. 17.

6. Fazit

Das grundlegende Narrativ, das den geschichtstouristischen Angeboten in der Grafschaft Bentheim zugrunde liegt, hebt die große Bedeutung der Grenzlage zu den Niederlanden und die vielfältigen grenzüberschreitenden Kontakte und Aktivitäten sowie die geschichtlichen Verflechtungen mit den Niederlanden hervor. Die Grafschaft Bentheim wies in ihrer Geschichte einige für Grenzregionen als Kontaktzonen typische Charakteristika in Form von Überlappungen und Verflechtungen mit den benachbarten Niederlanden auf, die vielfältige Spuren hinterlassen haben und nun das Konzept des Geschichtstourismus in der Grafschaft Bentheim deutlich beeinflussen. Dazu gehören etwa eine große sprachliche Affinität, die religiös-konfessionelle Nähe, geteilte Traditionen und vor allem die Erinnerung an vielfältige Kontakte und Verbindungen über die Grenze hinweg. Diese werden bevorzugt in geschichtstouristischen Angeboten als bedeutsam für die Geschichte der Grafschaft Bentheim ausgewiesen. Aspekte der Geschichte der Grafschaft Bentheim werden sowohl durch die Stilisierung historischer (architektonischer) Zeugnisse wie der Burg in Bad Bentheim oder der historischen Industriearchitektur in Nordhorn als auch durch die Errichtung von Denkmälern, durch Ausstellungen in Museen, durch die Herausstellung literarischer oder künstlerischer Verarbeitungen in der Vergangenheit und auch durch die Einrichtung von Wanderrouten erinnert. Die Verflechtung zweier angrenzender Kulturräume – etwa in der Industriearbeiterschaft und auch durch die sprachlichen Verhältnisse – sowie das Charakteristikum eines Zwischenraums und Ort der Passage – sinnfällig geradezu in der Hollandgängerei – werden in den geschichtstouristischen Angeboten der Grafschaft Bentheim als für diese Grenzregion typische Charakteristika hervorgehoben.

Ansätze der *Border Studies* sowie der Verflechtungsgeschichte bieten geeignete Analyseinstrumente für die Phänomene, die geschichtstouristisch für die Grafschaft Bentheim als bedeutsam ausgewiesen entsprechend aufbereitet vermittelt werden sollen. Dies gilt zunächst insbesondere für die Betonung der eher verbindenden statt trennenden Wirkung der Grenze, welche den an ihr lebenden Menschen ganz spezifische Handlungsoptionen und kulturübergreifende Interaktionsmöglichkeiten eröffnet, die die Alltagspraxis ganz erheblich prägten (und prägen).

Entsprechend bedient sich auch das geschichtstouristische Konzept der Grafschaft Bentheim z. B. durch manifestierte Rekurse auf die Hollandgängerei, den Sandsteinhandel und die Textilindustrie einer Narration des *Border Crossing*. Der in den *Border Studies* auf Überlappungen, Ineinanderblendungen und Mischungen von Kulturräumen gelegte Fokus zeigt sich in der Grafschaft Bentheim in Sprache, Konfession, Traditionen und wird entsprechend geschichtstouristisch hervorgehoben, z. B. mit der Vermarktung des „Middewinterhornblasens“ in Uelsen.

Die vielfältigen, außerordentlich starken Verflechtungen hatten erheblichen Einfluss auf die gegenseitige Wahrnehmung. In der Grafschaft Bentheim gab es aufgrund der konfessionellen und kulturellen Nähe, der verwandtschaftlichen Beziehungen und nicht zuletzt der großen ökonomischen Bedeutung der Niederlande eine große Wertschätzung für die westlichen Nachbarn, was auch im geschichtstouristischen Angebot stark betont wird. Umgekehrt haben Sandsteinhandel, Burg und (historischer) Bädertourismus die Grafschaft Bentheim in den Niederlanden bekannt gemacht und Niederländer schon früh zu touristischen Reisen in die Grafschaft Bentheim motiviert. An diese wechselseitigen, auch tourismusgeschichtlich sich auswirkenden Traditionen anzuknüpfen, ist eine geschichtstouristische Strategie in der Grafschaft Bentheim, etwa indem auf den historischen Bädertourismus hingewiesen wird oder Gemälde Jacob van Ruisdaels, auf denen die Bentheimer Burg zu sehen ist, in den Bentheimer Museen ausgestellt werden. Diese Strategie hat sich ganz offensichtlich – nicht nur, aber besonders mit Blick auf den Tourismus aus den Niederlanden – als sehr erfolgreich erwiesen.[131]

Abbildungsverzeichnis

Abb. 1: Luftaufnahme der Burg Bentheim. Abdruck mit freundlicher Genehmigung der Touristinformation Bad Bentheim.

Abb. 2: „Ansicht der Burg Bentheim von Nordwesten“ (um 1655) von Jacob van Ruisdael. Abdruck mit freundlicher Genehmigung

131 Vgl. Touristisches Leitbild, S. 17.

der Niedersächsischen Sparkassenstiftung; Copyright: Niedersächsische Sparkassenstiftung, Hannover.

Abb. 3: Titelblatt von Wessel Friedrich Visch: Geschichte der Grafschaft Bentheim. Zwolle 1820 mit einem Kupferstich von der Burg Bentheim. Stadtarchiv Schüttorf; Foto: Steven Zurek.

Abb. 4: Reformierte Kirche von 1150 in Emlichheim / Gereformeerde kerk uit 1150 in Emlichheim. Foto: Onderwijsgek, lizensiert unter: Creative Commons Attribution-Share Alike 2.5 Netherlands [CC BY-SA 2.5 NL].

Abb. 5: „Pickmäijers“ – (Hollandgänger-)Denkmal in Uelsen. Foto: Steven Zurek.

Abb. 6: Der Povelturm in Nordhorn. Foto: Steven Zurek.

Abb. 7: Denkmal für die Kuhlkerls genannten Steinbrucharbeiter in Bad Bentheim. Foto: Steven Zurek.

Quellenverzeichnis

Anzeige für das fürstliche Kurbad in Bentheim. In: Het Nieuws van den Dag v. 08.06.1905.

Anzeige für das fürstliche Kurbad in Bentheim. In: Leeuwarder Courant v. 11.04.1900.

Anzeige für das fürstliche Kurbad in Bentheim. In: Provinciale Drenthsche en Asser Courant v. 28.04.1881.

Bauantrag für Batavia-Portal auf den Weg gebracht. In: www.buergerstiftung-badbentheim.de. URL: https://buergerstiftung-badbentheim.de/bauantrag-fuer-batavia-portal-auf-den-weg-gebracht/ (03.03.2023).

Bericht des Amts Neuenhaus an die Landdrostei Osnabrück v. 12.03.1853. In: NLA HA Hann. 113, Nr. 9746.

Grenztraktat zwischen den Niederlanden und dem Königreich Hannover v. 02.07.1824. In: NLA HA Hann. 10, Nr. 1857/1.

Hehenkamp, Gerhard: Jugenderinnerungen eines Grafschafters. Meppen 1903.

Moderne Medizin im historischen Kurbad. In: www.fk-bentheim.de. URL: https://www.fk-bentheim.de/das-sind-wir/klinikportrait/ (02.03.2023).

Schreiben des Oberkirchenrats in Nordhorn an die Landdrostei Osnabrück v. 05.03.1853. In: NLA HA Hann. 113, Nr. 9746.

Stadtmuseum Nordhorn. URL: https://stadtmuseum-nordhorn.de/ (22.12.2022).

Grafschaft Bentheim Tourismus e. V. (Hg.): Touristisches Leitbild 2013. Kurzfassung. Grafschaft Bentheim. Nordhorn/Hannover 2013.

Te Lintum, Chris: Bad Bentheim – Eine niederländische Sommerkolonie im Ausland. Reisebeschreibung aus dem Jahr 1897. Übersetzung aus dem Niederländischen von Maren Diedrichs. In: Hubert Titz (Red.): Bad Bentheim – Aspekte einer Stadtgeschichte (= Das Bentheimer Land 138). Bad Bentheim 1996, S. 280–291.

Van den Vondel, Joost: Inwydinge van't stadthuis t'Amsterdam (1655). Neuherausgabe von Marijke Spies, Saskia Albrecht, Frank Elsing, Winny Hübben und Marianne Stegemann (Hg.). Muiderberg 1982. URL: https://www.dbnl.org/titels/titel.php?id=vond001inwy02 (20.12.2022).

Visch, Wessel Friedrich: Geschichte der Grafschaft Bentheim. Übersetzt nach der Ausgabe Zwolle 1820 von Lucie Rakers (= Das Bentheimer Land 103). Bad Bentheim 1984.

Visch, Wessel Friedrich: Geschiedenis van het Graafschap Bentheim. Zwolle 1820.

Visch, Wessel Friedrich: Schulbuch über die Geschichte der Grafschaft Bentheim. Lingen 1821.

Wie schwunghaft in unserer guten Grafschaft der Schmuggel betrieben. In: Zeitung und Anzeigeblatt v. 28.02.1888.

Literaturverzeichnis

Audehm, Kathrin / Velten, Hans Rudolf: Einleitung. In: Kathrin Audehm / Hans Rudolf Velten (Hg.): Transgression – Hybridisierung – Differenzierung. Zur Performativität von Grenzen in Sprache, Kultur und Gesellschaft. Freiburg i. Br. / Berlin / Wien 2007 (= Scenae 4), S. 9–40.

Bauordnungsamt – Denkmalpflege der Stadt Nordhorn: Broschüre NINO Spinnerei-Hochbau. URL: https://nino-hochbau.de/sites/nino-hochbau.de/files/pdf/hochbau_historie.pdf (21.03.2023).

Baumann, Johannes: Der Übergang von der niederländischen zur hochdeutschen Schriftsprache in der Grafschaft Bentheim seit 1752. In: Ludger Kremer / Timothy Sodmann (Hg.): „… die ihnen so liebe holländische Sprache“. Zur Geschichte des Niederländischen im Westmünsterland und in der Grafschaft Bentheim. Vreden 1998 (= Westmünsterland. Quellen und Studien 8), S. 53–126.

Beck, Joachim: Cross-border cooperation in Europe as an object in transdisciplinary research. An introduction. In: Joachim Beck (Hg.): Transdisciplinary Discourses on Cross-Border Cooperation in Europe. Brüssel 2019 (= Euroclio 107), S. 13–29.

Benjamin, Walter: Das Passagenwerk. Gesammelte Schriften 5. Frankfurt a. M. 1991.

Bentheimer Sandstein auf dem Weg nach Südostasien. In: www.sandsteinmuseumbadbentheim.de. URL: http://www.sandsteinmuseumbadbentheim.de/?page_id=49 (22.12.2022).

Bitter, Gerold: Kuren und Badebetrieb im 19. Jahrhundert. In: Werner Rohr / Hubert Titz (Hg.): Das Bentheimer Bad von den Anfängen bis zur Gegenwart. Bad Bentheim 1989, S. 28–59.

Bölsker-Schlicht, Franz: Die Hollandgängerei im Osnabrücker Land und im Emsland. Ein Beitrag zur Geschichte der Arbeiterwanderung vom 17. bis zum 19. Jahrhundert. Sögel 1987 (= Emsland/Bentheim. Beiträge zur neueren Geschichte 3).

Büttner, Nils: Ruisdael und Burg Bentheim. In: Nils Büttner / Gerd Unverfehrt (Hg.): Ruisdael in Bentheim. Ein niederländischer Maler und die Burg Bentheim im 17. Jahrhundert. Bielefeld 1993, S. 12–58.

Burkert, Steffen: Als friedliche Nachbarschaft an ihre Grenzen stößt. In: Burkert, Steffen (Hg.): Geschichte eines Landkreises. Die Grafschaft Bentheim. Bd. 1. Bad Bentheim 2010 (= Das Bentheimer Land 181), S. 259–267.

De Wilde, Jan: Die Glocken des Gerhardus de Wou. In: Bentheimer Jahrbuch 1999 (= Das Bentheimer Land 145), S. 111–118.

Demandt, Alexander: Die Grenzen in der Geschichte Deutschlands. In: Demandt, Alexander (Hg.): Deutschlands Grenzen in der Geschichte. München 1990, S. 9–31.

Doll, Martin / Gelberg, Johanna M.: Einsetzung, Überschreitung und Ausdehnung von Grenzen. In: Christian Wille / Rachel Reckinger / Sonja Kmec / Markus Hesse (Hg.): Räume und Identitäten in Grenzregionen. Politiken – Medien – Subjekte. Bielefeld 2014, S. 15–24.

Drews, Katja: Kulturtourismus im ländlichen Raum an „dritten Orten“ der Begegnung als Chance zur Integration von Kultur- und Tourismusentwicklung. Eine Befragung von touristischen und einheimischen Kulturbesuchern in ländlichen Regionen Niedersachsens. Hildesheim 2017.

Eiynck, Andreas: Das Emsland und die Grafschaft Bentheim als historischer Grenzraum. In: Birgit Kehne (Hg.): GeschichtsLandschaft Emsland/Bentheim. Tagung zum 25-jährigen Bestehen des Arbeitskreises Geschichte der Emsländischen Landschaft für die Landkreise Emsland und Grafschaft Bentheim (1981–2006). Sögel 2007 (= Emsland / Bentheim. Beiträge zur Geschichte 19), S. 53–100.

Finkemeyer, Ernst: Verfassung, Verwaltung und Rechtspflege der Grafschaft Bentheim zur Zeit der hannoverschen Pfandschaft 1753–1804. In: Osnabrücker Mitteilungen 75 (1968), S. 1–125.

Flusser, Vilém: Kommunikologie weiterdenken. Die Bochumer Vorlesungen. Frankfurt a. M. 2009.

Förderverein für das Musemswesen in der Obergrafschaft e. V. / Verkehrs- und Verschönerungsverein (VVV) Gildehaus und Umgebung e. V. (Hg.): Sandsteinroute Bad Bentheim-Gildehaus. O.O. O.J.

Förderverein für das Museumswesen in der Obergrafschaft e. V. (Hg.): Reiseziel Bad Bentheim. Geschichte des Tourismus in Bad Bentheim. Reisdoel Bad Bentheim. Geschiedenis van het tourisme in Bad Bentheim. Bad Bentheim 2007.

Foucault, Michel: Vorrede zur Überschreitung. In: Michel Foucault: Schriften in vier Bänden. Dits et Ecrits IV: 1980–1988. Frankfurt a. M. 2001, S. 320–342.

Garbelmann, Ingrid: Geselliges Leben am Bentheimer Bade. In: Werner Rohr / Hubert Titz (Hg.): Das Bentheimer Bad von den Anfängen bis zur Gegenwart. Bad Bentheim 1989, S. 60–66.

Gerst, Dominik / Krämer, Hannes: Multiplication of Border Methodology. In: Christian Wille / Dominik Gerst / Hannes Krämer (Hg.): Identities and Methodologies of Border Studies: Recent Emperical and Conceptual Appraches. Luxemburg 2021, S. 17–26.

Die Grenzsteinroute. Ein Wanderweg zwischen Coevorden und Laar. Coevorden / Emlichheim 2007.

Guldin, Rainer: Ineinander greifende graue Zonen. Vilém Flussers Bestimmung der Grenze als Ort der Begegnung. In: Christoph Kleinschmidt / Christine Hewel (Hg.): Topografien der Grenze. Verortungen einer kulturellen, politischen und ästhetischen Kategorie. Würzburg 2011, S. 39–48.

Hucker, Bernd Ulrich / Kotte, Eugen: Einleitung. In: Bernd Ulrich Hucker / Eugen Kotte (Hg.): Geschichtslandschaften. Berlin 2020 (= Kulturwissenschaften als interdisziplinäres Projekt 15), S. 9–27.

Imagebroschüre der Samtgemeinde Uelsen. URL: https://www.uelsen-touristik.de/fileadmin/Mediendatenbank_Uelsen/Service_und_Kontakt/Imagebroschu__re_2020-NEU.pdf (21.03.2023).

Kaufmann, Stefan / Bröckling, Ulrich / Horn, Eva: Einleitung. In: Stefan Kaufmann / Ulrich Bröckling / Eva Horn (Hg.): Grenzverletzer. Von Schmugglern, Spionen und anderen subversiven Gestalten. Berlin 2002, S. 7–22.

Kolbe, Wiebke: Geschichtstourismus. Theorie – Praxis – Berufsfelder. Tübingen 2021.

Korsten, Frans-Willem / Bloemendal, Jan: Preface. In: Frans-Willem Korsten / Jan Bloemendal (Hg.): Joost van den Vondel (1587–1679). Dutch Playwright in the Golden Age. Leiden / Boston 2012, S. IX–XII.

Kotte, Eugen: Multiperspektivität, Interkulturalität, Verflechtungsgeschichte. In: Maria Lieber / Christoph Oliver Mayer / Rebecca Schreiber (Hg.): Kulturwissenschaftliche Impulse in Theorie und Praxis. Integration: Evolution? Revolution? Re-Evolution! Berlin 2018 (= Kulturwissenschaft[en] als interdisziplinäres Projekt 13), S. 79–106.

Kremer, Ludger: Das Niederländische als historische Kultursprache in der Grafschaft Bentheim. In: Paul H. A. M. Abels / Gerrit Jan Beuker / Jan Gerard Jakob van Booma (Hg.): Nederland en Bentheim. Vijf eeuwen kerk aan de grens – Die Niederlande und Bentheim. Fünf Jahrhunderte Kirche an der Grenze. Delft 2003, S. 195–210.

Lösch, Klaus: Begriff und Phänomen der Transdifferenz: Zur Fragestellung binärer Differenzkonstrukte. In: Lars Allolio-Näcke / Britta Kalscheuer / Arne Manzeschke (Hg.): Differenzen anders denken. Bausteine zu einer Kulturtheorie der Transdifferenz. Frankfurt a. M. 2005, S. 26–49.

Masselink, Rolf / Woltering, Henning: NINO Hochbau. Kompetenzzentrum Wirtschaft. Entstehungsgeschichte und Bautagebuch. O. O. o. J. URL: https://nino-hochbau.de/sites/nino-hochbau.de/files/pdf/nino_hochbau_bautagebuch.pdf (21.03.2023).

Oltmer, Jochen: Hollandgänger. In: Henning Steinführer / Gerd Steinwascher (Hg.): Geschichte und Erinnerung in Niedersachsen und Bremen. 75 Erinnerungsorte. Göttingen 2021 (= Veröffentlichungen der Historischen Kommission Niedersachsen und Bremen 314), S. 173–178.

Pfau, Hans-Dietrich: Jahrzehnte der Stagnation. In: Werner Rohr / Hubert Titz (Hg.): Das Bentheimer Bad von den Anfängen bis zur Gegenwart. Bad Bentheim 1989, S. 15–27.

Plasger, Gerhard: Der Haager Vergleich von 1701. Vorgeschichte und Folgen. In: Paul H. A. M. Abels / Gerrit Jan Beuker / Jan Gerard Jakob van Booma (Hg.): Nederland en Bentheim. Vijf eeuwen kerk aan de grens – Die Niederlande und Bentheim. Fünf Jahrhunderte Kirche an der Grenze. Delft 2003, S. 29–42.

Riedel, Heiko: Wahrnehmung von Grenzen und Grenzräumen. Eine kulturpsychologisch-geographische Untersuchung im saarländisch-lothringischen Raum. Saarbrücken 1994.

Rohr, Werner: Die Geschichte der Arbeiterbewegung in Nordhorn von seinen Anfängen bis 1945. In: Emsland / Bentheim. Beiträge zur neueren Geschichte 4 (1988), S. 45–202.

Schönemann, Bernd: Die Region als Konstrukt. Historiographiegeschichtliche Befunde und geschichtsdidaktische Reflexionen. In: Blätter für deutsche Landesgeschichte 135 (1999), S. 153–187.

Schönwald, Antje / Spellerberg, Annette / Weber, Florian: Grenzen – Identitäten – Heimat: Theoriegeleitete Annäherungen an Konstrukte und Konzepte im „grenzüberschreitenden“ Kontext. In: Karina Pallgast / Andrea Hartz / Beate Caesar (Hg.): Border Futures – Zukunft Grenze – Avenir frontière: Zukunftsfähigkeit grenzüberschreitender Zusammenarbeit. Hannover 2018 (= Arbeitsberichte der ARL 20), S. 130–142.

Schröder, Hinnerk: Grafschaft Bentheim. In: Elwin Lomberg / Gerhard Nordholt / Alfred Rauhaus (Bearb.): Die evangelisch-reformierte Kirche in Nordwestdeutschland. Beiträge zu ihrer Geschichte und Gegenwart. Weener 1982, S. 178–190.

Schwabe, Udo: Textilindustrie in der Grafschaft Bentheim 1800 – 1914. Sögel 2008 (= Emsland / Bentheim. Beiträge zur Geschichte 20).

Schwerhoff, Gerd: Historische Raumpflege. Der „spatial turn“ und die Praxis der Geschichtswissenschaften. In: Wilfried Reininghaus / Bernd Walter (Hg.): Räume – Grenzen – Identitäten. Westfalen als Gegenstand landes- und regionalgeschichtlicher Forschung. Paderborn 2013 (= Forschungen zur Landesgeschichte 71), S. 11–27.

Sinz, Manfred: Region. In: Akademie für Raumforschung und Raumplanung (Hg.): Handwörterbuch der Raumordnung. Hannover 2005, S. 919–923.

Sonntag, Monika: Grenzen überwinden durch Kultur? Identitätskonstruktionen von Kulturakteuren in europäischen Grenzräumen Berlin 2013 (= Luxemburg-Studien. Études luxembourgeoises 3).

Stach, Sabine: Geschichtstourismus. Version 1.0 (10.07.2020). In: Docupedia-Zeitgeschichte. URL: https://docupedia.de/zg/Stach_geschichtstourismus_v1_de_2020 (22.12.2022).

Stokłosa, Katarzyna: Überlegungen zur Grenzregionenforschung. In: Kirchliche Zeitgeschichte 23 (2010), H. 1, S. 53–62.

Straukamp, Werner: Die Textilindustrie der Grafschaft Bentheim im Ersten Weltkrieg 1914–1918. In: Eugen Kotte / Helmut Lensing (Hg.): Die Grafschaft Bentheim im Ersten Weltkrieg. „Heimatfront“ an der deutsch-niederländischen Grenze. Nordhorn 2018 (= Das Bentheimer Land 222), S. 94–113.

Textilfabrik Povel (Povelturm). In: Denkmalatlas Niedersachsen. URL: https://denkmalatlas.niedersachsen.de/viewer/metadata/36075358/2/ (21.03.2023).

Titz, Hubert: Geschichte des Handels. Hanse, Tödden, Spediteure. In: Steffen Burkert (Hg.): Geschichte und Gegenwart eines Landkreises. Die Grafschaft Bentheim. Bd. 2. Bad Bentheim 2010 (= Das Bentheimer Land 181), S. 437–448.

Tyroller, Stefanie: Niederländer in der deutschen Grenzregion. In: NiederlandeNet. URL: https://www.uni-muenster.de/NiederlandeNet/nl-wissen/freizeit/tourismus/nlingrenregionde.html (22.12.2022).

Tyroller, Stefanie: Tourismusförderung durch die Europäische Union. In: NiederlandeNet. URL: https://www.uni-muenster.de/NiederlandeNet/nl-wissen/freizeit/tourismus/tourismusfoerderung.html (27.12.2022).

Unverfehrt, Gerd: Berge und Burgen in der niederländischen Malerei des 17. Jahrhunderts. In: Nils Büttner / Gerd Unverfehrt (Hg.): Ruisdael in Bentheim. Ein niederländischer Maler und die Burg Bentheim im 17. Jahrhundert. Bielefeld 1993, S. 59–102.

Van Houtum, Henk van: The Geopolitics of Borders and Boundaries. In: Geopolitics 10 (2005), S. 672–679.

Veddeler, Peter: Aus dem Dunkel der Geschichte zum eigenständigen Territorium. In: Steffen Burkert (Hg.): Geschichte und Gegenwart eines Landkreises. Die Grafschaft Bentheim. Bd. 1. Bad Bentheim 2010 (= Das Bentheimer Land 181), S. 159–178.

Veddeler, Peter: Politische Geschichte der Grafschaft Bentheim von 1421 bis 1701. In: Heimatverein der Grafschaft Bentheim e. V. (Hg.): Reformiertes Bekenntnis in der Grafschaft Bentheim 1588–1988. Bad Bentheim 1988 (= Das Bentheimer Land 114), S. 9–60.

Veddeler, Peter: Steinerne Zeugen aus herrschaftlicher Zeit. In: Steffen Burkert (Hg.): Geschichte und Gegenwart eines Landkreises. Die Grafschaft Bentheim. Band 1. Bad Bentheim 2010 (= Das Bentheimer Land 181), S. 311–328.

Voort, Heinrich: Von der freien Reichsgrafschaft zur hannoverschen Pfandherrschaft. In: Steffen Burkert (Hg.): Geschichte und Gegenwart eines Landkreises. Die Grafschaft Bentheim. Bd. 1. Bad Bentheim 2010 (= Das Bentheimer Land 181). Bd. 1. Bad Bentheim 2010, S. 179–188.

Wassenberg, Birte: The Approach of Contemporary History to Border Studies in Europe. In: Christian Wille / Dominik Gerst / Hannes Krämer (Hg.): Identities and Methodologies of Border Studies: Recent Emperical and Conceptual Appraches. Luxemburg 2021, S. 113–125.

Weber, Wolfgang E. J.: Einräumt und aufgeschlossen. Entstehung, Wandel und Verschwinden von Geschichtslandschaften im Blick der aktuellen Forschung insbesondere zur Vormoderne. In: Bernd Ulrich Hucker / Eugen Kotte (Hg.): Geschichtslandschaften. Berlin 2020 (= Kulturwissenschaft[en] als interdisziplinäres Projekt 15), S. 29–51.

Wiarda, Siegfried: Die Grafschaft Bentheim und die Niederlande – Grenzüberschreitende Begegnungen. In: Jahrbuch des Heimatvereins der Grafschaft Bentheim 1978. Nordhorn 1978 (Das Bentheimer Land 92), S. 22–43.

Wille, Christian: Grenzgänger und Räume der Grenze. Raumkonstruktionen in der Großregion SaarLorLux. Frankfurt a. M. 2012 (= Luxemburg-Studien / Études luxembourgeoises 1).

Wille, Christian: Räume der Grenze – eine praxistheoretische Perspektive in den kulturwissenschaftlichen *Border Studies*. In: Friederike Elias / Albrecht Franz / Henning Murmann / Ulrich Wilhelm Weiser (Hg.): Praxeologie. Beiträge zur interdisziplinären Reichweite praxistheoretischer Ansätze in den Geistes- und Sozialwissenschaften (= Materielle Textkulturen 3). Berlin 2014, S. 53–72.

Zernack, Klaus: Deutschlands Ostgrenze. In: Alexander Demandt (Hg.): Deutschlands Grenzen in der Geschichte. München 1990, S. 135–159.

Zurek, Steven: Geschichtslandschaft *par excellence*? Die Grafschaft Bentheim. In: Bernd Ulrich Hucker / Eugen Kotte (Hg.): Geschichtslandschaften. Berlin 2020 (= Kulturwissenschaft[en] als interdisziplinäres Projekt 15), S. 109–132.

Verzeichnis der Autorinnen und Autoren

Dr. Katja Drews, M. A. ist Kulturwissenschaftlerin und wissenschaftliche Mitarbeiterin an der Hochschule für Angewandte Wissenschaft und Kunst (HAWK) Hildesheim, Holzminden, Göttingen im Forschungsprojekt „Felder und Akteur*innen kultureller Bildung in ländlichen Räumen". Ihre Dissertation über „Kulturtourismus in ländlichen Räumen" erfolgte 2017 an der Universität Hildesheim. Seit 2008 ist sie überdies kommunale Kulturreferentin in Südniedersachsen. Letzte einschlägige Publikation: Drews, K. / Thole, W. / Engel, A. / Retkowski, A. / Arndt, C. / Trostmann, J. / Gumz, H.: Kultur und kulturelle Bildung in ländlichen Regionen. Diversität des Kulturellen jenseits urbaner Kulturen. Erste theoretische und empirische Annäherungen. In: Kolleck, N. / Büdel, M. / Nolting, J. (Hg.): Forschung zu kultureller Bildung in ländlichen Räumen. Methoden, Theorien und erste Befunde. Weinheim / Basel 2022, S. 160–175.

Prof. Dr. Eugen Kotte ist Geschichtsdidaktiker, Neuzeit- und Kulturhistoriker. Seit 2008 leitet er die Professur für Didaktik der Geschichte mit dem fachlichen Schwerpunkt Neuere und Neueste Geschichte an der Universität Vechta. Er promovierte 1997 an der Westfälischen Wilhelms-Universität Münster mit einem Thema zur Darstellung der US-amerikanischen Gründungsgeschichte in US-Schulgeschichtsbüchern; 2008 folgte die Habilitation an der Universität Augsburg zu nationalen Europabildern. Neben der Schulbuchforschung bilden die europäische Geschichte des 19. Jahrhunderts sowie die Erforschung historischer Mythen und nationaler Stereotype Schwerpunkte seiner wissenschaftlichen Arbeit. Letzte Buchherausgabe, zusammen mit Bernd Ulrich Hucker: Geschichtslandschaften (2020).

Dr. Kim Meyer-Cech ist Lektorin für Touristische Raumplanung an der Universität für Bodenkultur Wien (seit 2012) sowie an der TU Wien (seit 2019). Zuvor war sie Universitätsassistentin an der BOKU Wien, Institut für Raumplanung (1999–2012). Ihre Dissertation „Themenstraßen als regionale Kooperationen und Mittel zur touristischen Entwicklung“ wurde 2004 mit dem Österreichischen Preis der Kommunen ausgezeichnet. Sie übersetzt auch wissenschaftliche Texte (seit 2012), z.B. Muhar et al.: Rivers of the Alps. Bern 2019.

Dr. Daniela Mysliwietz-Fleiß ist wissenschaftliche Mitarbeiterin am Lehrstuhl für Neuere und Neueste Geschichte und assoziiertes Mitglied des Sonderforschungsbereichs „Transformationen des Populären“ der Universität Siegen. Sie forscht zur Geschichte des Bürgertums, zur Tourismusgeschichte und zum Geschichtstourismus. Zurzeit arbeitet sie an ihrer Habilitation zur Kulturgeschichte der Stadt in der zweiten Hälfte des 20. Jahrhunderts.

Jan Pasternak ist Lehrbeauftragter und Doktorand am Lehrstuhl für Neuere und Neueste Geschichte an der Universität Siegen. Zudem ist er assoziiertes Mitglied im Sonderforschungsbereich 1472 „Transformationen des Populären“. Er studierte Neuere Geschichte, Linguistik des Deutschen und Computerlinguistik an der Universität Duisburg-Essen. Seine Forschungsschwerpunkte liegen im Bereich der Popularisierung von Geschichte in den modernen Massenmedien des 21. Jahrhunderts.

Prof.in Dr. Angela Schwarz ist seit 2006 Inhaberin des Lehrstuhls für Neuere und Neueste Geschichte an der Universität Siegen. Zu ihren Forschungsschwerpunkten gehören britische Geschichte und Geschichte der britisch-deutschen Beziehungen, Kultur- und Mediengeschichte, Geschichte der Popularisierung von Wissen und Wissenschaft, von Wissenschaft, Technik und gesellschaftlichem Wandel, Geschichtskultur und Regionalgeschichte. Zu ihren letzten Buchveröffentlichungen gehören: hg. zusammen mit Daniela Mysliwietz-Fleiß: Reisen in die Vergangenheit. Geschichtstourismus im 19. und 20. Jahrhundert (2019), Geschichte in digitalen Spielen. Populäre Bilder und historisches Lernen (2023) und zusammen mit Heiner Stahl: Kontaktzone Bonn. Das Presse- und Informationsamt der Bundesregierung und die staatliche Öffentlichkeitsarbeit 1949–1969 (2023, im Druck).

Dr. Sabine Stach ist Kulturwissenschaftlerin und Bohemistin und arbeitet als wissenschaftliche Mitarbeiterin am Leibniz-Institut für Geschichte und Kultur des östlichen Europa (GWZO). Nach ihrer Promotion über politische Märtyrerdiskurse im Spät- und Postsozialismus an der Universität Leipzig war sie 2015–2020 am Deutschen Historischen Institut in Warschau beschäftigt. Zu ihren Forschungsschwerpunkten gehören Zeitgeschichte, Erinnerungskultur und *Public History* in Polen, Tschechien (bzw. Tschechoslowakei) sowie Deutschland (bzw. DDR), Tourismusgeschichte und die Touristifizierung von Geschichte. Sie hat sie eine Reihe von Themenheften / Sammelbänden zu Nostalgie, *Guided Tours* und historischem *Reenactment* mitherausgegeben und ist Verfasserin des Artikels „Geschichtstourismus" auf Docupedia-Zeitgeschichte (https://docupedia.de/zg/Stach_geschichtstourismus_v1_de_2020). Derzeit schreibt sie ein Buch über „Doing History" in *communism tours.*

Steven Zurek, M. A. (Vechta) studierte Geschichte, Politikwissenschaft und Kulturwissenschaften. Von 2017 bis 2022 war er wissenschaftlicher Mitarbeiter an der Professur für Didaktik der Geschichte / Neuere und Neueste Geschichte der Universität Vechta und promovierte dort 2022 zur Regionalgeschichte der Grafschaft Bentheim. Die Dissertation befindet sich im Druck. Einschlägige Publikation: Geschichtslandschaft par excellence? Die Grafschaft Bentheim. In: Eugen Kotte / Bernd Ulrich Hucker (Hg.): Geschichtslandschaften. Berlin 2020 (= Kulturwissenschaft[en] als interdisziplinäres Projekt 15), S. 109–132.

Kulturwissenschaft(en) als interdisziplinäres Projekt

Herausgegeben von Karl Braun, Jürgen Joachimsthaler (†) und Eugen Kotte

Die Bände 1-5 sind im Martin Meidenbauer Verlag erschienen und können über den Verlag Peter Lang, Internationaler Verlag der Wissenschaften, bezogen werden: www.peterlang.com.

Ab Band 6 erscheint diese Reihe im Verlag Peter Lang, Internationaler Verlag der Wissenschaften, Berlin.

Band 6	Steffen Höhne (Hrsg.): Kulturwissenschaft(en) im europäischen Kontext. Fachhistorische Entwicklungen zwischen Theoriebildung und Anwendungsorientierung. 2013.
Band 7	Eugen Kotte (Hrsg.): Geschichte in Bildern – Bilder in der Geschichte. Fallbeispiele zur historischen Bildforschung. 2014.
Band 8	Michael Gissenwehrer / Katharina Keim (Hrsg.): Materialität(en) des Kultur- und Wissenstransfers in prä- und transnationalen Kontexten. 2015.
Band 9	Michael Dobstadt / Christian Fandrych / Renate Riedner (Hrsg.): Linguistik und Kulturwissenschaft. Zu ihrem Verhältnis aus der Perspektive des Faches Deutsch als Fremd- und Zweitsprache und anderer Disziplinen. 2015.
Band 10	Jürgen Joachimsthaler (Hrsg.): Gegenwartskultur als methodologische Herausforderung der Kulturwissenschaft(en). Unter redaktioneller Mitwirkung von Verena Thinnes und Romy Traeber. 2016.
Band 11	Fabian Münch: Der Erste Weltkrieg in der australischen Geschichtskultur. 2016.
Band 12	Eugen Kotte (Hrsg.): Kulturwissenschaft(en): Bilanz – Kritik – Perspektiven. 2017.
Band 13	Maria Lieber / Christoph Oliver Mayer / Rebecca Schreiber (Hrsg.): Kulturwissenschaftliche Impulse in Theorie und Praxis. Integration: Evolution? Revolution? Re-Evolution! 2018.
Band 14	Martin Henzelmann / Christoph Oliver Mayer / Gianluca Olcese (Hrsg.): Italien-Polen: Kulturtransfer im europäischen Kontext. 2020.
Band 15	Bernd Ulrich Hucker / Eugen Kotte (Hrsg.): Geschichtslandschaften. 2020.
Band 16	Martina Engelbrecht / Gabriela Ociepa (Hrsg.): Transkulturalität / Interkulturalität. Konzepte, Methoden, Anwendungen. 2021.
Band 17	Eugen Kotte / Steven Zurek (Hrsg.): Geschichtstourismus. 2023.

www.peterlang.com

www.ingramcontent.com/pod-product-compliance
Ingram Content Group UK Ltd.
Pitfield, Milton Keynes, MK11 3LW, UK
UKHW041825031026
15587UKWH00002B/573

9 783631 906194